MARCELO LAMY

METODOLOGIA DA PESQUISA

CONSELHO EDITORIAL

Alysson Leandro Mascaro, Universidade de São Paulo – USP

André Araújo Molina, ESMATRA – MT

Angela Issa Haonat, Universidade Federal do Tocantins – UFT

Armando Luiz da Silva, Escola Superior de Administração, Marketing e Comunicação – ESAMC

Carmem Lúcia Costa, Universidade Federal de Goiás – UFG, Campus Catalão

Fernando Gustavo Knoerr, Centro Universitário Curitiba – Unicuritiba

Fernando Rovira Villademoros, Universidade de lá Empresa (UDE) – Uruguai

Fernando Fita, Universidad de Valência – Espanha

Flávio Leão Bastos Pereira, Universidade Presbiteriana Mackenzie – São Paulo

Lucas Gonçalves da Silva, Universidade Federal de Sergipe – UFS

Marcelo Lamy, Universidade Santa Cecília – UNISANTA, Santos – SP

Motauri Ciocchetti de Souza, Pontifícia Universidade Católica de São Paulo – PUC/SP

Norma Suely Padilha, Universidade Federal de Santa Catarina – UFSC

Óscar Requena Montes, Universitat Rovira i Virgilli, Espanha

Reginaldo de Souza Vieira, Universidade do Extremo Sul Catarinense – Unesc

Ricardo Maurício Freire Soares, Universidade Federal da Bahia – UFBA

Sandra Regina Martini, Universidade UNIRITTER, Rio Grande do Sul

Sérgio Salomão Schecaira, Universidade de São Paulo – USP

Sonia Francisca de Paula Monken, Universidade Nove de Julho – Uninove, São Paulo

Thereza Christina Nahas, Pontifícia Universidade Católica de São Paulo – PUC/SP COGEAE

Viviane Coelho de Sellos Knoerr, Centro Universitário Curitiba – Unicuritiba

Viviane Gonçalves Freitas, Universidade Federal de Minas Gerais – UFMG

MARCELO LAMY

METODOLOGIA DA PESQUISA

2ª edição revista, atualizada e ampliada

©Matrioska Editora 2020

Todos os direitos reservados e protegidos pela Lei nº 9.610/1998.

Nenhuma parte deste livro, sem autorização prévia, poderá ser reproduzida ou transmitida sejam quais forem os meios empregados: eletrônicos, mecânicos, fotográficos, gravação ou quaisquer outros.

Publisher – Editorial: Luciana Félix
Publisher – Comercial: Patrícia Melo
Copidesque: Gisele Múfalo
Revisão: Equipe Matrioska Editora
Editoração e capa: Tony Rodrigues

Dados Internacionais de Catalogação na Publicação (CIP)
(Câmara Brasileira do Livro, SP, Brasil)

Lamy, Marcelo
    Metodologia da pesquisa: técnicas de investigação, argumentação e redação/ Marcelo Lamy. – 2. ed. revista, atualizada e ampliada – São Paulo, SP: Matrioska Editora, 2020.

Bibliografia
ISBN 978-65-86985-04-7

1. Pesquisa 2. Pesquisa – Metodologia 3. Pesquisa científica I. Título..

20-36787   CDD-001.42

Índices para catálogo sistemático:
1. Metodologia da pesquisa   001.42
2. Pesquisa : Metodologia   001.42

Matrioska Editora
Atendimento e venda direta ao leitor: www.matrioskaeditora.com.br
contato@matrioskaeditora.com.br
facebook.com/matrioskaeditora
instagram.com/matrioskaeditora

Impresso no Brasil
2020

ÀQUELES que incutem em mim, todos os dias, valores que me conduzem.

Minha amada esposa Luciene, ao compartilhar comigo sua vida, seu amor e seu domínio da mitologia grega e da filosofia clássica, me transforma, faz-me atento à nobreza, ao heroico, ao sentido da vida, a demonstrar um pouco do que sinto, embora meu caráter reservado ainda resista.

Minha primogênita Sofia, ao compartilhar comigo sua independência, sua alegria de viver e sua singular docilidade, me transforma, faz-me atento aos instantes fugidios e irrepetíveis, assim como ao permanente.

Meu caçula Théo, ao compartilhar comigo sua autoexigência e sua sensibilidade artística, me transforma, faz-me atento ao que podemos ser por nosso esforço e a tudo que somos por graça divina.

Meus sócios Adriana e Danilo, ao compartilhar comigo vossas vidas, sonhos e lutas, me transformam, fazem-me despertar para o fato de que as dificuldades podem ser superadas sem a alegria esmorecer, de que o impossível só é impossível para quem não tem o apoio e o incentivo de amigos como vocês.

O AUTOR

MARCELO LAMY

ADVOGADO (Lamy, Oliveira & Santos Sociedade de Advogados). Vice-coordenador e professor permanente do programa de pós-graduação *stricto sensu*, Mestrado em "Direito da Saúde: Dimensões Individuais e Coletivas" da Universidade Santa Cecília (UNISANTA). Líder do Grupo de pesquisa CNPq/Unisanta "Direitos Humanos, Desenvolvimento Sustentável e Tutela Jurídica da Saúde". Coordenador do Laboratório de Políticas Públicas (UNISANTA). Diretor geral e de pesquisas do Observatório dos Direitos do Migrante (UNISANTA). Professor de Direito da Faculdade de Direito da Universidade Santa Cecília. Bacharel em Direito (Universidade Federal do Paraná). Mestre em Direito Administrativo (Universidade de São Paulo). Doutor em Direito Constitucional (Pontifícia Universidade Católica de São Paulo).

NOTA AO LEITOR

ESTE é um livro de metodologia da pesquisa, mas, mais do que apresentar técnicas sobre como padronizar o seu trabalho intelectual de acordo com determinadas normas, o objetivo primeiro é despertar o leitor à reflexão, ao pensamento crítico, ampliado, consistente, original e inovador.

Contudo, reconhecemos a importância e a utilidade ao pesquisador do conhecimento e domínio dessas regras de normatização. E para oferecer a você, leitor e leitora, o acesso completo a essas informações, optamos por apresentá-las de forma diferenciada para auxiliar na escolha da norma mais adequada ao seu estilo de trabalho ou às exigências da instituição de ensino ou de pesquisa a que se vincula ou do meio de publicação para o qual encaminhará os resultados de sua investigação.

Para isso, a **parte 1** segue a normalização da **ABNT** e as citações foram referenciadas pelo **sistema numérico**, em notas de rodapé. As **partes 4 e 5** seguem a ABNT e as citações foram referenciadas pelo **sistema Autor-Data**. Ao final da obra, agrega-se a **lista de referências** formatada segundo as regras da ABNT, que serve para todas essas partes e para a obra como um todo.

Na **parte 2**, as citações foram referenciadas pelo sistema numérico de chamadas conhecido como estilo **Vancouver**. Na **parte 3**, as citações foram referenciadas pelo sistema autor-data de chamadas conhecido como estilo **APA**. Ao final das partes 2 e 3, apresentam-se as listas de referências de cada uma dessas partes assim como uma lista indicada como Leitura complementar, todas formatadas segundo as respectivas regras.

Nota ao leitor

Esperamos com isso demonstrar na prática como elas precisam ser feitas em cada sistema.

O objetivo desta obra é contribuir de forma significativa para a construção e amadurecimento de todas as etapas da sua pesquisa e para o sucesso da sua carreira pessoal, científica e acadêmica.

Boa leitura e ótimos estudos!

Matrioska Editora

SUMÁRIO

Apresentação 1

PARTE 1
PRESSUPOSTOS DA PESQUISA

Introdução 5

1.1 PARA QUE SERVE A PESQUISA? 9
    1.1.1 Pesquisa e vitalidade 10
    1.1.2 Pesquisa e coragem 10
    1.1.3 Pesquisa e sensibilidade 12
    1.1.4 Pesquisa e inteligência 13
    1.1.5 Pesquisa e liberdade 14

1.2 REAPRENDER A PENSAR 20
    1.2.1 Pensar em suspensão 20
    1.2.2 Pensar sobre o que nos molda 24
    1.2.3 Pensar sobre a realidade ambital 26
    1.2.4 Pensar sobre as experiências reversíveis 28
    1.2.5 Pensar entrelaçado: o encontro 30
    1.2.6 Pensar sem subserviência, com respeito e individualidade 34

1.3 CONDIÇÕES PESSOAIS PARA REAPRENDER A PENSAR .. 41
    1.3.1 Disponibilidade de espírito 41
    1.3.2 Atitude criadora, não dominadora 43
    1.3.3 Liberdade, sentido, criatividade e pensamento relacional ... 44
    1.3.4 Atenção à linguagem 44
        1.3.4.1 Caso dos conceitos jurídicos determináveis 47

1.4 APERFEIÇOAMENTO PESSOAL PARA O PENSAR 49
   1.4.1 Aperfeiçoamento das faculdades sensitivas 49
   1.4.2 Aperfeiçoamento das faculdades espirituais 52

1.5 O QUE SE ESPERA DA PESQUISA 58
   1.5.1 Pesquisa acadêmica 61
   1.5.2 Pesquisa científica 63
      1.5.2.1 O que é fazer ciência? 64
      1.5.2.2 Espécies de pesquisa 65
      1.5.2.3 Características da pesquisa científica 67
   1.5.3 Pesquisa nas ciências humanas e sociais aplicadas 70

PARTE 2
PLANEJAMENTO DA PESQUISA

Introdução 73

2.1 PERGUNTA DE PARTIDA 75
   2.1.1 Escolher uma área temática 76
   2.1.2 Encontrar um tópico específico 77
   2.1.3 Questionar o tópico para descobrir as trilhas da pesquisa 77
   2.1.4 Definir a importância de sua pesquisa 81
   2.1.5 Métodos heurísticos 83

2.2 EXPLORAÇÃO INICIAL 95
   2.2.1 Necessidade da revisão da literatura 96
   2.2.2 Coleta e organização da literatura 97
   2.2.3 Métodos exploratórios complementares 102

2.3 PROJETO DE PESQUISA 105
   2.3.1 Estrutura do projeto de pesquisa 107
   2.3.2 Parte externa 110
      2.3.2.1 Capa 110
      2.3.2.2 Lombada 110
   2.3.3 Parte interna: elementos pré-textuais 111
      2.3.3.1 Folha de rosto 111
      2.3.3.2 Sumário 111

2.3.4 Parte interna: elementos textuais 111
        2.3.4.1 Introdução 111
        2.3.4.2 Tema 112
        2.3.4.3 Problema 113
        2.3.4.4 Hipóteses 114
        2.3.4.5 Objetivos 118
        2.3.4.6 Justificativas 119
        2.3.4.7 Referencial teórico 120
        2.3.4.8 Métodos 121
        2.3.4.9 Recursos 122
        2.3.4.10 Cronograma 123
    2.3.5 Parte interna: elementos pós-textuais 125
    2.3.6 Estrutura lógica e lista de fontes 126
        2.3.6.1 Estrutura lógica do trabalho 126
        2.3.6.2 Lista para a revisão da literatura 129
Referências 129
Leitura complementar 130

PARTE 3
FERRAMENTAS INTELECTUAIS DA PESQUISA

Introdução 135

3.1 COMO LER 137
    3.1.1 Leitura inspecional 138
    3.1.2 Leitura analítica 139
    3.1.3 Leitura sintópica 143

3.2 RETÓRICA E ARGUMENTAÇÃO 146
    3.2.1 Origem e desenvolvimento da retórica 146
        3.2.1.1 Funções da retórica 146
        3.2.1.2 Retórica clássica 147
        3.2.1.3 Decadência da retórica 150
        3.2.1.4 Resgate da retórica 150
    3.2.2 Sistema e plano argumentativo da retórica 151
        3.2.2.1 Invenção 151
        3.2.2.2 Disposição 152

    3.2.2.3 Elocução 153
    3.2.2.4 Ação.. 153
  3.2.3 O domínio da argumentação.. **154**
    3.2.3.1 Propósitos da teoria da argumentação...................... 155
    3.2.3.2 Persuasão justa, convencimento honesto................... 155
    3.2.3.3 Filtro para as comunicações..................................... 156
    3.2.3.4 Limites da argumentação... 157
    3.2.3.5 Instrumentos da argumentação................................. 158
3.3 LEITURA RETÓRICA.. 159
  3.3.1 A técnica da leitura retórica... **159**
    3.3.1.1 Identificar o contexto.. 160
    3.3.1.2 Identificar os argumentos.. 165
    3.3.1.3 Argumentos quase-lógicos...................................... 166
      3.3.1.3.1 Argumentos fundados na estrutura do real ... 167
      3.3.1.3.2 Argumentos que fundamentam a estrutura real. 169
      3.3.1.3.3 Argumentos por dissociação........................ 170
3.4 PLANO ARGUMENTATIVO... 171
  3.4.1 Orientação argumentativa.. **171**
  3.4.2 Estrutura ou do plano lógico... **172**
    3.4.2.1 Plano enumerativo.. 173
    3.4.2.2 Plano cronológico... 173
    3.4.2.3 Plano dialético.. 174
    3.4.2.4 Planos analíticos... 174
      3.4.2.4.1 Plano jornalístico.. 174
      3.4.2.4.2 Plano técnico... 175
    3.4.2.5 Plano SPRI.. 175
    3.4.2.6 Plano SOSRA... 176
  3.4.3 A importância das transições.. **177**
  3.4.4 Relatório como plano argumentativo........................... **177**
  3.4.5 Desenvolvimento dos argumentos............................... **178**
    3.4.5.1 Certeza positiva ou negativa.................................... 179
    3.4.5.2 Dúvida relativa ou absoluta..................................... 180
    3.4.5.3 Destaque do essencial.. 180

- 3.4.6 Argumentação científica ... 181
  - 3.4.6.1 Fio condutor do texto ... 181
  - 3.4.6.2 Natureza dialógica ... 181
  - 3.4.6.3 Necessário encantamento ... 182
  - 3.4.6.4 A quem se dirige ... 182
  - 3.4.6.5 Citações, paráfrases, notas de rodapé ... 183
  - 3.4.6.6 Introdução ... 186
  - 3.4.6.7 Conclusão ... 187
- 3.5 FUNDAMENTAÇÃO DAS IDEIAS ... 189
  - 3.5.1 Eixos do raciocínio lógico ... 189
    - 3.5.1.1 Raciocínio dedutivo ... 189
    - 3.5.1.2 Raciocínio indutivo ... 191
    - 3.5.1.3 Raciocínio por oposição, contradição ... 191
    - 3.5.1.4 Raciocínio por eliminação ... 191
    - 3.5.1.5 Raciocínio por alternativa ... 192
    - 3.5.1.6 Apresentação das causas ... 192
  - 3.5.2 Gestão dos exemplos ... 193
- 3.6 REFUTAÇÃO DE IDEIAS ... 196
  - 3.6.1 Rejeição total ... 196
  - 3.6.2 Concessão parcial ... 197
  - 3.6.3 Modulação ou ponderação ... 198
  - 3.6.4 Qualidade dos raciocínios de refutação ... 198
- 3.7 ESTILOS ARGUMENTATIVOS ... 202
  - 3.7.1 Coordenação e subordinação das ideias ... 202
  - 3.7.2 Encadeamento das ideias ... 209
  - 3.7.3 Técnicas estilísticas ... 209
    - 3.7.3.1 Envolver o interlocutor ... 210
    - 3.7.3.2 Recurso às normas ... 210
    - 3.7.3.3 Técnicas de estilo ... 211
- Referências ... 213
- Leitura complementar ... 213

PARTE 4
PRODUTOS DA PESQUISA

Introdução 219

4.1 TRABALHOS DE CONCLUSÃO DE CURSO, DISSERTAÇÕES E TESES 221
4.1.1 Elementos estruturais 222
4.1.2 Parte externa 224
4.1.2.1 Capa (obrigatório) 224
4.1.2.2 Lombada (opcional) 225
4.1.3 Elementos pré-textuais 226
4.1.3.1 Folha de rosto (obrigatória) 226
4.1.3.2 Errata (opcional) 228
4.1.3.3 Folha de aprovação (obrigatório) 229
4.1.3.4 Dedicatória (opcional) 229
4.1.3.5 Agradecimentos (opcional) 230
4.1.3.6 Epígrafe (opcional) 230
4.1.3.7 Resumo e palavras-chave na língua vernácula (obrigatório) 231
4.1.3.8 Resumo e palavras-chave em língua estrangeira (obrigatório) 233
4.1.4 Elementos textuais 234
4.1.4.1 Introdução 234
4.1.4.2 Desenvolvimento 238
4.1.4.3 Conclusão 238
4.1.5 Elementos pós-textuais 239

4.2 RELATÓRIO DE PESQUISA 240
4.2.1 Estrutura do relatório 240
4.2.2 Folha de rosto 243
4.2.3 Resumo na língua vernácula 243
4.2.4 Introdução 244
4.2.5 Desenvolvimento 245
4.2.6 Considerações finais 247
4.2.7 Formulário de identificação 248

4.3 ARTIGOS CIENTÍFICOS ... 250
4.3.1 Artigo técnico e científico ... 250
4.3.1.1 Artigo de revisão ... 250
4.3.1.2 Artigo original ... 251
4.3.1.3 Comunicações curtas ... 252
4.3.1.4 Pressupostos ... 252
4.3.1.4.1 Por que escrever um artigo científico? ... 252
4.3.1.4.2 Para que escrever um artigo científico? ... 253
4.3.1.4.3 Que tipo de artigo é adequado para o que eu tenho a comunicar? ... 253
4.3.1.4.4 Que tipo de publicação é adequada para o que eu tenho a comunicar? ... 254
4.3.1.4.5 Do ponto de vista lógico, como escrever um artigo científico? ... 255
4.3.1.4.6 Extensão ... 255

4.3.2 Elementos estruturais do artigo científico ... 256
4.3.2.1 Título e subtítulo do artigo científico ... 256
4.3.2.2 Autoria (qualificação, afiliação e endereço) do artigo científico ... 257
4.3.2.3 Resumo e palavras-chave ... 259
4.3.2.4 Data de submissão e de aprovação ... 261
4.3.2.5 Identificação e disponibilidade ... 261
4.3.2.6 Introdução ... 262
4.3.2.7 Metodologia ... 263
4.3.2.8 Desenvolvimento ... 264
4.3.2.9 Considerações finais ... 266

4.4 ELEMENTOS ESTRUTURAIS COMPARTILHADOS ... 267
4.4.1 Elementos pré-textuais compartilhados ... 268
4.4.1.1 Ilustrações ... 268
4.4.1.2 Tabelas ... 269
4.4.1.3 Abreviaturas ... 272
4.4.1.4 Símbolos ... 273
4.4.1.5 Sumário ... 273

4.4.2 Elementos pós-textuais compartilhados..................................273
    4.4.2.1 Glossário..................................274
    4.4.2.2 Apêndice..................................274
    4.4.2.3 Anexo..................................275
    4.4.2.4 Índice..................................276

4.5 RECOMENDAÇÕES GERAIS DE FORMATAÇÃO..................................277
4.5.1 Orientações para a impressão..................................277
4.5.2 Formatação das páginas..................................278
    4.5.2.1 Tamanho e orientação da folha..................................278
    4.5.2.2 Quebra de página ou de seção..................................278
    4.5.2.3 Margens da página..................................278
    4.5.2.4 Numeração das páginas..................................279
4.5.3 Formatação do texto..................................280
    4.5.3.1 Fontes..................................280
    4.5.3.2 Parágrafos..................................280
    4.5.3.3 Títulos e subtítulos..................................281
    4.5.3.4 Numeração progressiva das seções..................................281
    4.5.3.5 Listas no corpo do trabalho..................................282

4.6 INDICADORES DA QUALIDADE..................................284
4.6.1 Título..................................284
4.6.2 Apresentação do problema da pesquisa..................................284
4.6.3 Hipótese inicial..................................285
4.6.4 Revisão da literatura..................................285
4.6.5 Marco referencial ou teórico..................................285
4.6.6 Alcance ou delimitação da pesquisa, amostra..................................286
4.6.7 Desenho da investigação..................................286
4.6.8 Coleta de dados..................................286
4.6.9 Análise dos dados..................................287
4.6.10 Redação do documento final (relatório dos resultados)....288

4.7 CITAÇÕES E REFERÊNCIAS..................................289
4.7.1 Citações diretas e indiretas..................................289
4.7.2 Sistemas de chamada das citações..................................291
    4.7.2.1 A sutileza da pontuação: ." ou "...................................293

- 4.7.3 Referências 293
  - 4.7.3.1 Estrutura lógica das referências 295
  - 4.7.3.2 Variações na apresentação da autoria 295
  - 4.7.3.3 Variações na apresentação da obra 296
  - 4.7.3.4 Variações na apresentação da localização 298
  - 4.7.3.5 Especificidades para as normas jurídicas 298
  - 4.7.3.6 Especificidades para as decisões judiciais 301
  - 4.7.3.7 Especificidades para teses, dissertações e TCC ... 302
- 4.7.4 Peculiaridade de outros sistemas 303
  - 4.7.4.1 Estilo Vancouver 303
  - 4.7.4.2 Estilo APA 304

Referências 305
Leitura complementar 306

PARTE 5
MÉTODOS DE PESQUISA

Introdução 311

5.1 MÉTODOS DE ABORDAGEM 313
- 5.1.1 Abordagem dialética 314
- 5.1.2 Abordagem estruturalista 315
- 5.1.3 Abordagem empírica 316
- 5.1.4 Abordagem sistêmica 318
- 5.1.5 Abordagem hermenêutica 320
- 5.1.6 Abordagem fenomenológica 321
- 5.1.7 Abordagem positivista 322
  - 5.1.7.1 Positivismo (empirismo-lógico) 322
  - 5.1.7.2 Positivismo jurídico 323
- 5.1.8 Abordagem sociológica 324
- 5.1.9 Abordagem funcionalista 325
- 5.1.10 Abordagem antropológica 326

5.2 MÉTODOS DE COLETA E DE ANÁLISE 328
- 5.2.1 Documentação indireta 331

5.2.1.1 Pesquisa bibliográfica 331
    5.2.1.1.1 Coleta bibliográfica 333
    5.2.1.1.2 Análise bibliográfica 337
5.2.1.2 Pesquisa documental 340
    5.2.1.2.1 Coleta documental 341
    5.2.1.2.2 Análise documental 344

5.2.2 Documentação direta **345**
  5.2.2.1 Levantamento intensivo 345
    5.2.2.1.1 Observação 346
        5.2.2.1.1.1 Investigações etnográficas 347
        5.2.2.1.1.2 Investigações epidemiológicas observacionais 349
    5.2.2.1.2 Entrevistas 351
    5.2.2.1.3 Grupo focal 353
    5.2.2.1.4 Estudo de caso 353
  5.2.2.2 Coleta por levantamento extensivo 354
    5.2.2.2.1 Questionários 354
    5.2.2.2.2 Formulários 356

5.2.3 Pesquisa experimental **356**
  5.2.3.1 Investigações epidemiológicas experimentais 358

Considerações finais 361
Referências 363

Apresentação

EMBORA cada um de nós disponha de quase o mesmo aparelho biológico para efetuar as operações de percepção sensorial e intelectiva da realidade, nossas experiências passadas e expectativas futuras parecem moldar e modificar não apenas nossas interpretações subjetivas, mas nossas próprias portas de percepção, nosso próprio ser ou modo de ser.

A maior ou menor atitude de abertura para o mundo exterior (seja físico, seja intelectual) certamente impacta em como nosso intelecto se flexibiliza ou se enrijece para fazer novas ou antigas avaliações hermenêuticas. Mas, além disso, parece que nossa maior ou menor vivência com caminhos perceptivos mais profundos transforma-nos em outro ser. E é essa transformação que nos habilita a sair da ciência superficial.

Todos nós, de alguma forma, possuímos um tipo de mente que foi moldada pelo grupo histórico e geográfico a que pertencemos. Acostumamo-nos, imersos nos hábitos de nossas coletividades, a dar importância a algumas facetas ou a prestar a atenção em apenas algumas dimensões. O caminho da ciência profunda visa romper com esse condicionamento.

Esse é o contexto que explica a relevância que a presente obra dá para a preparação da pesquisa, bem como a estrutura de toda a obra.

Antes de se fazer ciência, é preciso aperfeiçoar o cientista, que precisa aprender a pensar diferente (primeira parte: pressupostos da pesquisa), a preparar-se para aperfeiçoar seus vislumbres (segunda parte: planejamento da pesquisa) e a dominar os instrumentais da reflexão (terceira parte: ferramentas intelectuais da pesquisa).

| Apresentação

O conhecer e o imbuir-se do fazer científico depende dessa dimensão, do tornar-se cientista. No entanto, a completa assimilação desse fazer que se torna modo de viver também depende da compreensão das manifestações sociais e culturais da ciência (quarta parte: produtos da pesquisa).

Ultrapassados esses pontos, é possível mergulhar na cientificidade profunda, assimilar os métodos de investigação (quinta parte: métodos da pesquisa). Parte que exige, de algum modo, o revisitar dos passos anteriores. Exemplificamos: Os métodos de abordagem (cosmovisões), que são explicitados no início da quinta parte da obra, dependem de voltarmos a pensar sobre os nossos condicionamentos; os métodos de coleta, apresentados na sequência, dependem dos objetivos planejados e das ferramentas intelectuais que colocaremos em uso; os métodos de análise estão intrinsecamente relacionados com os resultados que almejamos, com o produto que queremos fazer nascer.

O leitor, ciente da construção lógica da obra e consciente de seu estágio científico pessoal, não precisa ler essa obra na ordem que ela se apresenta, pode saltar diretamente para o que imagina mais necessitar.

Sugerimos, no entanto, a leitura completa. Por uma razão: para que o leitor possa compreender todas as dimensões das ideias que trago e cultivo em mim há anos e que forjaram minhas convicções sobre a ciência.

A começar pela certeza de que as obras científicas não costumam ser fruto de mentes prodigiosas, mas de mentes que resolveram dedicar-se a tal empreitada. E que resolveram mesmo, abraçando "alegremente" todos os sacrifícios necessários.

Duas passagens de Sertillanges, presentes em sua obra *A vida intelectual*, afiançam essas facetas de nosso olhar:

> "As grandes descobertas se resumem a reflexões sobre fatos comuns a todos. Passa-se miríades de vezes sem nada ver e, um dia, o homem de gênio observa as amarras que ligam ao que ignoramos o que está sob os nossos olhos a cada instante. O que é a ciência senão a cura lenta e progressiva para nossa cegueira?" (p. 72)

> "[...] a vida intelectual não deve virar uma acrobacia permanente. É muito importante trabalhar num estado de alegria, logo de facilidade relativa, logo segundo suas aptidões." (p. 101)

METODOLOGIA DA PESQUISA | Marcelo Lamy

A continuar pela confiança em que a insistência (que é muito diferente da teimosia) acompanhada da constância, em que a solidão (diferente do isolamento gratuito, depressivo ou egoístico) e o silêncio interior acompanhados da interação com o outro (convivência dialógica), são alguns dos segredos da ciência em construção.

O autor dessas linhas tem a convicção firme de que toda e qualquer leitura, como a leitura de parte ou de toda essa própria obra, há de servir para exercitar, para alimentar o ser. Não há livro que possa substituir o pensar. Os livros são e tem de ser fontes, nascedouros, estímulos ou berços para o desenvolvimento, e não covas ou desaguadores, pois, como diz Sertillanges: "Os materiais não são o que falta ao pensamento, é o pensamento que lhes faz falta" (p. 147).

A medicina perde toda sua força sobre um organismo que, por qualquer motivo pessoal ou social, se tornou inerte, apático, desistiu... A educação, ao contrário, costuma ser bem-sucedida se o espírito que a recebe é diligente, se a alma que a recepciona está apaixonada por aquele assunto...

Não gostaríamos de ver um único leitor usar as linhas dessa obra como pautas para cumprir uma aborrecida tarefa. Queremos, ao contrário, compartilhar aquilo que nos apaixonou na ciência... E, esperamos, vivamente, ser eficazes nessa trilha.

Boa Leitura!

PARTE 1

PRESSUPOSTOS DA PESQUISA

Introdução[1]

A PRIMEIRA parte dessa obra foi concebida como um conjunto de orientações (para os pesquisadores principiantes e para os experientes) que propicia, aos que legitimamente se dispõem a conhecer, o desembaraço daquilo que comumente entrava o desenvolvimento intelectual autônomo.

Para tanto, muito útil seria contar com maior experiência e ciência. Creio, no entanto, que as pessoas que leiam essa parte com o espírito inflado pelo desejo de incorporar verdadeiramente as características de um pesquisador, não estarão atentas aos defeitos ou simplificações que se apresentarão e, por isso, farão proveito das ideias aqui lançadas.

Os alinhamentos traçados, de qualquer forma, não estão fundados apenas em uma visão ou experiência particular ou pessoal, ancoram-se nas leituras de diversos autores e pensadores que aparecerão no transcorrer das discussões. De qualquer forma, podemos indicar que a base mais geral de nossa tecelagem está conformada por provocações de Platão, expressas no livro VII da República (século IV a.C.).

Causa muita tristeza assistir à tantas pessoas com talento e disposição suficientes para tornarem-se excelentes pesquisadores malograrem nessa trilha. Por falta de uma orientação adequada (infelizmente, há orientadores ainda deficientes de luz e de experiência adequada!), não sabem

---

1. Os capítulos que compõem a Parte 1 do livro estão padronizados de acordo com as Normas ABNT (vide Nota ao Leitor).

que precisam desapegar-se de alguns princípios ou atitudes. Caminhando desorientados, por si mesmos, segundo foram moldados anteriormente (em geral, para serem assimiladores de conteúdo transferidos), apresentam verdadeira resistência (próprio de suas personalidades moldadas) para uma pesquisa verdadeira.

O professor que não desenvolve pesquisa torna-se mero repetidor de textos e de ideias de outros. Corre o risco de contar para os seus alunos apenas o que leu, não o que pensou criticamente sobre o tema. Corre o risco de inculcar nos seus estudantes a mesma mentalidade que o contaminou, a do receptor passivo que acumula mimeticamente o conhecimento alheio. Por não estar treinado a descobrir a verdade, mas apenas a enxergá-la com os olhos alheios, não constrói alunos-pensadores, mas alunos-repetidores, muito bem preparados para responder os testes de concursos públicos, mas pouco preparados para a vida e para a ciência. Sob essa educação estivemos sujeitos a maioria de nós. Fomos moldados para a subserviência, não para o pensar autônomo. Para registrar o pensamento alheio, não para pensar por nossa conta.

Os orientadores e os livros dessa área (metodologia da pesquisa), em regra, desconsideram o tema em tela, direcionam-se às técnicas, às formalidades e pouco (algumas vezes nada) dedicam-se a nossa preocupação prévia: quem é o pensador e quais os seus obstáculos pessoais. Não têm em mente que o ser pensante, antes de ser pensante, é um ser que tem seus limites e obstáculos pessoais que, inexoravelmente, afetam a pesquisa.

O homem vive o vaticínio de Platão: "esses homens estão aí desde a infância, de pernas e pescoço acorrentados, de modo que não podem mexer-se nem ver senão o que está diante deles, pois as correntes os impedem de voltar a cabeça"[2]. Mais ainda, mesmo quando se libertam de suas amarras intelectuais, continuam embaraçados, pois "as sombras que via outrora lhe parecerão mais verdadeiras"[3] do que as realidades que lhe passam a demonstrar os novos olhares.

Há algo paradoxal na personalidade humana: resiste bravamente a rever seus posicionamentos; mas, uma vez destruído em suas concepções,

---

2. PLATÃO. A República. Trad. Enrico Corvisieri. São Paulo: Nova Cultural, 2004. p. 225
3. Ibid, p. 226

inclina-se a rejeitar veementemente as antigas ilusões (o que o cientista político italiano Antonio Gramsci descreve ao falar do "despertar da consciência crítica").

Por outro lado, a revisão de posicionamentos pessoais não se dá pela imposição: "as lições que se fazem entrar à força na alma nela não permanecerão"[4]. O que se pode fazer, simplesmente, é moldar, construir as habilidades para que o receptor percorra o pensamento por si só. A descoberta feita pelo próprio pensador é a que deita raízes e muda os olhares.

O propósito da primeira parte, portanto, está imbuído da concepção educacional platônica:

> A educação é, pois, a arte que se propõe este objetivo, a conversão da alma, e que procura os meios mais fáceis e mais eficazes de o conseguir. Não consiste em dar visão ao órgão da alma, visto que já a tem; mas, como ele está mal orientado e não olha para onde deveria, ela esforça-se por encaminhá-lo na boa direção[5].

Essa concepção dirige a atividade educacional para a formação da "capacidade" de pensar, para o moldar o temperamento, o caráter ou a personalidade para os hábitos do legítimo pensar, para as virtudes da intelectualidade. Isto é, "encaminhar a alma na boa direção". A atividade que empreenderemos, embebida com esse propósito, busca algo complexo: a conversão da alma corrompida ou ofuscada pelas demais ocupações.

---

4. Ibid, p. 251
5. Ibid, p. 229

1.1

Para que Serve a Pesquisa?

BERTRAND Russel, em sua magnífica obra *On Education*, escrita em 1926, alerta-nos:

> Temos, pois, antes de definirmos qual o tipo de educação que consideramos o melhor, de assentar o tipo de homem que queremos produzir[6].

Esse ponto é fulcral, é o eixo da porta (gonzo) sem a qual a reflexão de toda essa obra tornar-se-ia, a partir daqui desengonçada, fora de lugar.

Não é produtivo, o impacto é artificial, passageiro e inexpressivo educar os homens para respeitar ou valorizar algo, ou simplesmente para se fazer algo como a pesquisa, se esse respeito ou valorização não advier de **quem o homem é**, mas da simples imposição cultural momentânea (da mera necessidade passageira de se fazer uma pesquisa acadêmica).

Somente o estudo que prepara o homem para o **"torna-te o que és"** (homem) do poeta grego Píndaro (518 a.C. - 438 a.C.) atinge-o de modo eficaz e duradouro.

Neste campo definido (tornar o homem o que ele é), vejamos as características apontadas por Russel como essenciais para a formação dos homens de todos os tempos: vitalidade, coragem, sensibilidade, inteligência e liberdade.

---

6. RUSSEL, Bertrand. Da Educação. Trad. Monteiro Lobato. São Paulo: Companhia Editora Nacional, 1977. p. 32

1.1 | Para que Serve a Pesquisa?

1.1.1 Pesquisa e vitalidade

É o prazer de sentir-se vivo (**vitalidade**), o interesse pelas coisas do mundo externo, que torna a existência "humana" e torna-nos aptos aos prazeres comuns da vida.

Quando uma instituição se estrutura na imposição de conteúdos e não no despertar o interesse pelos conteúdos, no incentivo ao "encontro", mata-se parte da vitalidade. Pior ainda, a imposição de conteúdo sem o prévio despertar o prazer pelo mesmo acorda o vício contrário à vitalidade, a acídia (tristeza que paralisa).

É enfadonho estudar aqueles conteúdos para os quais os professores não se preocuparam em despertar previamente o interesse. Por isso, rotineiramente parte-se para o decorar (que não tem nada de seu sentido original: guardar no coração). E esse conteúdo que "quase" se aprende e certamente não cria nenhuma atitude decorrente, em pouco tempo é apagado da memória. Não se educa assim, somente se transmite informação descartável após o seu uso (a prova, o vestibular, o concurso, o exame da OAB etc.).

É preciso despertar o interlocutor do sono que os interesses consumistas e da vaidade rotineiramente inoculam em nossas vidas (como se fossem as únicas fontes de satisfação). É preciso desvelar que a felicidade está também no conhecimento, na descoberta pessoal e não apenas no novo aparelho de celular ou na última fórmula de sucesso fácil (dos mecanismos continuamente renovados da fama ou de sucesso financeiro).

Não haverá verdadeira educação se antes não se despertar o interesse (a vitalidade) pelo ambiente que estamos imediatamente inseridos, pelos conteúdos a serem apreendidos. É nesse campo que a pesquisa é promissora arma educacional. A pesquisa, mesmo nas searas acadêmicas, é uma das atividades que resiste à cultura impositiva, pois o pesquisador costuma ter a sua disposição a escolha do que estudará. Aquilo que o desperta será o objeto de sua dedicação.

1.1.2 Pesquisa e coragem

Por outro lado, toda sorte de sistemas intelectuais dominadores – especialmente certas religiões e ideologias – estão sempre de portas abertas para dar segurança em troca da escravidão. São compatíveis com a "servidão voluntária" (expressão de Etienne La Boetie), não com a coragem.

METODOLOGIA DA PESQUISA | Marcelo Lamy

Muitas vezes, infelizmente, o educador se transforma em um dominador. Quer simplesmente que seus alunos se tornem réplicas de si mesmo, pensem como ele, ajam como ele... Suas práticas são construtoras da covardia: prestem atenção, isto cai na prova! Não pensa que o seu objetivo é construir pessoas com almas, com identidade e não soldadinhos de chumbo.

É a coragem (tema excluído dos currículos das sociedades autoritárias) que constrói o respeito a si mesmo, que permite o governo de si mesmo:

> alguns homens vivem governados pelos seus motivos próprios ao passo que outros são meros espelhos do que pensam, dizem e fazem seus vizinhos. Homens assim nunca poderão ter a verdadeira coragem, porque desejam ser admirados e apavoram-se com o medo de perder a consideração pública [7].

O homem moldado pela educação da covardia não é capaz de lutar, de liderar. Como vive da convicção dos outros e não da própria, não há entusiasmo, não há ideal. Sem esses elementos, nunca terá garra. Pelo contrário, facilmente desprezará a si mesmo e a tudo que vá além de si também.

Somente a alma moldada na coragem permite-se não se desprezar a si mesma (o que supõe superar também a cultura equivocada de que somos "irremediáveis" pecadores) e a valorizar as coisas que estão além de si (o que supõe superar o apego a si mesmo, forma de covardia travestida de egoísmo).

Somente o homem estruturado na Fortaleza (virtude cardeal) tem convicções próprias e, porque são próprias, é capaz de amá-las, persegui-las e torná-las vida. A Fortaleza nasce da Inteligência (centro de convicções), da Vontade (amar de verdade) e do Braço (onde se aprende a fazer o que se deve e estar no que se faz – dificuldade excepcional para o homem de hoje que vive no passado ou no futuro e desaprendeu a construir memória).

Shakespeare, via Lady MacBeth, nos ensinou: "Queres possuir o que estimas como ornamento da vida e viver como um covarde em tua própria estima, deixando que um 'não me atrevo', vá atrás de um 'eu gostaria', como o pobre gato do adágio?".

---

7. RUSSEL, Bertrand. Da Educação. Trad. Monteiro Lobato. São Paulo: Companhia Editora Nacional, 1977. p. 32

1.1 | Para que Serve a Pesquisa?

O gato queria comer o peixe, mas não molhar os pés! O covarde é assim: não se atreve e se ilude com o "gostaria".

Com uma educação erigida na coragem, certamente surgirão homens de convicções, contudo essas convicções não serão utopia, mas realidade. Novamente aqui se destaca a pesquisa, pois está estruturada para que o pesquisador revele a si mesmo, as suas convicções, os seus olhares, as suas interpretações. O estudo de outros pensadores é mero diálogo, e não a essência. A pesquisa é por excelência o momento da manifestação corajosa de olhares pessoais.

1.1.3 Pesquisa e sensibilidade

É comum nas leis definidoras das políticas sociais utilizar-se da ideia de que as atividades pedagógicas devem priorizar ações de sensibilização e conscientização. O que vem a ser isso?

Uma pessoa é emocionalmente sensível quando uma multiplicidade de estímulos desperta emoções nela. É insensível, ao contrário, se continua impassível. No meio termo, encontramos a sensibilidade adequada, que desperta a reação emotiva aceitável.

Nossa sociedade tornou-nos insensíveis:

> Quase todo mundo sente-se afetado quando uma criatura amiga sofre de câncer. Outras pessoas emocionam-se quando vêem o sofrimento de desconhecidos em hospitais. Já quando lêem que a taxa de mortalidade do câncer é tal ou tal, apenas o medo de que elas próprias ou alguma pessoa amiga o contraia as afeta momentaneamente[8].

A preocupação apenas com o eu, ou com o eu ampliado (meus familiares mais próximos, meus poucos amigos, meu bichinho de estimação), com todos aqueles que não podem sofrer para não me atingir (que foi traduzida de maneira soberana pelo filme "A Praia" em 2000, dirigido por Danny Boyle, baseado no romance de Alex Garland e estrelado por Leonardo DiCaprio), torna-nos mais do que insensíveis, faz-nos cruéis, desumanos.

---

8. RUSSEL, Bertrand. Da Educação. Trad. Monteiro Lobato. São Paulo: Companhia Editora Nacional, 1977. p. 38

METODOLOGIA DA PESQUISA | Marcelo Lamy

Sem a sensibilidade necessária, jamais os males de nossa sociedade serão resolvidos, no máximo serão repelidos para o vizinho mais longe (é preciso afastar dos olhos para nos iludirmos de que não existem mais): "Uma grande proporção dos males do mundo moderno deixaria de existir se pudéssemos remediar esse fato, isto é, se pudéssemos aumentar a capacidade para a simpatia [do grego sym-pathía] abstrata"[9].

Com a sensibilidade adequada, teremos homens que serão afetados pelos problemas reais e que certamente reagirão, não para transferi-lo para o vizinho, pois este também o importa, mas para resolvê-lo. Assim poderemos criar a almejada solidariedade prevista legalmente como princípio básico e como objetivo da educação. A pesquisa, nesse ponto, é a concretização da sensibilidade adequada, pois se volta sempre para os problemas reais e sociais, não para o eu.

1.1.4 Pesquisa e inteligência

Bertrand Russel alertou: "O desejo de inculcar nos alunos o que é tido como certo faz com que muitos educadores se mostrem desatentos para o treino da inteligência"[10].

O objetivo da educação não pode ser o de criar banco de dados, mas homens. Ou seja, educar a inteligência significa criar a *aptidão para adquirir* conhecimentos. Não se mede a inteligência pelo conhecimento já adquirido, mas pela capacidade de os adquirir (esse assunto renderia muitas laudas sobre o sistema rotineiramente equivocado de avaliação da aprendizagem).

O fundamento da vida intelectual, por sua vez, é a curiosidade. Não qualquer curiosidade, como a da fofoca, mas a relativa a ideias abstratas, gerais. Para isso, é preciso cultivar diversos hábitos complementares: o hábito da observação, a crença na possibilidade de conhecimento, a paciência para amadurecer o pensamento e em especial a largueza de espírito, a magnanimidade, pois é "difícil abandonar crenças alimentadas por muitos anos, bem como o que contribuiu para a nossa autoestima e outras paixões"[11].

---

9. Ibid, p. 38
10. Ibid, p. 40
11. Ibid, p. 41

1.1 | Para que Serve a Pesquisa?

Assim nos dizia Russel:

> todos nós devemos aprender a pensar por nós mesmos a respeito de assuntos que nos sejam particularmente conhecidos, bem como conseguir a coragem necessária para defender opiniões impopulares, quando as julgamos importantes[12].

Educar para a inteligência é educar também para o outro, para o pensamento alheio (apesar de nossa reação psicológica natural seja sempre defensiva do eu, a ponto de sempre ver o diferente como loucura), para o não conclusivo e para a dúvida (apesar de nossa ansiedade e falta de paciência exigirem respostas definitivas). Somente essas características permitem a democracia, o pluralismo, a dialética e a dialógica necessárias para compreender as complexidades sociais e respeitar novas soluções.

A pesquisa depende da curiosidade e constrói efetivamente a aptidão pessoal de adquirir conhecimentos por conta própria. Edifica, portanto, a inteligência.

1.1.5 Pesquisa e liberdade

Quando o homem perde a si mesmo, por não decidir seu próprio rumo ou objetivo para a sua vida, vivendo como um autômato, suas forças se debilitam. Torna-se incapaz de se livrar do seu envolvimento, de distanciar-se de seu próprio não-eu. É acometido por uma paralisia mental que bloqueia o pensamento próprio.

A essa realidade psicológica do automatismo irrefletido contribui significativamente a nefasta influência dos falsos valores da nossa sociedade:

> A nossa sociedade ocidental contemporânea, a despeito do seu progresso material, intelectual e político, conduz cada vez menos à saúde mental, e tende a sabotar a segurança interior, a felicidade, a razão e a capacidade de amor no indivíduo; tende a transformá-lo num **autômato** que paga o seu fracasso humano com as doenças mentais cada vez mais frequentes e desespero oculto **sob um frenesi pelo trabalho e pelo chamado prazer**[13] (sem destaques no original).

---

12. Ibid, p. 44
13. Eric Fromm APUD HUXLEY, Aldous. Regresso ao Admirável Mundo Novo. Trad. Rogério Fernandes. Lisboa: Livros do Brasil, 2004. p. 51

METODOLOGIA DA PESQUISA | Marcelo Lamy

Aldous Huxley, ao analisar em 1958 a sua obra *Admirável Mundo Novo* publicada em 1931, leva-nos à mesma reflexão:

> Só uma pessoa vigilante pode manter as suas liberdades, e **somente aqueles que estão constante e inteligentemente despertos podem alimentar a esperança de se governarem a si próprios efectivamente**, por meios democráticos. Uma sociedade, cuja maior parte dos membros desperdiça uma grande parte do seu tempo não na vigília, não aqui e agora e no futuro previsível, mas em outra parte, nos outros mundos irrelevantes [...] terá dificuldade em resistir às investidas daqueles que quiserem manejá-la e controlá-la[14] (sem destaques no original).

É preciso romper o ciclo vicioso da manipulação cultural que nos é imposto e falseia o legítimo individualismo e o verdadeiro exercício da liberdade.

O exercício da liberdade é incompatível com a não reflexão:

> Os ideais da democracia e **da liberdade chocam com o facto brutal da sugestibilidade humana**. Um quinto de todos os eleitores pode ser hipnotizado quase num abrir e fechar de olhos, um sétimo pode ser aliviado das suas dores mediante injecções de água, um quarto responderá de modo pronto e entusiástico à hipnopédia. A todas estas minorias demasiado dispostas a cooperar, devemos adicionar as maiorias de reacções menos rápidas, cuja sugestibilidade mais moderada pode ser explorada por não importa que manipulador ciente de seu ofício, pronto a consagrar a isso o tempo e os esforços necessários[15] (sem destaques no original).

Para romper com essa manipulação, alguns caminhos são de passagem obrigatória.

É preciso aprender e ensinar a consultar diversas fontes para confrontar os dados que fundam os argumentos (a reflexão é o pior inimigo da manipulação). Aprender a dialogar com pensadores de linhas ideológicas diversas. Exigir de si mesmo o estudo de mais de um autor sobre um tema específico, fugindo do comodismo dos manuais "modernos" (que simplificam os temas complexos e apontam, em geral, um único ponto de vista).

---

14. HUXLEY, Aldous. Regresso ao Admirável Mundo Novo. Trad. Rogério Fernandes. Lisboa: Livros do Brasil, 2004. p. 83
15. Ibid, p. 198-199

1.1 | Para que Serve a Pesquisa?

É necessário assumir uma "postura crítica", que não se acostuma com as palavras, nem com os gestos. Acostumar-se com isso esvazia a potencialidade investigativa e conatural de nosso olhar. Lopez Quintás dá-nos dois exemplos muito corriqueiros dessa atitude: estendemos a mão para cumprimentar outra pessoa, significando que vamos desarmados ao encontro com ela; ao recebermos algum favor dizemos "obrigado", porque colocamo-nos na obrigação de fazer o mesmo por quem nos favoreceu se a situação se repetir inversamente; se dissermos "grato", refletimos outra realidade (a da graça divina), a de que recebemos não por nossos méritos.

É indispensável tomar distância e descobrir os truques que escamoteiam os raciocínios falsos ou incompletos, que buscam mais o impacto do que a verdade (tão comum na mídia e, infelizmente, em algumas palestras). Ultrapassando as manchetes, os primeiros parágrafos, os destaques do texto, ou os exemplos utilizados como se fossem argumentos, muitas vezes descobrem-se realidades que desmentem esses elementos panfletários.

Para que exista a atitude de Liberdade é preciso **ROMPER AS AMARRAS DO PENSAR PELOS PADRÕES ALHEIOS**, que em geral convertem-se em padrões falsamente pessoais: da opinião ou expectativas dos outros, do reconhecimento ou do juízo dos outros, do poder do mundo e de suas expectativas, da moda; das necessidades e desejos (que muitas vezes não são próprios, mas fabricados em nosso inconsciente pela comunicação de massa, pelo mercado); de temores e de escrúpulos (muitas vezes produzidos pela cultura circundante do não se arriscar – muito útil para qualquer movimento totalitário).

Huxley é enfático ao nos desvelar novamente essa realidade:

> É a liberdade individual compatível com um alto grau de sugestibilidade individual? Podem as instituições democráticas sobreviver à subversão exercida do interior por especialistas hábeis na ciência e na arte de explorar a sugestibilidade dos indivíduos e da multidão? Até que ponto pode ser neutralizada pela educação, para bem do próprio indivíduo ou para bem de uma sociedade democrática, a tendência inata a ser demasiado sugestionável? Até que ponto pode ser controlada pela lei a exploração da sugestibilidade extrema, por parte de homens de negócio e eclesiásticos, por políticos no e fora do poder?[16] (sem destaques no original)

---

16. Ibid, p. 198-199

Precisamos ainda nos libertar da FALSA REALIDADE PESSOAL que nós mesmos construímos (desafio presente no "conhece-te a ti mesmo"[17]): do sentimento de que nossa própria biografia nos determina (quantas vezes ouvimos: "sou assim mesmo, não tem jeito!"); da *escravidão da autorreferência*, ou *da autossuficiência*, onde pensamos que conduzimos nossas vidas sozinhos ("escravidão" que a teologia chama "do pecado"); da *escravidão da falsa autoafirmação*: cumpro as leis, faço tudo o que é certo, sou bom ("escravidão das leis") – não é o externo que nos torna melhores, mas a purificação de nosso coração; da *escravidão do autoengano*: gloriar-me dos meus feitos e dos meus valores, da minha inteligência...

Estou farto de semideuses, são todos príncipes – parafraseando Fernando Pessoa no Poema em Linha Reta:

> Nunca conheci quem tivesse levado porrada.
> Todos os meus conhecidos têm sido campeões em tudo.
>
> E eu, tantas vezes reles, tantas vezes porco, tantas vezes vil,
> Eu tantas vezes irrespondivelmente parasita,
> Indesculpavelmente sujo,
> Eu, que tantas vezes não tenho tido paciência para tomar banho,
> Eu, que tantas vezes tenho sido ridículo, absurdo,
> Que tenho enrolado os pés publicamente nos tapetes das etiquetas,
> Que tenho sido grotesco, mesquinho, submisso e arrogante,
> Que tenho sofrido enxovalhos e calado,
> Que quando não tenho calado, tenho sido mais ridículo ainda;
> Eu, que tenho sido cômico às criadas de hotel,
> Eu, que tenho sentido o piscar de olhos dos moços de fretes,
> Eu, que tenho feito vergonhas financeiras, pedido emprestado sem pagar,
> Eu, que, quando a hora do soco surgiu, me tenho agachado
> Para fora da possibilidade do soco;
> Eu, que tenho sofrido a angústia das pequenas coisas ridículas,
> Eu verifico que não tenho par nisto tudo neste mundo.

---

17. Texto inscrito no frontispício do templo de Apollo (deus da harmonia) na cidade grega de Delphos.

1.1 | *Para que Serve a Pesquisa?*

> Toda a gente que eu conheço e que fala comigo
> Nunca teve um ato ridículo, nunca sofreu enxovalho,
> Nunca foi senão príncipe – todos eles príncipes – na vida...
>
> Quem me dera ouvir de alguém a voz humana
> Que confessasse não um pecado, mas uma infâmia;
> Que contasse, não uma violência, mas uma cobardia!
> Não, são todos o Ideal, se os oiço e me falam.
> Quem há neste largo mundo que me confesse que uma vez foi vil?
> Ó príncipes, meus irmãos,
>
> Arre, estou farto de semideuses!
> Onde é que há gente no mundo?
>
> Então sou só eu que é vil e errôneo nesta terra?
>
> Poderão as mulheres não os terem amado,
> Podem ter sido traídos – mas ridículos nunca!
> E eu, que tenho sido ridículo sem ter sido traído,
> Como posso eu falar com os meus superiores sem titubear?
> Eu, que venho sido vil, literalmente vil,
> Vil no sentido mesquinho e infame da vileza.

Quanto de nossos sentimentos, por outro lado, foi forjado fora de nossos corações pela simples sugestibilidade.

John Dewey revelou-nos com perspicácia em 1939 que

> **O verdadeiro ponto de apoio do totalitarismo é o controle dos sentimentos, desejos e emoções de seus súditos**, é o comandar a imaginação e os impulsos interiores de seus fiéis servos. É um escape, uma ilusão coletiva, uma alucinação geral pensar que o totalitarismo apenas tem apoio na coerção externa[18] (sem destaques no original).

Mais ainda, de que "se alguém controlasse as canções de um povo, não precisaria preocupar-se com os que faziam as suas leis"[19].

---

18. DEWEY, John. Liberdade e Cultura. Trad. Eustáquio Duarte. Rio de Janeiro: Revista Branca, 1953. p. 33
19. Ibid, p. 32

O verdadeiro significado de Liberdade é autodeterminação, não mera escolha externa, é, como afirma Paulo Ferreira da Cunha, "assunção individual que implica autoconsciência e possibilidade de luta"[20].

É manifestação da autonomia, não da heteronomia, nem da anomia: "Quem entende liberdade somente como poder fazer o que se quer, esse está amarrado demasiadas vezes em seus próprios desejos"[21].

A concepção equivocada de liberdade como libertinagem (fazer o que der na telha!) pode aparentemente nos libertar da escravidão dos outros, mas torna-nos escravos de nós mesmos, dos nossos impulsos (que muitas vezes não são nossos).

Tudo isso nos propõe esse livro, **que a pesquisa nos torne livres...**

---

20. CUNHA, Paulo Ferreira da. Res Pública: ensaios constitucionais. Coimbra: Almedina, 1998. p. 21
21. GRÜN, Anselm. Caminhos para a liberdade. São Paulo: Vozes, 2005. p. 28

1.2

Reaprender a Pensar

O FILÓSOFO espanhol Alfonso López Quintás, desde sua defesa de doutorado, dedicou-se a construir um procedimento pedagógico que não se limitasse a *ensinar* os conteúdos, mas a uma metodologia de ensino que apresentasse outras perspectivas, que possibilitasse aos discentes a *descoberta* "por si mesmos" dos conteúdos.

Com uma visão lúcida sobre a necessidade de adequar os métodos de ensino à realidade do ouvinte de nosso tempo (notadamente repulsivo a imposições autoritárias e, ao mesmo tempo, sensivelmente despreparado para defender-se das manipulações que o cercam), esse pensador acabou por criar, reflexamente, um método per-feitamente (o prefixo *per* serve para dar ideia de plenitude) estruturado de pesquisa.

Sob essa ótica reflexa, percorreremos seus principais ensinamentos nesse e no próximo tópico.

1.2.1 Pensar em suspensão

O pressuposto inicial de seu olhar é, de per si, bastante revelador.

Entende que a nossa própria realidade e grande parte das realidades que nos circundam precisam ser estudadas pelo que **"são"** e pelo que **"devem vir-a-ser"**, pois essas possibilidades quase-impositivas (não são meras potências, mas dever-ser) constituem **facetas intrínsecas da própria realidade**: "Se devemos conhecê-las, precisamos avaliá-las pelo que são e pelo que estão chamadas a ser"[22]. O dever ser já faz parte do ser.

---

22. LÓPEZ QUINTÁS, Alfonso. Descobrir a Grandeza da Vida. Introdução à Pedagogia do Encontro. Trad. Gabriel Perissé. São Paulo: ESDC, 2005. p. 10

E mais, as questões só podem ser devidamente esclarecidas se as situarmos em seu **verdadeiro e completo contexto**... Não são os reducionismos, próprios das especialidades, que permitirão conhecer a realidade que nos circunda, pois esclarecem apenas uma faceta desta.

É preciso, portanto, aprender a observar atentamente a realidade, em toda a sua complexidade. Para isso, é necessário aprender a *pensar em suspensão*.

Os valores são realidades carentes de contornos definidos e de uma ambiguidade constitutiva, que necessitam, para serem observados, de um prelúdio: uma verdadeira reformulação de nossos olhares.

É preciso desacostumar-se do olhar viciado com as realidades objetivas (típica dos objetos, que podem ser dominados, domados, manuseados), definidas (de contornos exatos e precisos), para poder enxergar realidades de outra natureza.

É preciso desacostumar-se com o *pensar linear*, em etapas, de um passo a outro, para ingressar no *pensar em suspensão*, no raciocínio que não termina, que entrelaça diversos aspectos em suas múltiplas relações possíveis, sem precipitar-se a realizar conclusões cabais, definitivas.

Há realidades humanas que estão abertas a influências continuadas, que não podem ser rigorosamente delimitadas ou mensuradas, pois estão continuamente sujeitas a novas interações, a novas medidas de realização: "el valor es un modo de realidad relacional y solo se revela a quien desarrolla un tipo de pensamiento en suspensión"[23].

O valor não é uma realidade que se concretiza no nível dos objetos, como entidade externa e alheia, projetada à distância do homem, do sujeito (objetivismo axiológico), nem é uma realidade emanada da interior subjetividade ou afetividade humana (subjetivismo axiológico). É uma entidade que germina e se desenvolve no meio termo, na relação entre o ideal e o sujeito, no "entre".

O "falso valor" que se imagine exterior e "distante" é outra realidade, é heterônoma, é instrumento de dominação (impõe-se como limite externo à liberdade). O "falso valor" que se imagine interior e "imediato" é outra realidade, é vertigem, é escravidão das paixões.

---

23. LÓPEZ QUINTÁS, Alfonso. El conocimiento de los valores. Pamplona: Editorial Verbo Divino, 1999. p. 33

1.2 | Reaprender a Pensar

O "verdadeiro valor", descoberto e vivenciado em uma distância adequada (nem imediata, nem distante, mas presente), é *locus* de realização pessoal, de criatividade, do exercício da liberdade criativa. Nesse distanciamento e proximidade, o valor apresentado fascina, entusiasma, mas não domina, não produz a vertigem escravizadora.

Essa presença (distância e proximidade) é que permite conhecermos o valor. Em qualquer realidade relacional, os polos ou termos da relação não podem ser dominantes, senão a relação não se estabelece. A relação dominada deixa de ser relação. Ao contrário, havendo relação, despertam-se inúmeras possibilidades de assimilação e de concretização.

Marcada é, por exemplo, a divisão e polarização existente entre os estudiosos do meio ambiente: uns situam-se na defesa do homem acima de tudo (como pauta para o direito ambiental) e outros se situam na defesa do meio ambiente até mesmo acima do homem.

A polarização não é capaz de desvelar o "valor" do meio ambiente. Somente o jogo, o distanciamento, o entreveramento dos dois polos (que devem ser convertidos em termos da relação e deixarem de ser polos) produz novas descobertas:

> La teoría del juego y de los ámbitos abre ante nosotros el horizonte de un humanismo extraordinariamente rico, inspirado no en el dominio de objetos, sino en la *creación de toda suerte de vínculos*. El entorno humano aparece entonces a una nueva luz. Vistos en su aspecto "ambital", los seres del entorno humano dejan de reducirse a meros objetos – objetos de conocimiento, de manipulación y dominio – para convertirse en colaboradores del hombre en el gran juego de existencia[24].

Os valores não são externos, nem internos, embora se tornem, em função do jogo (estabelecido pela relação), íntimos:

> Los valores – insistimos en ello – son distintos del hombre, pero no siempre distantes, externos y extraños. Pueden llegar a convertirse en íntimos al ser humano y constituir una especie de "voz interior". *Interioridad*, en el nivel creador, no designa un «dentro» por contraposición a un «fuera», sino el poder creador de relaciones auténticas de diálogo[25].

---

24. Ibid, p. 87
25. Ibid, p. 51

Os valores, assim vivenciados, criam vínculos automáticos e íntimos ao que estabelece esse jogo. Vínculos não propriamente coativos, mas obrigatórios; mais ainda, auto-obrigatórios (este talvez seja o sentido do "dever-ser" dos valores):

> Cuanto más densa de sentido es la realidad del entorno con la que entra el hombre en relación de juego creador, tanto más se siente éste *apelado* y obligado. De esta obligación y apelación brota el *impulso* del hombre al cumplimiento del *deber*. El deber se funda en el valor que ostentan las realidades capaces de apelar al hombre a dar una respuesta co-creadora, *creadora en vinculación*. Cumplir el deber no significa ceder a una coacción procedente de una instancia externa, sino obligarse a una realidad valiosa. De modo semejante, conocer un valor no es asimilar un objeto externo. Es entreverar el proprio ámbito de realidad con el campo de posibilidades de juego que ofrece el "objecto". «Interioridad» y «exterioridad» no indican en este contexto lúdico una referencia espacial – de tipo empírico –, sino un entreveramiento creador[26].

Vivenciar os valores produz, em verdade, provocações para o legitimo exercício da liberdade criativa, em concreto:

> Al convertir las posibilidades recibidas en el impulso de la actividad propia, el hombre se siente impulsado por un especial dinamismo interno, una forma de energía singular que no tiene en él su origen, pero que se ha convertido en algo íntimo[27].

Nesse sentido, é preciso, agora, "pensar em suspensão": o que deve ser a realização judicial de um princípio, de um valor, uma ordem ou um convencimento?

O valor é descoberto pela relação, pelo jogo, e projeta-se, na situação concreta, de forma objetiva (precisa), mas não como um objeto (realidade enclausurada em si mesma): "El valor se *objetiva* en cada realización concreta del mismo, pero no se *objetiviza*, no queda sometido a las condiciones empíricas de los meros objetos"[28].

---

26. LÓPEZ QUINTÁS, Alfonso. El conocimiento de los valores. Pamplona: Editorial Verbo Divino, 1999. p. 52-53
27. Ibid, p. 72
28. Ibid, p. 59

1.2 | Reaprender a Pensar

É pela concretização que descobrimos a faceta valorativa, pois o valor se expressa nessas realidades. Mas uma vez desvelada sua faceta no concreto, é preciso voltar a pensar "em suspensão", pois em outras situações concretizar-se-á de forma diversa, em amplitude diferenciada, em razão de seus outros campos de jogo. Em outras palavras, o jogo (as condições de um caso) concretiza o valor, mas essa concretização é apenas exemplo e não parâmetro exato para as seguintes.

O valor, como realidade relacional, embora apresente alguns contornos diante de um caso, não possui contornos definitivos. Em novos casos, poderá projetar contornos mais restritos ou mais amplos:

> El valor se encarna en realidades concretas y se expresa a su través, pero, a la vez, desborda el lugar de encarnación expresiva. Por eso hay que pillarlo al vuelo, en suspensión. En cada realidad valiosa, el valor está al mismo tiempo presente y ausente; se halla – según indicamos – *objetivado*, pero no *objetivizado*, de modo análogo a lo que acontece con las significaciones en el lenguaje. De ahí la necesidad del *pensamiento en suspensión* para captar los valores en su lugar de concreción y plena realización, y hacerse cargo de sus diferentes grados[29].

López Quintás é ainda mais preciso: "El valor se revela en los acontecimientos lúdicos de encuentro, pero se revela como algo transcendente a cada acto de revelación"[30].

O valor, como parte integrante do sistema jurídico, deve ser estudado também pelo método espiral[31]. Em cada ato de revelação podemos vislumbrar o seu conteúdo multifacetado e inesgotável (imensurável). Mas somente porque *pensamos em suspensão* estamos abertos a enxergar essas novas concretizações-realidades.

1.2.2 Pensar sobre o que nos molda

O método pedagógico proposto por Alfonso López Quintás deve ser conduzido por quem (professores, pais, líderes) ajude a *conhecer* e a *prever* as consequências do que se compreendeu.

---

29. LÓPEZ QUINTÁS, Alfonso. El conocimiento de los valores. Pamplona: Editorial Verbo Divino, 1999. p. 89
30. Ibid, p. 96
31. Cf. Alfonso López Quintás. Ibid, p. 104 e ss

O contexto de "ajudar a conhecer" também deve ser percorrido pelo pesquisador, um natural autodidata. No seu caso, no entanto, podemos intitular esse pressuposto como "aprender a conhecer" ou "aprender a pensar". López Quintás desenvolve um conjunto de doze "chaves-interpretativas" da realidade que nos ajudam a conhecer.

O contexto de "ajudar a prever" é muito relevante para o pensamento de López Quintás, pois, como um legítimo humanista, sua preocupação volta-se para a realização de cada ser humano, para que a vida de cada um atinja o sucesso (*una vida lograda*). Esse contexto, em primeira mão, não costuma passar despercebido ao pesquisador, pois rotineiramente pensa nas consequências de tal ou qual tese que defende. Mais ainda, muitas vezes a pesquisa é imaginada em função dos resultados almejados. Mas o aspecto que López Quintás enfrenta sobre a previsão é muito mais profundo, pois foca na relação multidirecional existente entre nossa visão de mundo, nossos sentimentos e a atitude de vida que incorporamos.

Muitas vezes, o pesquisador instalou-se e continua instalado em uma visão de mundo, em uma concepção de vida que o faz enxergar limitadamente a realidade. Mas ainda o faz perder a capacidade de prever que outra visão de mundo poderia lhe dar outro encaminhamento, outro resultado até mesmo para sua vida.

Abrir-se para esse "re-pensar" sobre o que nos molda é preciso.Somente assim, percebemos que, por exemplo, nossa visão hedonista, que reclama a satisfação urgente de nossas pretensas necessidades, transforma, muitas vezes, nossos desejos (que deveriam ser somente isso) em objetivos de vida. E porque estão fora do lugar, confundem toda nossa vida: confundimos o cansaço com infelicidade, aquisição de bens materiais com realização pessoal... "A corrupção do ser humano tem início na corrupção da mente, no momento em que ocorre a confusão e adulteração dos conceitos. A regeneração de pessoas e povos deve começar pelo esclarecimento das ideias mediante o exercício do pensar bem"[32].

A profunda apreensão da realidade traduz-se, portanto, em compreender que existem atitudes adequadas (conformes) e inadequadas (desconformes) à mesma.

---

32. LÓPEZ QUINTÁS, Alfonso. Descobrir a Grandeza da Vida. Introdução à Pedagogia do Encontro. Trad. Gabriel Perissé. São Paulo: ESDC, 2005. p. 17

1.2.3 Pensar sobre a realidade ambital

Para compreender a realidade material ou cultural, objetivo da investigação científica, López Quintás nos apresenta uma trilha, um conjunto de técnicas de observação (que intitula algumas vezes como "descobertas" outras como "chaves interpretativas") que efetivamente apura o olhar crítico. Veremos algumas.

A realidade pode se apresentar de duas formas, em dois níveis: como objeto ou como âmbito.

"Objeto" é a forma configuradora das realidades delimitadas (cuja essência é constituída sem qualquer relação com outros seres, pois está fechada em si mesma), que legitimamente podem ser manuseadas, possuídas, usadas como meio.

É a característica, em geral, coincidente com a nossa linguagem. Tratamos como objeto os seres inanimados, que não extravasam qualquer dinamicidade além de si mesmo. Assim pode ser visto, por exemplo, um livro: como um punhado de papel pintado tipograficamente.

"Âmbito" é a forma das realidades relacionais, das realidades que só podem ser compreendidas olhando para o seu entorno, e que, por esse modo de ser diferenciado, não podem ser manuseadas, possuídas ou simplesmente usadas (como os objetos). A natureza ambital transfigura a realidade (dá-lhe outra forma), passando a compreender, dentro de si mesma, a "relação" que estabelece com o seu entorno. A relação não é externa, mas intrínseca. Somente "com" a relação atinge-se o pleno sentido dessa espécie de realidade.

Assim pode ser visto, por exemplo, uma obra literária: incompreensível se observada apenas através dos seus elementos materiais, papel e tinta.

Identificar qual espécie de realidade estamos estudando modifica nosso olhar, desvenda outras possibilidades antes despercebidas, impede que rebaixemos nosso tratamento a uma realidade superior ou que sobrevalorizemos uma realidade inferior.

No campo jurídico, tal percepção crítica também se apresenta, mas, por vezes, é desconsiderada supinamente. Kant, por exemplo, explica que tratar com dignidade ao homem é tratá-lo como pessoa e não como objeto. Por outro lado, o direito positivo continua referindo-se à "busca" e "apreensão" de menores, como se objetos manuseáveis fossem.

Não se trata meramente de um problema externo de linguagem, mas de uma concepção arraigada de manuseio que a linguagem revela.

Da mesma forma, falamos da minha esposa, do meu marido, do meu filho... Todos são objetos de posse?

E, como nos ensinou Wittgenstein, os limites das nossas línguas, não são apenas limites das nossas línguas, mas também limites de nosso próprio mundo, de nossas próprias possibilidades de percepção do mundo. Na tradução poética de Rubem Alves[33]: falta cabide em nossa memória para pendurar ideias novas.

É preciso descobrir que as realidades não são tão simples quanto imediatamente aparentam. Os objetos apresentam-se muitas vezes não como simples objetos, mas, como diz Alfonso López Quintás, como âmbitos. Percepção que Sérgio Bitencourt (imortalizado por Jacob do Bandolim) apresenta com a profundidade que só um poeta pode ter[34]:

NAQUELA MESA

Naquela mesa ele sentava sempre
E me dizia sempre
O que é viver melhor.

Naquela mesa ele contava histórias
Que hoje na memória
eu guardo e sei de cor.

Naquela mesa ele juntava gente
E contava contente
O que fez de manhã...

E nos seus olhos era tanto brilho
Que mais que seu filho
Eu fiquei seu fã.

---

33. ALVES, Rubem. Aprendiz de mim: um bairro que virou escola. Campinas: Papirus, 2004. p. 26
34. Gabriel Perissé desenvolve análise desse poema musical que desvela claramente a complexa realidade que um simples objeto traz ao tornar-se âmbito. A precisão e a profundidade de sua análise fazem-nos indicar vivamente a leitura de sua obra *Método Lúdico-Ambital*: a leitura das entrelinhas.

Eu não sabia que doía tanto
Uma mesa num canto
Uma casa e um jardim.

Se eu soubesse quanto dói a vida
Essa dor tão doída
Não doía assim.

Agora resta uma mesa na sala
E hoje ninguém mais fala
No seu bandolim...

Naquela mesa tá faltando ele
E a saudade dele
Tá doendo em mim.

1.2.4 Pensar sobre as experiências reversíveis

As realidades ambitais, porque são realidades abertas à relação, dinâmicas, estabelecem uma união estreita e bidirecional (configuram e são configuradas) com o seu entorno, trazem aquilo que em princípio é externo para a sua intimidade (que já não é a mesma). No dizer de López Quintás, há realidades que se revelam unicamente como "experiências reversíveis", pois sua constituição interna se dá unicamente "em relação", em mútua influência. Essas realidades não podem ser compreendidas isoladamente (como os objetos), mas somente no plexo de relações e influências que se estabelecem entre os seus correlacionados:

> Você, convertendo o poema em sua própria voz interior, estabelece com ele uma união estreitíssima. Continuam sendo duas realidades diferentes, mas já não estão um fora do outro. Seus destinos se uniram. O poema vive porque você (e outros intérpretes) lhe dá vida, e você se desenvolve culturalmente graças ao poema (e a outras obras de qualidade), que lhe oferece o tesouro de sabedoria e beleza que alberga[35].

---

35. LÓPEZ QUINTÁS, Alfonso. Descobrir a Grandeza da Vida. Introdução à Pedagogia do Encontro. Trad. Gabriel Perissé. São Paulo: ESDC, 2005. p. 22

Diversas são as realidades que se integram nas correlacionadas, que formam uma unidade entranhável com as que se relaciona:

> Uma experiência linear é a que vai do sujeito ao objeto – eu dou um impulso na caneta e a caneta sofre esse impulso e aí permanece. O esquema que estrutura esta ação é o esquema ação/paixão: eu atuo, ele padece. Na experiência reversível, não é assim; eu atuo sobre você, você atua sobre mim; são duas atuações livres que complementam a nós dois. Isto enriquece-nos muitíssimo. Vejam, quanto mais maduros estivermos na vida, menos experiências lineares realizamos e mais experiências reversíveis. Por exemplo, um professor que se considere o "tal", que fale e pontifique... e os alunos não tenham mais que simplesmente padecer o que ele diz, somente recebendo, mas sem iniciativa, seria um professor que vive de experiências lineares. Mas se o professor fala, atua sobre os alunos, mas eles também reagem, por exemplo, fazendo trabalhos, propondo perguntas... é uma experiência reversível na aula, isto é mais maduro.[36]

Assim se dá, por exemplo, com os conceitos de Direito, de Constituição, de Legalidade e de Estado. A posição conceitual que se apontou para o Direito e para a Legalidade, nos dias atuais, permitiu que a Constituição passasse a ser compreendida sobre outras formas. Por outro lado, a nova configuração da Constituição permitiu renovar o conceito de Direito e de Legalidade. A nova configuração do Estado alterou as concepções de Direito, Legalidade e Constituição. Por outro lado, essas novas concepções permitiram-nos enxergar um novo Estado.

Quem não se atenta a essas influências bidirecionais age como um pesquisador asmático, que vive timidamente sua especialidade (sua capacidade exclusivamente linear o impede de dar passos atléticos), quando não morre asfixiado (pois seus pressupostos não são mais compatíveis com a realidade que o circunda), mesmo estando rodeado de ar: "El hombre recluido en sí mismo no es libre para ser creativo, asumiendo activamente las posibilidades que le vienen ofrecidas desde fuera y que se convertirían en íntimas si las tomara como principio eficaz de su acción"[37].

---

36. LÓPEZ QUINTÁS, Alfonso. A Formação Adequada à Configuração de um Novo Humanismo. Conferência proferida na Faculdade de Educação da Universidade de São Paulo, em 26/11/1999, disponível em: http://www.alfredo-braga.pro.br/discussoes/humanismo.html.
37. LÓPEZ QUINTÁS, Alfonso. El espíritu de Europa. Madrid: Unión Editorial, 2000. p. 144

1.2 | Reaprender a Pensar

Assim, sob essa nova matriz de observação, precisam ser estudadas as realidades ambitais. Sem investigar o entrelaçamento, sem pesquisar o "campo de jogo" dessas realidades, a explicação será mais do que reducionista, será rebaixadora.

1.2.5 Pensar entrelaçado: o encontro

Tendo em conta a existência de realidades ambitais e de que essas refletem experiências reversíveis, López Quintás nos apresenta um novo e decisivo desafio (também para a pesquisa): incorporarmos a atitude pessoal de encontro. Somente dessa forma (com essa disposição) poderemos ingressar, em nossas investigações, no âmago dessas realidades.

Para encontrar o que é vital em uma realidade social estudada, não podemos simplesmente observar externamente suas características. É preciso imaginarmo-nos inseridos nela, interagindo, pelo menos ficcionalmente, com a mesma.

Da mesma forma, para encontrar o que é fundamental em uma obra literária ou científica (realidade cultural sob a qual rotineiramente nos debruçamos nas pesquisas acadêmicas), não devemos simplesmente passar os olhos sobre as afirmações literais. É preciso entrar em relação criadora com a obra, em diálogo com o que for apresentado.

É necessário incorporar o método de encontro na leitura de tudo (Plotino afirmava que sábio é o que em tudo lê), que permite descobrir o afirmado pelo autor, mas que não encerra o pensamento nessa dimensão, pelo contrário, que permite o livre fluir de ideias não-ditas (talvez mais vivas e significativas para a nossa pesquisa), que permite retirar as luzes da obra analisada e as luzes ausentes, pressupostas, inferidas...

Jean Lauand, nesse sentido, é exemplo. Detendo-se no sentido preciso de cada palavra utilizada, extrai o significado subjacente, estarrecedoramente revelador de novas luzes[38]:

---

38. LAUAND, Luis Jean. Filosofia, Linguagem, Arte e Educação. 20 conferências sobre Tomás de Aquino. São Paulo: Factash Editora, 2007. p. 41-43

"MUITO OBRIGADO" – OS TRÊS NÍVEIS DA GRATIDÃO

Dizíamos que a limitação do conhecimento humano reflete-se na linguagem: não podemos expressar o que as coisas são, na medida em que não sabemos completamente o que elas são. Além do mais, muitas vezes, uma palavra acentua originariamente só um dentre os muitos aspectos que a realidade designada oferece. E pode ocorrer que, com o passar do tempo, essa realidade mude, evolua substancialmente a ponto de perder a conexão com o étimo da palavra, que permanece a mesma. Isto não nos choca, pois, no uso quotidiano, as palavras vão perdendo transparência: falamos em *salada* de frutas porque envolve mistura e nem notamos que *salada* deriva de sal. Do mesmo modo, o barbeiro, hoje em dia, quase já não faz barbas, mas cortes de cabelo; como também o tintureiro já não tinge, mas só lava; o garrafeiro compra jornais velhos e muito poucas garrafas; o *chauffeur* não aquece, mas dirige o carro; e nem nos lembraríamos de associar funileiro a funil.

Se essas incompatibilidades não nos causam estranheza é porque a linguagem tornou-se opaca para nós: dizemos colar, colarinho, coleira, torcicolo e tiracolo e não reparamos em que derivam de colo, pescoço (daí que seja incompreensível, à primeira vista, a expressão "sentar no colo").

Essas considerações são importantes preliminares ao estudo da gratidão e das formulações que ela recebe nas diversas línguas. Tomás ensina que a gratidão é uma realidade humana complexa (e daí também o fato de que sua expressão verbal seja, em cada língua, fragmentária: este ou aquele aspecto-gancho é o acentuado): "A gratidão se compõe de diversos graus. O primeiro consiste em reconhecer (*ut recognoscat*) o benefício recebido; o segundo, em louvar e dar graças (*ut gratias agat*); o terceiro, em retribuir (*ut retribuat*) de acordo com suas possibilidades e segundo as circunstâncias mais oportunas de tempo e lugar" (II-II, 107, 2, c).

Este ensinamento, aparentemente tão simples, pode ser reencontrado nos diferentes modos de que as diversas línguas se valem para agradecer: cada uma acentuando um aspecto da multifacética realidade da gratidão. Algumas línguas expressam a gratidão, tomando-a no primeiro nível: expressando mais nitidamente o reconhecimento do agraciado. Aliás reconhecimento (como *reconnaissance* em francês) é mesmo um sinônimo de gratidão. Neste sentido, é interessantíssimo verificar a etimologia: na sabedoria da língua inglesa to *thank* (agradecer) e to *think* (pensar) são, em sua origem, e não por acaso, a mesma palavra. Ao definir a etimologia de *thank* o Oxford English Dictionnary é claro: "*The primary sense was therefore thought*". E, do mesmo modo, em alemão, *zu danken* (agradecer) é originariamente *zu denken* (pensar). Tudo isto, afinal, é muito compreensível, pois, como todo mundo sabe, só está verdadeiramente agradecido quem pensa no favor que recebeu como tal. Só é agradecido quem pensa, pondera, considera a liberalidade do benfeitor. Quando isto não acontece, surge a justíssima queixa: "Que falta de consideração!". Daí que S. Tomás – fazendo notar que o máximo negativo é a negação do grau ínfimo positivo (a última à direita de quem sobe é a primeira à esquerda de quem desce...) – afirme que a falta de reconhecimento, o ignorar é a suprema ingratidão: "o doente que não se dá conta da doença não quer se curar".

A expressão árabe de agradecimento *shukran, shukran jazylan* situa-se diretamente naquele segundo nível: o de louvor do benfeitor e do benefício recebido. Já a formulação latina de gratidão, *gratias ago*, que se projetou no italiano, no castelhano (*grazie, gracias*) e no francês (*merci*, mercê) é relativamente complexa. Tomás diz (I-II, 110, 1) que seu núcleo, *graça* comporta três dimensões: 1) obter graça, cair na graça, no favor, no amor de alguém que, portanto, nos faz um benefício; 2) graça indica também dom, algo não devido, gratuitamente dado, sem mérito por parte do beneficiado; 3) a retribuição, "fazer graças", por parte do beneficiado. No tratado De Malo (9,1), acrescenta-se um quarto significado de *gratias agere*: o de louvor; quem considera que o bem recebido procede de outro, deve louvar.

No amplo quadro que expusemos – o das expressões de gratidão em inglês, alemão, francês, castelhano, italiano, latim e árabe – ressalta o caráter profundíssimo de nossa forma: "obrigado". A formulação portuguesa, tão encantadora e singular, é a única a situar-se, claramente, naquele mais profundo nível de gratidão de que fala Tomás, o terceiro (que, naturalmente, engloba os dois anteriores): o do vínculo (*ob-ligatus*), da obrigação, do dever de retribuir. Podemos, agora, analisar a riqueza de sugestões que se encerra também na forma japonesa de agradecimento. *Arigatô* remete aos seguintes significados primitivos: "a existência é difícil", "é difícil viver", "raridade", "excelência (excelência da raridade)". Os dois últimos sentidos acima são compreensíveis: num mundo em que a tendência geral é a de cada um pensar em si, e, quando muito, regularem-se as relações humanas pela estrita e fria justiça, a excelência e a raridade salientam-se como característica do favor. Mas, "dificuldade de existir" e "dificuldade de viver", à primeira vista, nada teriam que ver com o agradecimento. No entanto, S. Tomás ensina (II-II, 106, 6) que a gratidão deve – ao menos na intenção – superar o favor recebido. E que há dívidas por natureza insaldáveis: de um homem em relação a outro, seu benfeitor, e sobretudo

> em relação a Deus: "Como poderei retribuir ao Senhor – diz o Sl. 115 – por tudo o que Ele me tem dado?". Nessas situações de dívida impagável – tão freqüentes para a sensibilidade de quem é justo – o homem agradecido sente-se embaraçado e faz tudo o que está a seu alcance (*quidquid potest*), tendendo a transbordar-se num *excessum* que se sabe sempre insuficiente (cfr. III, 85, 3 ad 2). *Arigatô* aponta assim para o terceiro grau de gratidão, significando a consciência de quão difícil se torna a existência (a partir do momento em que se recebeu tal favor, imerecido e, portanto, se ficou no dever de retribuir, sempre impossível de cumprir...).

Mas a dinâmica imaginada como necessária para que realmente a leitura seja um encontro, para que a leitura seja uma pesquisa, não se estabelece de imediato (embora a atitude deva ser imediata). É preciso dar alguns passos, gradativos, que permitirão o encontro.

O **primeiro** passo, descrito por Lópes Quintás (adaptado aqui, como serão os seguintes, com certa liberdade criativa), exige diferenciar aquilo que se apresenta de imediato (o apanhado de ideias), daquilo que constitui o SENTIDO GERAL em torno do qual a realidade se apresenta. O **segundo** passo é o da CONTEXTUALIZAÇÃO, pois nada é gerado no vazio, tudo tem sua história, todos têm as suas motivações (as criações são realidades ambitais). Nesse momento, muitos sentidos podem ser desvelados (retirando o véu). O **terceiro** passo consiste em identificar e compreender os PONTOS RELEVANTES E NUCLEARES, as ideias que configuram o sentido profundo, mascaradas pela trama global. Trata-se de uma análise detalhada dos argumentos que compõem o relevante, o nuclear. O **quarto** passo é de abertura para o outro e consiste em perceber a BELEZA E A EFICÁCIA DA IMAGEM apresentada. É preciso cuidar para que a atitude do encontro não seja abafada pela análise crítica dos passos anteriores. A pesquisa, a descoberta honesta, faz-se com o entrelaçamento: raramente alguém apresentou um pensamento da forma perfeita (pelo menos para o olhar do leitor), quase sempre é possível aperfeiçoar o dito; mas isso não deve implicar na assunção da atitude desmedida de achar que ninguém apresentou bem... O **quinto** e último passo é o que se dirige a uma VALORAÇÃO GERAL do texto e do pensamento sobre o texto. Trata-se de reunir e relacionar todas as descobertas que se produziram nos passos anteriores, de explicitar em que medida o estudado nos fez repensar algo e em que medida novas reflexões são necessárias.

Ressalte-se, para que exista o encontro é necessário permitir-se o diálogo, abrir-se não apenas para a liberdade pessoal, mas também para a alheia. Mais ainda, para enxergar a riqueza alheia.

1.2.6 Pensar sem subserviência, com respeito e individualidade

> Aquele que deixa o mundo ou sua própria porção dele moldar-lhe o plano de vida não tem necessidade de qualquer outra faculdade senão a de imitação. (Stuart Mill)

Desde o ensaio *Da Liberdade* – maior legado do escritor político inglês Stuart Mill, publicado em 1859 – indaga-se quais são os limites legítimos de ingerência de qualquer autoridade coletiva em relação à opinião do indivíduo, pois se estes não são refreados, certamente perece a verdadeira liberdade de pensamento e de opinião:

> Não é suficiente, portanto, a proteção contra a tirania do magistrado; necessária também a proteção contra a tirania da opinião e do sentimento predominantes, contra a tendência da sociedade para impor, por meios outros que não penalidades civis, as próprias ideias e práticas, como regras de conduta para aqueles que discordam delas; agrilhoar o desenvolvimento e, se possível, impedir a formação de qualquer individualidade não em harmonia com os seus processos, compelindo todos os caracteres a conformar-se com o modelo adotado. Existe um limite à interferência legítima da opinião coletiva em relação à independência individual; determinar esse limite e mantê-lo contra usurpações é tão indispensável à boa condição dos negócios humanos como a proteção contra o despotismo político[39].

A defesa da liberdade de opinião é o contraponto às pressões da opinião pública. Não pode haver ingerência social, para Stuart Mill, se um ato não atinge outro membro do grupo (princípio do dano). Os limites da ingerência são, por sua vez, a outra face dos limites da legítima ação livre: o ferir aos outros membros da sociedade.

---

39. MILL, John Stuart. Da Liberdade. Trad. Jacy Monteiro. São Paulo: Ibrasa, 1963. p. 7

De outra forma, como apontava Stuart Mill: o único motivo que justifica a interferência da lei ou da opinião na esfera individual é a demonstração de que tal conduta concreta (comissiva ou omissiva) causará danos a outrem ou afetará interesse legítimo de outrem. Na parte que diz respeito a si mesmo, a independência de atuação deve ser absoluta.

Em nosso campo, a investigação científica, devemos estar desatrelados dos preconceitos ideológicos. Todas as ideias são válidas e devem ser consideradas. Rechaçadas devem ser apenas as que gerem danos.

TIRANIAS DE OPINIÃO

Há um sentimento curioso em cada um de nós de considerar nossa regra de conduta a atitude correta para todos os demais. Ninguém reconhece "naturalmente" que o próprio padrão de julgamento é aquilo de que gosta, sua preferência e algumas vezes a razão. Há uma disposição nos homens, sejam governantes, sejam concidadãos, de impor as próprias opiniões e inclinações como regra para os demais.

Ora, essa atitude, muitas vezes não percebida, constitui exatamente o obstáculo mor do encontro.

Em certos universos acadêmicos (mesmo em algumas obras ditas científicas) isso é ainda mais curioso, esquece-se que a proposta racionalista é a de que a razão prepondere acima das pessoas. Por isso, Karl Popper aponta com tamanha argúcia que a academia (e a ciência) se desvirtua quando o objetivo torna-se convencer ao invés de esclarecer: "infelizmente é extremamente comum entre os intelectuais querer impressionar os outros [...] não ensinar, mas cativar".

Não podemos esquecer de que "muito" do que nos foi legado culturalmente é de fato um construto dogmatizado, pois aquilo que foi conquistado por algumas gerações é transmitido às próximas como uma verdade absoluta, sem questionamentos. Assim já nos alertava Aldous Huxley em seu brilhante ensaio *Sobre a Democracia*:

> Noções que para uma geração são novidades dúbias, tornam-se para a seguinte, em verdades absolutas, que é criminoso negar e um dever sustentar. Os descontentes da primeira geração inventam uma filosofia justificativa. A filosofia é elaborada e, logicamente, tiram-se conclusões. Os seus filhos são criados com a filosofia

> completa (a conclusão remota bem como a assunção primária), que se torna, pela familiaridade, não uma hipótese razoável, mas verdadeiramente uma parte da mente, condicionando e, por assim dizer, canalizando todo o pensamento racional. Para a maioria das pessoas, nada que seja contrário a qualquer sistema de ideias, com as quais foram criadas desde a infância, pode, possivelmente, ser razoável. As novas ideias são razoáveis se puderem ser encaixadas num esquema já familiar, e irrazoáveis se não puderem ser encaixadas. Os nossos preconceitos intelectuais determinam os canais ao longo dos quais a nossa razão terá de fluir[40].

São fatos como esses que tornaram a intolerância algo tão natural ao homem, ao ponto de podermos afirmar que cada um de nós tem o seu reduto de intolerância. E o pior, a intolerância refreia aos pensadores desprovidos de coragem para enfrentá-las. De quantos nobres pensamentos a humanidade se privou por isso!

As penas da lei ou da opinião advêm das preferências ou aversões da sociedade do momento. E a luta do homem no poder tem sido a de modificar as preferências e aversões e raramente a de esquadrinhar quais de fato deveriam tornar-se as leis para o homem.

Realidade mais chocante ainda é percebermos, com Rousseau, que essa detestável tirania da opinião alheia foi criada por nós mesmos: pois o homem sociável, sempre fora de si, vive da opinião dos outros, do juízo deles vem o sentimento de sua própria existência[41]. Ou ainda, como aponta Popper, que a procura de dirigentes e profetas produz a oferta de intelectuais-profetas, de intelectuais-dirigentes e jamais de verdadeiros racionalistas que despertassem e desafiassem os outros a formarem opiniões livres[42].

E se não percebemos isso, cuidado: Não deseja algo (a liberdade de opinião, aprender a pensar livres de nossas próprias idiossincrasias) quem não imagina ser deficiente naquilo que não pensa lhe ser preciso (parafraseando Platão no *Banquete*).

Thomas Jefferson, em correspondência com John Adams, admite claramente essa hamartía (do grego, marca hereditária) social:

---

40. HUXLEY, Aldous. Sobre a democracia e outros estudos. Trad. Luís Vianna de Sousa Ribeiro. Lisboa: Livros do Brasil. p. 35
41. ROUSSEAU, J. J. Discurso sobre a origem e os fundamentos da desigualdade dos homens. Trad. Maria Ermantina Galvão. São Paulo: Martins Fontes, 1999. p. 242
42. POPPER, Karl R. A vida é aprendizagem. Trad. Paula Taipas. Lisboa: Edições 70, 1999. p. 118

> O avanço do liberalismo humano recobrará algum dia a liberdade que gozou há dois mil anos. Este país, que deu ao mundo o exemplo da liberdade física, deve-lhe também o da emancipação moral que, todavia, é nominal entre nós. **A inquisição da opinião pública desmente na prática a liberdade afirmada pelas leis na teoria**[43] (sem destaques no original).

Por um lado, buscamos nos adequar à opinião pública, pois queremos ingressar no meio, queremos ser aceitos. Por outro, como nos alerta John Dewey, acostumamo-nos à opressão. O impulso original para a liberdade pode ser bloqueado, perdido ou deformado pelas condições circundantes, pela cultura: "os homens podem ser levados, por longo hábito, a aceitar cadeias restritivas da liberdade".

NECESSIDADE DA DISCUSSÃO

O silenciamento da expressão de uma opinião é um mal, pois não há liberdade de opinião sem que a mesma possa se expressar e seja aceita na sua construção. Não é liberdade de opinião o mero livre pensamento sem o respectivo extravasamento da mesma no seio social.

Desta forma, recusar-se a ouvir uma opinião porque se está certo de que é falsa, importa, além de supor a infalibilidade de sua certeza (inocência pueril a da confiança completa nas próprias opiniões, ou nas opiniões da parte do mundo com a qual entramos em contato!), é verdadeiro e atualíssimo obstáculo à liberdade de opinião, à ciência como um todo.

Porque julgamos inquestionável algo (infalível), achamos justo restringir a discussão ou mesmo recusamos a prestar ouvidos a opiniões diversas, até porque nossa persuasão é tamanha que achamos imoral ou perniciosa a ideia diversa. Atitudes assim condenaram Sócrates por imoralidade (corruptor da mocidade); condenaram Cristo por blasfêmia.

Incrível é que não se abale a confiança de alguém pela demonstração de que em outras regiões ou em outros tempos pensava-se o contrário, julgavam-se falsas ou até absurdas as opiniões que se defendem hoje! Incrível que as pessoas não cogitem que suas opiniões provavelmente serão rejeitadas por épocas futuras!

---

43. DEWEY, John. Liberdade e Cultura. Trad. Eustáquio Duarte. Rio de Janeiro: Revista Branca, 1953. p. 28

1.2 | Reaprender a Pensar

Não podemos ter certeza se estamos diante da verdade se estivermos perante superstições ou preconceitos, crenças independentes de fundamentação, argumentação não submetida à prova em contrário, pelo menos às objeções comuns: "Aquele que só conhece seu próprio lado da questão, pouco sabe dela"[44].

Colocar-se na posição mental daqueles que pensam diferentemente, mesmo que estes não existam, é o que nos habilita a conhecer a verdade de nossa opinião. Ademais, os fundamentos da opinião é que preenchem a significação da opinião em sua plenitude: "O hábito firme de corrigir e completar a própria opinião, cotejando-a com a de outras pessoas, longe de causar dúvida e hesitação ao pô-la em prática, é o único fundamento estável para que se tenha confiança nela"[45].

Vazia e fraca, sem vitalidade é a opinião que se esqueceu dos seus fundamentos. Nesse caso, o próprio assentimento torna-se apático. O poder dessa crença apática restringe-se a não permitir a entrada de qualquer convicção nova, mas nada faz a favor do espírito ou do coração.

Por outro lado, há que se ter em mente que no conflito de opiniões, em geral, cada lado possui parcela de verdade e somente a discussão serena pode extrair o que de verdade há em cada uma delas: "não é no partidário apaixonado e sim no espectador mais calmo e desinteressado que essa colisão de opiniões exerce efeito salutar"[46], pois não suprime parte da verdade pela simples paixão.

Para assim agir, Stuart Mill aponta algumas diretrizes[47]: a) se uma opinião força ao silêncio, *pode* ser verdadeira; b) a opinião pode conter apenas parte da verdade, assim a colisão de opiniões permite-nos descobrir o resto da verdade; c) mesmo que a opinião contenha a verdade total, é necessário discuti-la para que não seja admitida como preconceito, com pouca compreensão ou sentimento de seus fundamentos racionais; d) a significação correrá o risco de perder-se ou debilitar-se, ficando privada do efeito indispensável sobre o caráter e a conduta, se não for discutida.

---

44. MILL, John Stuart. Da Liberdade. Trad. Jacy Monteiro. São Paulo: Ibrasa, 1963. p. 42
45. Ibid, p. 25
46. Ibid, p. 59
47. Ibid, p. 59-60

INDIVIDUALIDADE NO PENSAR

Quem faz por costume (ou por hábito) não escolhe, pois se para optar não raciocina, não julga; e se não julga não decide, não escolhe. Quem faz por hábito, imita.

É desejável ao homem o exercitar o entendimento, os desejos equilibrados. Não a simples imitação dos comuns (do estabelecido socialmente) ou dos superiores ("dirigentes" e "profetas"), mas o guiar-se pelo que a sua razão diz que mais convém a si mesmo.

O império da lei, do costume ou das opiniões dominantes, sem mais, aniquila a individualidade. Assim, a peculiaridade do gosto, a excentricidade de conduta passa a evitar tal como crime: "a tirania da opinião é tal que torna a excentricidade reprovável"[48].

> Gênios, é verdade, são e provavelmente sempre serão pequena minoria; contudo, para tê-los, é necessário conservar o solo no qual se desenvolvem. Os gênios só podem respirar livremente em *atmosfera* de liberdade[49].

O gênio é individualista, desenvolve suas faculdades individuais contra a corrente e por isso nos beneficia de suas descobertas. Necessitamos da originalidade, os indivíduos não podem perder-se na multidão, na massa, na mediocridade coletiva. A massa pensa o que lhes dita suas autoridades, sem premeditação. E o homem-massa (como aponta Ortega y Gasset) apesar de não refletir, insiste em impor sua opinião (para ele, inquestionável).

As pessoas são diferentes e por isso precisam de condições diversas (modos de vida diferentes) para o desenvolvimento espiritual, nem por isso podem ser vistas como lunáticas.

O despotismo do costume é obstáculo ao progresso humano. A única fonte infalível e permanente do progresso é a liberdade, o desenvolvimento da individualidade que emancipa o homem. E, infelizmente, **os homens rapidamente tornam-se incapazes de conceber a diversidade quando por algum tempo se desacostumam dela**.

Parece-nos equivocado enaltecer a liberdade, no entanto, a ponto de dizer aos demais que vão ficar todos bem quando forem livres. Não é a

---

48. MILL, John Stuart. Da Liberdade. Trad. Jacy Monteiro. São Paulo: Ibrasa, 1963. p. 76
49. Ibid, p. 73

liberdade, simplesmente, que traz o sucesso da vida, este advém também da competência, da diligência, de virtudes e da sorte (referimo-nos à *virtù* e à *fortuna* apontada por Maquiavel). Apenas podemos afirmar que a existência da liberdade faz com que nossas aptidões pessoais tenham um pouco mais de influência no nosso bem-estar, permite que sejamos responsáveis por nós mesmos – única forma digna e meritosa de desenvolvimento apontada há séculos por Demócrito[50].

Para que exista liberdade, por fim, é preciso distanciar-se dos apetites imediatos e assumir apetites refletidos por algo transcendente:

> A liberdade autêntica, a dignidade própria do ser humano, começa quanto este, no momento de fazer escolhas, é capaz de distanciar-se dos seus apetites imediatos e **optar pela possibilidade que lhe permite realizar o ideal da sua vida**, cumprir a sua *vocação* e a sua *missão* e conferir à sua personalidade a configuração devida[51] (sem destaques no original).

É a meta que nos define como pessoas e como homens livres:

> Se queremos ser livres, temos de nos fazer uma ideia clara e exacta do que somos e do que devemos chegar a ser. A minha verdadeira liberdade começa a perfilar-se quando me interrogo seriamente sobre «o que vai ser de mim». O que será de mim depende daquilo que eu decidir perante as possibilidades com que conto e do ideal que eu escolher como meta para a minha existência. Quanto mais *valor* possuir esta meta, mais perfeito será o meu desenvolvimento como pessoa[52]

Superada a fase do libertar-se das amarras externas, é preciso construir a trilha própria. É nessa construção que se realiza efetivamente a liberdade: "o meu interesse primordial não deva consistir em libertar-me **de** entraves, mas em conseguir libertar-me **para** cumprir as exigências do ideal ajustado ao meu modo de ser"[53] (sem destaques no original).

---

50. POPPER, Karl R. A vida é aprendizagem. Trad. Paula Taipas. Lisboa: Edições 70, 1999. p. 126
51. LÓPEZ QUINTÁS, Alfonso. El conocimiento de los valores. Pamplona: Editorial Verbo Divino, 1999. p. 335
52. Ibid
53. Ibid

1.3

Condições Pessoais para Reaprender a Pensar

ALFONSO López Quintás aponta-nos, em seu rol de chaves interpretativas (estudamos no tópico anterior, as três primeiras), mais nove descobertas para a Inteligência tornar-se criativa (criadora de novos olhares, de novas explicações). São, sob nossa ótica, atitudes que o pesquisador deve assumir para que possa enxergar as realidades ambitais, as experiências reversíveis, e vivenciar o encontro. Nessa pauta comportamental, verdadeira trilha metodológica, o pesquisador torna-se criador (deixa de ser repetidor) e desvela novas realidades.

1.3.1 Disponibilidade de espírito

descoberta (os valores[54] e as virtudes[55]), López Quintás indica-nos atitudes necessárias, exigências para o encontro (para o diálogo intelectual com os autores e objetos estudados).

Em primeiro lugar, é preciso levar para a leitura (falamos aqui de qualquer tipo de leitura, não só a de textos) o nosso, o que sabemos sobre o assunto, nossas compreensões e pré-compreensões, com *generosidade*. Ou seja, sem mascarar o que pensamos ou pré-pensamos, dar ao outro o nosso.

---

54. Valor, para López Quintás, é uma qualidade que atribuímos àquilo que nos ajuda a "ser mais", a crescer como pessoas.
55. Virtude, por sua vez, é uma atitude, um modo pessoal de estar no mundo, de interagir com o mundo. É uma tradução dos valores, uma transformação dos valores em formas de conduta.

1.3 | Condições Pessoais para Reaprender a Pensar

Essa atitude pessoal prepara-nos para aceitar o reverso, para escutar o que os outros têm a nos dizer sem preconceitos. Por isso, o segundo passo é a *disponibilidade de espírito*, que permite não apenas escutar as propostas explicativas alheias, mas vibrar com as mesmas, vivenciá-las como próprias. Para tanto, é preciso refrear, nesse momento, nosso espírito crítico, pois tendemos a ler filtrando tudo o que é dito, segundo nossas pré-compreensões ou pré-disposições (há muito de pré-disposição que não advém de uma pré-compreensão). Para encontrar-se verdadeiramente com um pensamento alheio é preciso descartar, pelo menos provisoriamente, as autoconfianças, as opiniões próprias tidas como sólidas. Ao contrário, estaremos fechados em nós mesmos e entorpecidos para o alheio.

O estabelecimento desse movimento bidirecional (o nosso =>, <= o outro) exige, de nossa parte, ainda: *veracidade* – para mostrar o que pensamos sem deformações táticas, sem querer dominar a discussão (somente os objetos podem ser dominados, manipulados, não os âmbitos, como a opinião alheia); *desejo de compreender o outro* – para colocar-se no lugar do outro, para ver a vida sob novo ponto de vista, entendendo por dentro o ponto de vista alheio, sem indiferenças, que deixa de ser alheio (não basta entender o pensamento alheio, é preciso percorrer pessoalmente, vivenciar, o mesmo, embora continue alheio).

Há que se cuidar, no entanto, para não assumir um posicionamento reverso ao verdadeiro encontro com o alheio. Ao considerar o pensamento alheio, devemos vivenciá-lo como próprio, mas de uma forma paradoxal: mantendo uma distância justa do mesmo. Há que se vivenciar o alheio como próprio e alheio ao mesmo tempo. Anular completamente a distância faz com que o alheio domine o "nosso" (atitude muito comum nos estudiosos acostumados a revestir-se de discípulos).

O verdadeiro encontro produz o diálogo, o entreveramento de posicionamentos e não o domínio completo de qualquer lado (dominar o alheio ou perder-se no alheio). As realidades que se encontram (no sentido legítimo do termo) devem ser aproximadas, mas não fundidas, devem estar a certa distância, mas não afastadas. Dessa maneira é possível o jogo, o espaço de liberdade que desvenda novos significados, novas descobertas.

É a distância justa, não o afastamento, que permite também o legítimo espírito crítico. E nesse ponto, López Quintás apresenta observação preciosa para a investigação científica, diz que "Os exemplos delatam os pensadores porque indicam o nível de realidade em que eles se movem"[56].

Pelos exemplos apresentados junto às considerações de alguém é possível dimensionar a amplitude do raciocínio apresentado, qual o universo abrangido pelas respectivas considerações (preocupação do pensamento rigoroso: os limites ou pressupostos de um raciocínio). Pelos exemplos observados pelo pensador podem ser verificadas as possibilidades ou não de ampliar-se um raciocínio. Desvelam, de outra forma, qual a verdadeira experiência que o pensador tem da realidade concreta, como o pensador enxerga a realidade ou se a realidade é tratada como objeto ou como âmbito.

Por outro lado, López Quintás desvela realidade que muitas vezes não queríamos que fosse verdade (especialmente quando nosso prazo é curto): que pensar algo profundamente dá trabalho e leva tempo. Há um ritmo natural, necessariamente lento ou mais lento, para que possamos adquirir intimidade com um tema. Saber viver, adaptar-se a esse tempo é o que se denomina *paciência*.

1.3.2 Atitude criadora, não dominadora

Na quinta descoberta, López Quintás aponta que o homem é movido por ideais, que não há intelectualidade sem um ideal, sem um propósito, que não há pensamento se não se quer chegar a algum lugar.

Mas esse ideal pode revestir-se de duas fantasias diferentes. Pode configurar-se como uma atitude dominadora (que quer dominar o objeto de investigação) ou como uma atitude criadora (que simplesmente assume as possibilidades do tema e desvela faceta ou facetas valiosas).

O pesquisador que incorpora a atitude dominadora fica inquieto enquanto não atinge o domínio, é perturbado por qualquer descoberta que contrarie sua possibilidade de domínio.

O pesquisador que incorpora a atitude criadora, por outro lado, vivencia toda e qualquer luz encontrada, retirando energia de tudo o que se descobre, seja favorável ou não ao que pensava. Porque está aberto ao outro e, se algo contrariar seus preconceitos, não se sentirá ofendido, mas enriquecido.

---

56. LÓPEZ QUINTÁS, Alfonso. Inteligência criativa: descoberta pessoal dos valores. São Paulo: Paulinas, 2004. p. 236

Em outras palavras, López Quintás nos ensina que o ideal autêntico (querer descobrir a verdade objetivamente) confere pleno sentido à investigação, enquanto o falso ideal (querer apresentar-se como sábio) esvazia de sentido a investigação, desorienta e desequilibra o investigador.

1.3.3 Liberdade, sentido, criatividade e pensamento relacional

Na sexta descoberta, López Quintás nos demonstra que a verdadeira liberdade (a liberdade interior) exige distanciar-se das pulsões instintivas e escolher, a cada momento, a ação que mais contribua para realizar nosso ideal. É livre apenas aquele que tem um ideal e o sobrepõe às pulsões momentâneas.

Não são os ânimos que podem conduzir um pesquisador, mas a incansável lembrança de o que se quer desvelar. Nos momentos em que o ânimo enfraquecer (pois o cansaço, o desespero, ou até mesmo a apatia podem abater o pesquisador), é preciso relembrar e renovar o ideal que nos motivou (sétima descoberta: como dar pleno sentido à nossa vida).

Quando nossa leitura, nossos estudos tornarem-se enfadonhos, tediosos, é preciso renovar a atitude do encontro com o que lemos (oitava descoberta: nossa capacidade de ser eminentemente criativos).

Quando não estamos vislumbrando as repercussões ou implicações de cada tema que estudamos, é preciso renovar o "pensamento relacional" (nona descoberta). O "em-si-mesmar-se" é fonte de travamentos. Não é razoável a proposta de Ortega y Gasset: "O pensamento que realmente penso – e não só repito mecanicamente, por tê-lo ouvido –, tenho de pensá-lo eu sozinho ou eu em minha solidão"[57]. Somente o encontro é capaz de despertar novos olhares para a ciência. O desenvolvimento da ciência foi assim pensado: se faltam ideias, leiam-se outros bons autores.

1.3.4 Atenção à linguagem

Na décima descoberta, López Quintás tangencia tema muito caro ao trabalho do pesquisador, a investigação rigorosa da linguagem, dos termos

---

57. Cf. Ortega y Gasset. El hombre y la gente. Madrid, Revista do Occidente, 1957, p. 24. APUD LÓPEZ QUINTÁS, Alfonso. Inteligência criativa: descoberta pessoal dos valores. São Paulo: Paulinas, 2004. p. 236

utilizados nos textos que estudamos, pois "cada vocábulo que usamos nos compromete, porque tem muitas implicações"[58]. Por outro lado, somente aqueles que aprenderam a pensar com o rigorismo esperado, podem expressar-se adequadamente.

As palavras dizem mais do que aparentam à primeira vista. Estar desperto para as suas possibilidades permite o pensar e o expressar rigoroso – duas necessidades de qualquer pesquisador.

Nem sempre é fácil identificar o conteúdo preciso em que um termo está sendo utilizado. Lopez Quintás, no entanto, nos apresenta uma regra de ouro: descobrir o termo oposto, naquele momento, desvela muitos significados ocultos. Por outro lado, ao escrevermos, se utilizamos um termo que possui muitos significados, tome-se o cuidado de apontar o significado que se utiliza. Se for o caso, em nota de rodapé.

Stalin afirmava que o meio mais eficaz que os Estados modernos possuem para dominar as gentes não são as armas, mas os vocábulos do dicionário. Que palavra é poder há muito nos ensinou Hesíodo em sua obra Teogonia, bem como, mais recentemente (em 1948), George Orwell em sua obra *1984* (lembremos da Novilíngua sempre reeditada com menos palavras).

Dominar o significado dos termos, fazer com que se enxergue apenas o que se quer é forma de manipulação muito requintada, pois limita nossas possibilidades de enxergar o mundo.

Ortega y Gasset pedia que tomássemos cuidado com os termos, pois entendia que estes são os déspotas mais duros que fazem a humanidade padecer. O filósofo alemão Martin Heidegger certeiramente pontuava que as palavras são, na história, mais poderosas que as coisas e os fatos. Wittgenstein nos mostrou que os limites do nosso mundo são os limites de nossa língua.

Usam-se, na comunicação em massa, e às vezes (infelizmente) nos textos científicos, como nos alerta Alfonso Lopez Quintás[59], palavras "talismã" com o intuito de esvaziar a reflexão (como o alho que repele o vampiro, há palavras que repelem o pensamento).

---

58. LÓPEZ QUINTÁS, Alfonso. Inteligência criativa: descoberta pessoal dos valores. São Paulo: Paulinas, 2004. p. 237
59. Cf. LÓPEZ QUINTÁS, Alfonso. La tolerancia y la manipulación. Madrid: Rialp, 2001

1.3 | *Condições Pessoais para Reaprender a Pensar*

Há certos termos que parecem albergar, de tempos em tempos, o segredo da autenticidade humana e por isso tornam-se inquestionáveis, talismã. No século XVII, isso aconteceu com a palavra "ordem", no século XVIII, com a "razão", no século. XIX com a "revolução", no século XX até hoje, com a "liberdade".

Todos são a favor da liberdade, embora poucos saibam realmente o que significa. Apesar disso, colocar-se ao seu lado traz automaticamente prestígio, mesmo que seja ao lado dos vocábulos dela derivados (democracia, autonomia, independência – palavras talismã por aderência). Por sua vez, questioná-la desprestigia automaticamente, mesmo que a oposição não seja verdadeira (pensemos no defensor da autocensura).

Gregorio Marañón y Posadillo ao biografar a vida do imperador romano Tibério, relata-nos típica expressão talismã de todos os tempos:

> Os povos descontentes tudo esperam dessa palavra mágica: mudança de governo. Mas a multidão nunca imagina que pode perder na troca. Os dias de mudança sempre são os de maior regozijo popular, sem que se turbe o alvoroço pelas recordações das infinitas decepções[60].

A comunicação em massa sempre manipula ao apresentar-se reducionista, ao nos tratar ou meramente como clientes, ou como seguidores, ou como súditos e não como pessoas. Manipula ao nos tornar objetos de domínio, para manejar nossa conduta, sem nos dar oportunidade de pensar. A grande força da manipulação advém da confusão de conceitos e da rapidez da resposta que não nos permite tempo de análise.

Na investigação científica, curiosamente, deparamo-nos também com tal manipulação. Quantas e quantas vezes, por exemplo, vimos ser invocada a "dignidade da pessoa humana" como fundamento argumentativo sem se preocupar, efetivamente, em fixar qual o significado desse termo, verdadeiro talismã dos nossos dias. Quantas vezes se falam em dano à honra, em inconstitucionalidade sem se estabelecer o que são...

---

60. MARAÑON, Gregório. Tibério: Historia de un resentimiento. Madrid: Espasa-Calpe, 1963. p. 230

1.3.4.1 Caso dos conceitos jurídicos determináveis

Os significados dos termos jurídicos, embora rotineiramente imprecisos ou inadequados (até mesmo porque a linguagem é sempre redutora da realidade), são rotineiramente preenchidos segundo uma ótica muito restrita, segundo o pressuposto jus-filosófico positivista que transita na trilha estreita da identidade entre o posto e o direito. Assim veremos esse tema que advém das limitações da linguagem jurídica.

Há institutos estabelecidos em lei que se apresentam positivados em pretensa delimitação completa. Ou seja, apresentam-se definidos (de-finidos: revelam completamente as fronteiras limítrofes do que são e do que não são). Em seus próprios enunciados, delimitam suas exatas extensões e compreensões, de modo unívoco, em dado contexto. Diversos outros, a maioria, em verdade, explicita apenas parcialmente esses limites ou extensões. Ou seja, apresentam-se, na forma como foram enunciados, como conceitos.

Todos os conceitos revelam uma zona fixa (um núcleo) e uma zona periférica. No domínio do núcleo conceitual são estabelecidas as certezas; onde se inicia a zona periférica, as dúvidas começam. A doutrina[61], debruçando-se sobre esse problema, identifica-os como *indeterminados* quando suas zonas periféricas se apresentam de forma extensa e difusa e as zonas nucleares de forma reduzida (assim ocorre, em nosso sistema, v. g., com *notória especialização, notável saber, significativa degradação do meio ambiente, conduta irrepreensível* etc.).

Segundo o estágio atual da teoria dos conceitos jurídicos indeterminados[62], possibilidade de controle jurídico sobre os mesmos existe, mas este se dá apenas junto ao núcleo do conceito, não junto à zona periférica. Recusar a possibilidade absoluta de controle sobre esses seria convertê-los em algo desproposado, seria o mesmo que manifestamente não aplicar a lei que os haja formulado. Admitir, no entanto, o controle absoluto como se estivéssemos perante uma definição também seria desvirtuar os limites do que foi positivado (lembremos o pressuposto, o do direito posto). Diante de qualquer conceito jurídico indeterminado, apesar de sua indeterminação,

---

61. CORREIA, José Manuel Sérvulo. Legalidade e Autonomia Contratual nos Contratos Administrativos. Coimbra: Almedina, 1987. p. 120
62. Cf. BINENBOJM, Gustavo. Uma teoria do direito Administrativo. Rio de Janeiro: Renovar, 2006.

1.3 | Condições Pessoais para Reaprender a Pensar

de qualquer forma, há sempre uma zona de certeza negativa (o que não é) e positiva (o que é), onde é possível o controle para afastar as interpretações e aplicações incorretas, embora sempre permaneça uma zona de penumbra, de incerteza, que é insindicável.

Vê-se, portanto, que o preenchimento de parte do significado jurídico de um conceito indeterminado é possível, embora sempre permaneça uma zona cinzenta indeterminável. Suplantada a possibilidade, importa determinar que meios podem ser admitidos para tal preenchimento de significância. Nosso ordenamento, como todos os modernos, tem como pressuposto que toda e qualquer ação ou decisão de qualquer autoridade pública deve ser fundamentada e que essa motivação deve ser feita utilizando-se do próprio Direito (aqui o pressuposto limita novamente o olhar, Direito é o posto). Dizendo de outra forma, o preenchimento do significado que diminui a abrangência daquela zona cinzenta, embora não a elimine, somente será possível nos termos do que já estiver pré-determinado pela análise sistemática, pela interpretação sistemática do próprio Direito positivado. A densificação e o respectivo controle sobre os conceitos jurídicos indeterminados deve ater-se exclusivamente ao que o enunciado e o sistema permitem identificar sem qualquer dúvida como contrário ao núcleo conceitual.

Nesse caminhar lógico apresentado (usual em grande parte dos pensadores que se debruçaram sobre o tema), o pressuposto delimita o olhar. Cabe-nos agora perguntar: sob outros pressupostos, haverá outros caminhos de preenchimento do significado?

1.4

Aperfeiçoamento Pessoal para o Pensar

A BASE da tecelagem deste tópico está conformada pela clássica obra *Subida ao Monte Carmelo*, escrita pelo frade carmelita São João da Cruz (1542-1591) em fins do século XVI (entre os anos 1578 e 1585).

1.4.1 Aperfeiçoamento das faculdades sensitivas

O homem conhece, observa e compreende todas as realidades através dos seus sentidos. É como um prisioneiro que enxerga o mundo exterior apenas através das janelas da sua prisão. Se não olhar por ela, nada verá.

A consciência de que o olhar é limitado pela janela dos sentidos liberta a intelectualidade. A não percepção desse fator, no entanto, pode embotar a alma e direcioná-la a confiar em tudo que os seus sentidos ou paixões lhe mostram, como se fossem "toda" a realidade.

A desmesurada confiança nos sentidos une, mergulha o homem nas paixões e impede os benefícios da racionalidade, impede a claridade da razão. Na caverna de suas percepções sensoriais, que vê somente sombras (simulacros da realidade), não conhece realmente as coisas como elas efetivamente são.

Para alcançar a sabedoria é preciso renunciar à própria percepção. Ao contrário, estaciona-se o pensamento. De outra forma, a gradativa união da alma à realidade a ser desvendada é um caminho do não-saber, antes do que do saber. Porque admito que minha percepção pode ser falsa; penso, aprofundo, verifico novas possibilidades...

1.4 | Aperfeiçoamento Pessoal para o Pensar

Para atingir a liberdade de espírito é preciso romper quaisquer amarras que impeçam nosso pensar. A liberdade é incompatível com a escravidão, com um coração afetuosamente ligado às suas percepções. Enquanto a alma não se despoja de tudo o que é seu, não tem capacidade de saborear algo diferente: "Sabe-se bem, por experiência, que a vontade, quando afeiçoada a um objeto, prefere-o a qualquer outro que seria melhor em si, porém, satisfaria menos o seu gosto"[63]. Somente a alma vazia de suas afeições, de suas preconcepções está apta a receber novo conteúdo.

Por isso, o primeiro cuidado a que deve se dirigir a educação da capacidade de pensar é o moldar aos educandos na liberdade dos apetites[64].

São João da Cruz descreve que o apego acima descrito priva a alma do espírito da verdade (dano negativo), pois o homem apegado às suas percepções resiste a descartar seu próprio olhar, não suporta abandoná-los.

Os homens enredados nos sentidos, nas paixões (inclinações naturais despertadas por esses), sujeitam-se, em consequência a cinco danos intelectuais (danos positivos). Estudemos cada um, adaptando-os (com certa liberalidade) aos propósitos dessa obra.

(1) o apego aos sentidos, às paixões fatigam e cansam.

O homem apaixonado por suas preconcepções nunca descansa, está sempre e sempre a provar seus preconceitos (tal como os apetites mais comezinhos, nunca se contentam, uma vez satisfeitos, querem mais), pois não alcança a liberdade de si mesmo, a liberdade e o repouso que provocam a ciência da "desimportância" de nossa visão.

(2) os sentidos e as paixões atormentam e afligem.

O homem que se sujeita ao jugo dos seus preconceitos enreda-se no tormento e na aflição de os carregar, pois tais realidades não produzem deleite, apenas irritações, exigem, ao contrário, a aflição continuada de não os contradizer, o tormento repetido de os justificar.

---

63. SÃO JOÃO DA CRUZ. Subida ao Monte Carmelo. Obras completas. São Paulo: Vozes, 2002. p. 154
64. Cf. Ibid, p. 179

(3) causam obscuridade e cegueira.

A alma cativa dos apetites sensíveis não consegue andar em pátios iluminados de outras formas: "o apetite cinge tão de perto a alma e se interpõe a seus olhos tão fortemente, que ela se detém nesta primeira luz, contentando-se com ela, não mais percebendo a verdadeira luz do entendimento. Só poderá vê-la novamente quando o deslumbramento do apetite desaparecer" [65].

De outra forma, "a alma permanecerá nas trevas e na incapacidade até se apagarem os apetites. Estes são como a catarata ou os argueiros nos olhos: impedem a vista até serem eliminados"[66].

(4) sujam e mancham.

A alma que se apega a suas percepções e inclinações fica desfigurada por elas. Tal como um belo rosto coberto de fuligem fica desfigurado, a alma que se apega, que se deixa absorver pelas suas idiossincrasias não pensadas torna-se incapaz de ver através dessas manchas.

Quando o santuário da alma é decorado com as preconcepções não refletidas, especialmente com as pré-compreensões provocadas pelos sentidos e pelas paixões (que sempre querem justificar suas inclinações momentâneas ou habituais), o entendimento fica sem espaço para transitar, fica emaranhado. Torna-se cativo de um aposento sem espaço.

(5) entibiam, enfraquecem.

Quem gasta suas energias em justificar seus apetites, suas preconcepções, fica, naturalmente com menos forças para dedicar-se ao entendimento aprofundado.

O fato de não se concentrarem os olhares para a descoberta objetiva (sem o eu), faz essa forma de entendimento perder o vigor, o ardor. A intelectualidade fica como minada em suas forças, pois está acompanhada de parasitas que sugam sua seiva, desviam sua energia para outros propósitos.

Os parasitas (pré-compreensão e pré-conceito) podem até mesmo tornar o entendimento cativo, sem forças, à beira da morte. Ou então, deixam-no debilitado. De qualquer forma, tornam o homem pesado para caminhar por si mesmo na intelectualidade, áspero com o próximo (com as ideias alheias), sem vontade para trilhar novas sendas.

---

65. SÃO JOÃO DA CRUZ. Subida ao Monte Carmelo. Obras completas. São Paulo: Vozes, 2002. p. 163
66. Ibid, p. 164

1.4 | Aperfeiçoamento Pessoal para o Pensar

Desnudar a alma de suas preconcepções irracionais é impossível, contrário à própria natureza humana, pois é dotada de apetites. Romper, no entanto, com a adesão voluntária a esses apetites é que se torna necessário. Em outras palavras, não é a pré-compreensão que impede a intelectualidade (embora sempre atrapalhe), mas a pré-compreensão a que se adere.

O querer desapegar-se dessa adesão, no entanto, não é fácil, exige atenção renovada. Volta e meia é preciso recobrar o olhar sobre esse apego e sobre o grau desse apego a que se está sujeito. Não importa se um pássaro está preso por um fio grosso ou fino, das duas formas o voo fica limitado. Em verdade, os fios mais finos são menos perceptivos e mais flexíveis, exigindo, portanto, muito mais cuidado.

Às vezes, pela falta de desapegar-se de uma ninharia (que muitas vezes não é ninharia para a vida pessoal, pois poderá exigir mudar de conduta) deixa de se compreender uma série de realidades. Permitir a aliança, mesmo que velada, com alguma preconcepção, mesmo que pequena, evita progredir no caminho do entendimento verdadeiro.

São João da Cruz dá-nos uma série de conselhos para superar esses apegos[67]. Vejamos apenas alguns deles: (a) é preciso inclinar-se ao trabalho, não ao descanso (embora a fadiga e o sono sejam inimigos do estudo[68]); ao mais difícil, não ao mais fácil; (b) é preciso agir em desprezo próprio, falar contra si, esforçar-se para conceber baixos sentimentos quanto às próprias convicções; (c) para cultivar o desapego a si mesmo, é preciso apegar-se a algo mais elevado, à descoberta da realidade.

1.4.2 Aperfeiçoamento das faculdades espirituais

Platão entende que o homem, para percorrer o caminho do conhecimento, não pode ser manco de algumas virtudes, necessita de algumas características: memória, disciplina inquebrantável, amor inconteste ao trabalho[69], temperança, coragem e grandeza de alma[70].

---

67. Cf. SÃO JOÃO DA CRUZ. Subida ao Monte Carmelo. Obras completas. São Paulo: Vozes, 2002. p. 176 e ss
68. PLATÃO. A República. Trad. Enrico Corvisieri. São Paulo: Nova Cultural, 2004. p. 251
69. Ibid, p. 249
70. Ibid, p. 250

Há, em suma, características que configuram o espírito do pesquisador. Ao homem dotado de tais atributos à investigação torna-se conatural.

São João da Cruz, por sua vez, aponta-nos que para o homem caminhar em direção a Deus (para a nossa leitura, em direção à verdade) deve passar por momentos de privação (noites). A primeira privação (comparada por ele ao crepúsculo) é a dos sentidos (da luz dos sentidos). A segunda (comparada à meia-noite, por ser a mais escura e sombria de todas), é a do espírito (da própria luz intelectual).

O homem apegado a sua veste, a sua natural maneira de ser e ver o mundo que o rodeia, a sua luz própria, racional, que age em virtude de suas próprias capacidades, desabilita-se para enxergar outros mundos:

> O entendimento não pode conhecer por si mesmo coisa alguma, a não ser por via natural, isto é, só o que alcança pelos sentidos. Por este motivo, necessita de imagens para conhecer os objetos presentes por si ou por meio de semelhanças, como dizem os filósofos, *ab obiecto et potentia paritur notitia*, isto é, do objeto presente e da potência nasce na alma a notícia. Se falassem a alguma pessoa de coisas jamais conhecidas ou vistas nem mesmo através de alguma semelhança ou imagem, não poderia evidentemente ter noção alguma precisa a respeito do que lhe diziam. Por exemplo: dizei a alguém que em certa ilha longínqua existe um animal por ele nunca visto, se não descreverdes certos traços de semelhança desse animal com outros, não conceberá ideia alguma, apesar de todas as descrições. Por outro exemplo mais claro se entenderá melhor. Se a um cego de nascença quisessem definir a cor branca ou amarela, por mais que explicassem, não o poderia entender, porque nunca viu tais cores, nem coisa alguma semelhante a elas, para ser capaz de formar juízo a esse respeito; apenas guardaria na memória os seus nomes, percebidos pelo ouvido; mas ser-lhe-ia impossível fazer ideias de cores nunca vistas[71].

Nosso molde pré-configurado de ver o mundo impede-nos de estudar em completude.

O físico norte-americano Thomas Samuel Kuhn, nesse sentido, descreve o efeito de cegueira que gera o paradigma, pois limita o raio de nossa visão.

---

71. SÃO JOÃO DA CRUZ. Subida ao Monte Carmelo. Obras completas. São Paulo: Vozes, 2002. p. 189

1.4 | Aperfeiçoamento Pessoal para o Pensar

Porque estamos acostumados a ver de determinada forma, ao passar ao lado de algo que se situe fora de nossos costumes, não enxergamos, continuamos a "tentar" explicar o que "não" vimos, pelas nossas formas, pelos limites de nossa visão.

Há realidades que não enxergamos:

> Me explicaram mas não entendi. Eu não havia esquecido o suficiente para poder imaginar o novo (...) Não entendi porque entender é isto: a gente vê uma coisa e vai procurando, na memória, um cabide onde a "coisa" possa ser pendurada. Quando encontramos o cabide e a penduramos dizemos "entendemos". O fato de o cabide já estar lá, na memória, à espera, significa que aquela ideia já estava prevista. Já era sabida. Não causava susto. A memória não tem cabides para coisas novas. Só para coisas velhas[72].

É preciso incorporarmos a pedagogia do esquecimento: "É preciso esquecer o sabido para saber o que nunca se soube"[73].

> Lembrei-me das cigarras. As cigarras são seres subterrâneos que vivem à raiz das árvores. Dizem alguns que há cigarras que passam mais de 15 anos dentro da terra, sem jamais ver a luz, sem nada conhecer do espaço aberto, das cores, das árvores, do vento. Mas, de repente, elas ouvem um chamado novo, chamado que se encontrava adormecido dentro dos seus corpos. O curioso é que todas ouvem o chamado ao mesmo tempo. Por quê? Não sei. Chamado que nunca tinham ouvido. Chamado para uma coisa nova que elas nem sabiam que existia. Saem então de dentro da terra, sobem nas árvores e deixam, agarradas nos troncos, suas cascas vazias, cascas que durante muitos anos tinham sido suas moradas. Não servem mais. Agora a vida lhes diz: "Voar é preciso". Mas para voar elas teriam de se "esquecer" de sua maneira subterrânea de ser. Por isso elas abandonam suas cascas nos troncos das árvores. Não se prestam ao vôo. Não fazem lugar para as asas. O que fora casa agora é ataúde[74].

O que São João da Cruz nos apresenta, nesse sentido, é que é possível privar-se do padrão pessoal e aquiescer ao outro para enxergar novas realidades, mas essa privação deve ser total:

---

72. ALVES, Rubem. Aprendiz de mim: um bairro que virou escola. Campinas: Papirus, 2004. p. 26
73. Ibid, p. 80
74. Ibid, p. 80-81

> O cego não inteiramente cego não se deixa guiar direito por quem o conduz. Pelo fato de enxergar um pouco, ao ver algum caminho já lhe parece mais seguro ir por ali, porque não vê outros; e como tem autoridade, pode fazer errar a quem o guia e vê mais do que ele[75].

Quem aspira unir-se à verdade não pode percorrer o caminho do entendimento apoiado, apegado a suas compreensões parciais (às vezes imaginárias ou fruto de sentimentos), pois isso impede a continuidade da investigação sobre o objeto.

Às vezes, em alguns trabalhos acadêmicos até bem estruturados, apresentam-se algumas conclusões parciais (nos tópicos iniciais) que condicionam todas as demais. Há que se perguntar: e se os passos anteriores estiverem errados, incompletos?

É preciso, para continuar a trilha do conhecimento, da ciência, viver do "não-saber", mesmo que já se saiba algo. Isso cria um hábito, um modo de ser intelectual que não mais se prende ao próprio modo de entender. Embora todos tenham um modo próprio, a busca de desatrelar-se do mesmo, faz-nos sair da caverna de Platão.

Para chegar a isso, é preciso efetivamente apartar-se para muito longe de si mesmo. Não consegue isto quem não deu um passo anterior: desprezar-se a si mesmo[76].

É natural que demos valor ao que descobrimos, às luzes particulares que acendemos na morada intelectual. Mas, se isso fizermos (antes de terminar a pesquisa) pararemos de fazer ciência e passaremos apenas a colacionar provas de que "nós" temos razão, de que nossas habilidades foram eficientes. A investigação assim conduzida deixa de ser da *racionalidade* e converte-se em pesquisa de *justificações*.

Um dos problemas da pesquisa, nos dias de hoje, é que essa atividade está contaminada pela lógica do parecer. Assim sendo, o investigador, limitado em seus objetivos, ignora parte do material disponível, faz inconsciente triagem apenas do que homologa ou ratifica a sua opinião inicial. Essa lógica, ademais, não está calcada, muitas vezes, na demonstração, mas apenas em argumentos de autoridade, que digam onde está a suposta razão.

---

75. SÃO JOÃO DA CRUZ. Subida ao Monte Carmelo. Obras completas. São Paulo: Vozes, 2002. p. 192
76. Ibid, p. 193

1.4 | Aperfeiçoamento Pessoal para o Pensar

Segundo nosso maior ou menor treinamento em sair de nós mesmos, adquirimos mais e mais capacidades visuais, enxergamos mais coisas, preparamo-nos para fazer ciência. Assim, alcançamos mais conhecimento, embora estes sejam infindáveis:

> suponhamos uma imagem perfeitíssima, com muitos e primorosos adornos, trabalhada com delicados e artísticos esmaltes, sendo alguns de tal perfeição, que não é possível analisar toda a sua beleza e excelência. Quem tiver menos clara a vista, olhando a imagem, não poderá admirar todas aquelas delicadezas da arte. Outra pessoa de melhor vista descobrirá mais primores, e assim por diante; enfim, quem dispuser de mais capacidade visual maiores belezas irá percebendo; pois há tantas maravilhas a serem vistas na imagem que, por muito que se repare, ainda é mais o que fica por contemplar[77].

Segundo Tomás de Aquino, a verdade é fruto da adequação das coisas ao intelecto e do intelecto às coisas (*veritas est adequatio rei et intellectus*). Ocorre que, para o intelecto conformar-se à verdade das coisas (o que a pesquisa quer descobrir, mesmo que se busquem verdades culturais) é preciso que essa potência esteja apta para "toda" a verdade a ser encontrada. O grau de conhecimento alcançado depende dessa capacidade. É a capacidade do recipiente que nos diz quanto de conteúdo pode ser contido. Embora, em determinado momento, possamos estar repletos ou transbordando de conteúdo, segundo nossas capacidades; é possível ampliar as mesmas.

Para São João da Cruz, "todos os conhecimentos adquiridos constituem antes impedimento que auxílio, se a ele nos apegarmos"[78].

A alma, vendo-se favorecida por descobertas, muitas vezes concebe secretamente boa opinião de si, satisfação de sua descoberta. O proveito, a partir de então, será menor do que poderia ser, pois essa mesmíssima satisfação paralisa a inquietação[79].

Se a alma não fecha os olhos novamente, se não volta voluntariamente à escuridão, ao caminho do não-saber, estaciona e não se lança a novos voos.

---

77. SÃO JOÃO DA CRUZ. Subida ao Monte Carmelo. Obras completas. São Paulo: Vozes, 2002. p. 198-199
78. Ibid, p. 209
79. Ibid, p. 218

Presa à propriedade de suas visões (novamente a questão não reside na visão, mas no apego) impede-se a continuidade do caminho da desnudes (sem contar com o fato de que essas primeiras descobertas podem ser falsas). Se essas ilusões (verdadeiras ou falsas) deitam raízes profundas, impede-se o retorno para o caminho da pesquisa. Em outras palavras: a alma presa as suas descobertas apenas mudou a morada de sua ignorância, detêm-se no meio do caminho...

Ao contrário, preservado o desapego, excluído o desejo pelo descoberto, poderão somar-se novas descobertas... Para subir a escada do conhecimento, que nos aproxima do plano superior da verdade, é preciso deixar para trás, continuamente, os degraus já conquistados. A pesquisa e o espírito de investigação, depois que alcançam algum patamar de união com o ser conhecido, precisam desvincular-se do conquistado (que gera novos "acostumbramientos") para caminhar ao próximo piso.

Há que se tomar cuidado, no entanto, com essa atitude para não incorrer no vício intelectual oposto. O desapego do que foi conquistado é necessário, mas não antes de se consolidar o entendimento já descoberto. Senão a trilha do conhecimento não será proveitosa.

Embora a solidificação das ideias seja a fonte do apego, paradoxalmente, é preciso se aprofundar no que foi entendido até o momento, pois não deixa de ser parte da realidade investigada. Deve-se evitar o apego, mas não que se aprofunde o entendimento.

Enquanto estiver a discorrer e a explicar o que se está compreendendo, a atenção nesse ponto deve concentrar-se (sob pena de se construir o caminho da investigação apenas desconstrutiva, que não parece ser um propósito final adequado para nenhuma pesquisa). Quando a compreensão gerar o sossego do espírito própria de quem dominou a situação, de quem já usufruiu de todos os proveitos de determinada compreensão, é que surge o momento de desapegar-se.

1.5

O que se Espera da Pesquisa

TODO pesquisador, iniciante ou experiente, ao iniciar um novo projeto de estudos, vê-se atingido por certa ansiedade, por uma relativa angústia intelectual. O simples fato de imaginar o árduo trabalho que terá pela frente (a começar pela difícil arte de decidir sobre o que se debruçará e de descobrir quais leituras e tarefas terá que percorrer) e de internalizar a incerteza sobre os resultados (que poderá ou não atingir) fazem dessa reação algo natural, demasiadamente humana.

Por outro lado, o prazer de resolver um enigma, a satisfação de demonstrar um pensamento novo (seu), de compreender um assunto estudado de um modo diferenciado (experiência assaz enriquecedora) entusiasmam de forma singular a qualquer investigador. Mais ainda, a percepção de que a pesquisa é o caminho seguro para despertar o espírito crítico, a inteligência capaz de examinar as descobertas dos outros, de fazer as suas próprias indagações e de encontrar as respectivas respostas, torna essa atividade o *locus* de novas dimensões pessoais.

Quando escrevemos, percebemos com maior clareza as relações entre as nossas ideias. Escrever, em verdade, induz a pensar, pois explicar em texto o que achávamos ter entendido (mentalmente) exige re-estruturar nossa percepção anterior. Escrever ajuda a pensar melhor.

Capacitar-se para a pesquisa é habilitar-se para incorporar um novo modo de ser e agir, uma nova humanidade desperta. Nesse contexto, as angústias e dificuldades continuarão a existir, mas ganharão a dimensão que Cruz e Souza[80] retrata magistralmente no soneto *Sorriso Interior* (como só um poeta pode fazer):

> O ser que é ser e que jamais vacila
> Nas guerras imortais entre sem susto,
> Leva consigo este brasão augusto
> Do grande amor, da grande fé tranqüila.
>
> Os abismos carnais da triste argila
> Ele os vence sem ânsias e sem custo...
> Fica sereno, num sorriso justo,
> Enquanto tudo em derredor oscila.
>
> Ondas interiores de grandeza
> Dão-lhe esta glória em frente à Natureza,
> Esse esplendor, todo esse largo eflúvio.
>
> O ser que é ser transforma tudo em flores...
> E para ironizar as próprias dores
> Canta por entre as águas do Dilúvio!

Por outro lado, há que se ter em conta que as incertezas, causas de nossa cotidiana insegurança, também são a razão de nossa felicidade. Para aquele que não se deu conta de tal realidade humana, sugerimos considerar os trechos abaixo transcritos da novela *Heliópolis*, de Ernst Junger.

Nessa obra, após um grupo de personagens discutir o que é a felicidade, aparece um instigante relato, o relato de Ortner, em que esse personagem adquire uma habilidade especial, o dom da premonição. Aguçando seu olhar, é capaz de saber tudo o que ocorrerá. E justamente nesse ponto começa seu dilema, sua infelicidade:

> Muy pronto perdí todo interés por el juego. La salvaje tensión que se había apoderado de mí en otros tiempos y que hacía que la noche pasara en un abrir y cerrar de ojos, cedió el puesto, tras la primera sorpresa, al aburrimiento, después de comprobar que mi suerte era infalible. Me sentaba junto a la mesa de juego del mismo modo que el oficinista espera impaciente el fin de la jornada.

---

80. CRUZ E SOUZA, João da. Poesia (organizado por Tasso da Silveira). 5ª ed. Coleção Nossos Clássicos. Rio de Janeiro: Livraria Agir Editora, 1975. p. 86

1.5 | O que se Espera da Pesquisa

> Lo único divertido era la pasión de los otros: el modo como aquellos mentecatos tendían sus trampas para caer en las mías[81].

Embora tais conhecimentos proporcionassem a Ortner grandes sucessos financeiros, o aborrecimento contaminou rapidamente sua vida previsível:

> Tal era mi vida, contemplada desde el exterior. No podía ser más próspera. Y, sin embargo, a medida que aumentaban mi poder y mi prestigio, iba aumentando, en igual proporción, mi sentimiento de infelicidad. Primero fue el hastío, cada vez más torturador. Noté que me faltaban la tensión, el factor de incertidumbre, el pro y el contra, el rojo y el negro que dan su encanto a la vida. Encarnaba el papel de combatiente invencible. Podía calcular todas las posibilidades. A mi vida le faltaban lo misterioso, lo enigmático, lo indeterminado, lo que acelera los latidos del corazón[82].

Pesquisar é uma complexa e prazerosa atividade simples. A simplicidade vem de seu conceito: reunir as informações necessárias para responder às indagações do pesquisador, para solucionar algum problema colocado por ele mesmo, e compartilhar tais ilações com os demais. A complexidade advém da sua prática: Quais indagações são relevantes? Quais são as informações necessárias? Quando elas são suficientes? Quanto das respostas atingidas pode ser contestado? Etc.

Por outro lado, a pesquisa é uma realidade que embebe nossa vida.

Ao entrar em uma biblioteca, podemos verificar que dezenas de milhares de pesquisadores pensaram sobre incontáveis questões e problemas, colheram informações, estabeleceram diálogos, e deram resposta ou soluções, compartilhando, por fim, suas conclusões com os outros.

Mais ainda, muitas dessas pesquisas não ficaram presas nessas "torres de marfim", moldaram verdadeiramente nossa visão de mundo, determinaram a maior parte de tudo aquilo em que acreditamos: efetivamente cada um de nós não teve a oportunidade de verificar a verdade ou não de que exista um sistema solar, de que nosso organismo possua neurônios, ou de que a palavra amor tenha tais origens etimológicas...

---

81. JUNGER, Ernst. Heliópolis. Visión retrospectiva de una ciudad. Traducción del alemán por Marciano Villanueva. Barcelona: Editorial Seix Barral, 1998. p. 151
82. Ibid, p. 159

Nunca saberemos completamente a influência de nossa pesquisa, mas é preciso que tenhamos consciência da responsabilidade de entrar nessa seara de atividades humanas.

Aprender a pesquisar mudará seu modo de pensar, ensinar-lhe-á, mais ainda, novos modos de pensar. Mais ainda, dar-lhe-á repercussão social.

1.5.1 Pesquisa acadêmica

A pesquisa, embora seja uma atividade humana corriqueira (quem não investigou um dia a história de alguém por quem se apaixonou? quem não sondou a melhor opção de aquisição de um aparelho celular? Etc.), quando revestida de finalidades acadêmicas ou científicas, especialmente quando inserida no processo educativo, almeja objetivos concretos e tem características próprias.

O primeiro passo no preparo de uma pesquisa é, portanto, compreender qual papel se espera do pesquisador no palco em que ele atuará.

Nos cursos de graduação e pós-graduação (*lato* ou *stricto sensu*), seara cotidiana de muitos pesquisadores, de uma forma geral, imagina-se que o trabalho de pesquisa (*conditio sine qua non*, em regra, de conclusão dos cursos) demonstre:

A) amplitude e profundidade de conhecimentos na área da pesquisa (razão pela qual se exige a revisão da literatura de referência da área);

B) domínio sobre o tema do trabalho (razão pela qual se exige a revisão exaustiva da literatura básica sobre o tema);

C) capacidade crítica de análise das informações coletadas e das conclusões de suas fontes de pesquisa (fator que diferencia radicalmente uma compilação, um mero estudo de um trabalho de pesquisa);

D) rigor metodológico (elemento que efetivamente demonstra a incorporação de um método de pensar e agir próprio da pesquisa);

E) capacidade lógica de sistematização (refletida pela estrutura geral do trabalho final e interna de cada tópico);

F) perfeição na forma, na redação e na apresentação, nos termos das normas técnicas de redação de trabalho científico e acadêmico (definidas pela ABNT e/ou pelas próprias instituições).

1.5 | O que se Espera da Pesquisa

Tais características revelam indiretamente os objetivos eleitos rotineiramente para as pesquisas acadêmicas. Revelam o papel educacional da pesquisa: construir uma expertise, moldar o espírito lógico, crítico e reflexivo.

Para nós, no entanto, o mais essencial para todo e qualquer trabalho de pesquisa acadêmica não pode se ater a esses ordinários muros acadêmicos, nem ao viés pedagógico imediato de moldar habilidades e/ou capacidades (que é muito relevante). A pesquisa acadêmica há de servir também para formar homens melhores, homens voltados para fora, que se preocupem e efetivamente tentem contribuir para o seu entorno, que estejam preocupados em melhorar o seu mundo. A pesquisa acadêmica há de servir, portanto, para alterar a atitude dos homens. Por isso, tem de almejar ser, estar imbuída do propósito de trazer uma EFETIVA CONTRIBUIÇÃO à sociedade e/ou à ciência.

A pesquisa que interessa, para a sociedade imediatamente, e sem demérito dos requisitos anteriores, é a que "resolva algo", de forma que possamos dar solução para o que pensávamos que não tinha solução, de forma que possamos dar solução melhor para o que pensávamos já estar resolvido. O que se deve almejar efetivamente é que se crie uma pesquisa que aperfeiçoe nosso mundo.

A pesquisa que interessa, para a ciência e para a sociedade mediatamente, e sem demérito também dos requisitos anteriores, é a que "diga algo que não sabíamos", de forma que possamos compreender melhor o que já sabíamos ou pensávamos que sabíamos. O que se deve almejar efetivamente é que se crie uma pesquisa que mude ou aperfeiçoe nossas opiniões e convicções. Em outras palavras, o valor da pesquisa acadêmica há de depender de quanto ela abala ou reorganiza as convicções antes sedimentadas.

Parece-nos também que toda pesquisa acadêmica tem de incorporar algumas características globais da pesquisa. Características que dificilmente serão verificadas, pois são **características do caminhar**, não do produto (dissertação, tese etc.), embora produzam efeitos positivos ou negativos no produto. São características que podem ser percebidas e ajustadas pelos orientadores, mas dificilmente serão percebidas pelas bancas finais:

1. A pesquisa acadêmica tem de estar imbuída de um SISTEMA CONDUTOR. Ou seja, estar pautada por uma disciplina (não segue os ventos momentâneos) decorrente de forte dedicação ao planejamento prévio, cujas rédeas de alteração de rumo são apenas uma judiciosa autoanálise e um judicioso replanejamento.
2. A pesquisa acadêmica tem de estar imbuída do espírito de desconfiança do empirismo, de algum modo tem de ter ESPÍRITO EMPIRISTA. Explicamos. Há de buscar e buscar, ordenadamente, mais e mais informações. Não pode ser estruturada em meras intuições, em pré-compreensões (esteja o pesquisador arraigo a elas ou não). Ao contrário, tem de buscar continuamente novas informações e as analisar com seriedade, independente das idiossincrasias pessoais, independentemente de os resultados serem bons ou ruins para nossos sonhos.
3. A própria pesquisa acadêmica tem de ser AUTOCRÍTICA, no sentido de se autoaperfeiçoar continuamente, de não se viciar em procedimentos planejados de estudo. A pesquisa autocrítica é a que reflete sobre o próprio procedimento para verificar se ele não está desviando o olhar e eventualmente precisa ser modificado ou complementado por outra abordagem.

Para que esse complexo desiderato se realize, o caminho não é fácil, mas também não é impossível e nem apenas de gênios. O segredo, se existe um, reside, por um lado, em dominar efetivamente o assunto. E, após isto, e somente após isto, pensar e repensar sobre ele, identificando as lacunas lógicas de nossas fontes, as conclusões precipitadas que outros pensadores tomaram, as generalizações equivocadas, as incertezas que não foram enfrentadas. Será nessa seara de incompletudes que a pesquisa pode alcançar os horizontes da criação.

1.5.2 Pesquisa científica

O paradigma almejado pela ciência é o de que as conclusões alcançadas por um pesquisador possam ser testadas, verificadas ou mesmo matizadas por outros. O teste ou verificação somente é possível, logicamente, se o pesquisador explicitar o método utilizado para atingir suas conclusões. São os métodos "pressupostos" que definem o "universo de análise" e

1.5 | O que se Espera da Pesquisa

a "abrangência das conclusões". Sem a devida transparência nesse ponto, não há como verificar, pois a verificação poder-se-ia se dar em outro universo, em outra ótica de análise (isso não é verificação, mas eventual universalização – paradigma não para a cientificidade de uma tese, mas para a conversão de uma tese científica já testada em "teoria científica").

Um trabalho pode ser muito profundo e até mesmo relevante, pode apontar soluções muito criativas e bem fundamentadas; no entanto, se carecer de uma definição concreta dos seus métodos de abordagem e procedimentais, não poderá ser agraciado com o epíteto "científico".

A verdade, objetivo de todo e qualquer estudo humano, pode ser atingida por diversos caminhos: intuição, revelação, artes, pensamento mítico, senso comum... Esses caminhos, no entanto, apesar de sua importância e profundidade (são caminhos que verdadeiramente dão sentido a nossa vida), não podem ser verificados, testados, confirmados ou falseados. Não são, por isso, científicos. O que não significa que sejam inferiores, nem superiores, apenas diferentes[83].

1.5.2.1 O que é fazer ciência?

É PRODUZIR NOVOS CONHECIMENTOS...

A legítima pesquisa científica visa produzir "novos" ou "renovados" conhecimentos.

Curiosamente, a realidade acadêmica (berço natural da ciência) tem-se demonstrado bem diferente. Rotineiramente deparamo-nos com "discípulos acadêmicos", que parecem vocacionados a simplesmente "seguir" um mestre, a simplesmente enquadrar-se dentro do universo desvendado por seu preceptor. Raramente deparamo-nos com "acadêmicos discípulos", que embora inseridos no universo de seus preceptores, dão novos passos, questionam os pressupostos deles, aperfeiçoando ou matizando-os, apresentando novas alternativas não pensadas...

Curvar-se simplesmente ao que já foi construído é o mesmo que tornar o trabalho acadêmico réplica dogmática ou ideológica e não pesquisa científica, pois esse não é seu propósito. Pedro Demo, nesse sentido, é enfático:

---

83. Para compreender a necessidade do método para caracterizar a cientificidade, indicamos que se assista ao vídeo da série "fácil de entender", disponibilizado no seguinte link: http://www.youtube.com/watch?v=uZ_vdGFMbBA&feature=related

"Onde campeia o argumento de autoridade, acabamos sem autoridade e, sobretudo, sem argumento"[84].

...OBJETIVOS E VERIFICÁVEIS

A ciência propõe-se, unicamente, o seguinte: captar e desvendar "objetivamente" a realidade. A metodologia propõe-se a dizer "como chegar a isso de forma confiável". É, portanto, instrumento.

É um erro superestimar a metodologia, mais importante é a descoberta. A ciência não é apenas técnica, é também arte, é também criação: "Quem segue excessivamente as técnicas, será por certo medíocre, porquanto onde há demasiada ordem, nada se cria"[85]. Mas é um erro grave também subestimar a metodologia, pois é ela que nos permite saber se a descoberta é confiável.

1.5.2.2 Espécies de pesquisa

A ciência está ligada à transmissão dos novos conhecimentos adquiridos e à consequente colocação à prova de seus resultados. Mas a construção da ciência se dá precipuamente pela atividade de pesquisa, pela inquietação no que diz respeito à realidade:

> Para muitos parece evidente a realidade. Nada mais enganoso. É precisamente o que mais ignoramos. Por isto pesquisamos, já que nunca dominamos a realidade. Quem imagina conhecer a realidade, já não tem o que pesquisar, ou melhor, tornou-se dogmático e deixou o espaço da ciência[86].

Há muitos modos de fazer ciência pela pesquisa. É comum, no entanto, ver-se a seguinte tipificação:

1. A **pesquisa teórica** almeja desvendar os quadros teóricos de referência, os contextos até mesmo ideológicos que condicionam o significado construído de determinada realidade que se estuda. Ampara-se no conhecimento "criativo" dos clássicos, no diálogo com as ideias que estes desenvolveram. Mas não se concentra em meramente repetir as ideias alheias:

---

84. DEMO, Pedro. Introdução à Metodologia da Ciência. São Paulo: Atlas, 1985. p. 11
85. Ibid, p. 22
86. Ibid, p. 27

1.5 | O que se Espera da Pesquisa

> O bom teórico não é tanto quem acumulou erudição teórica, leu muito e sabe citar, mas principalmente quem tem visão crítica da produção científica, com vistas a produzir em si uma personalidade própria, que anda com os próprios pés. É mau teórico quem não passa do discípulo, do colecionador de citações, do repetidor de teorias alheias[87].

2. A **pesquisa metodológica** desvela como captamos e manipulamos a realidade. Ampara-se na discussão de qual o caminho seguido pelos autores para construir suas teorias, quais foram seus pressupostos e mesmo seus procedimentos de investigação.
3. A **pesquisa empírica** é a voltada para a faceta experimental ou observável dos fenômenos. Ancora-se na manipulação de dados objetivos e concretos captados por procedimentos controláveis e de resultados mensuráveis.
4. A **pesquisa prática** é a que se volta para a verificação concreta, para a aplicabilidade de possíveis ideias ou posicionamentos teóricos.

Em qualquer dessas formas, a pesquisa visa, em regra, um único objetivo, transformar uma hipótese ventilada no projeto em tese. Fazer com que a hipótese seja confirmada, pois foi testada, fundamentada, comprovada, converteu-se em tese. E isso é fazer ciência.

O conhecimento científico é nada mais do que uma forma de muito prestígio de se transmitir as descobertas alcançadas pelo saber humano. Não é uma forma de maior ou menor relevo do que as outras formas de conhecimento, tais como as atingidas pelo senso comum, pelas artes, pela inspiração divina etc. O que lhe dá prestígio é o fato de ser uma forma de conhecimento que pode ser testada. Mas isso não significa que as suas descobertas são maiores que as atingidas por outras formas de conhecimento. Pelo contrário, a cientificidade legítima é aquela que se atrela de forma inexorável à provisoriedade das conclusões: os resultados provados devem ser tidos como provados apenas enquanto não se descubram suas falhas. A ciência verdadeira é um corpo irrequieto, de questionamento inesgotável, um processo infindável, de contínuo vir-a-ser:

---

87. DEMO, Pedro. Introdução à Metodologia da Ciência. São Paulo: Atlas, 1985. p. 24

> Definir a ciência como processo significa vê-la como um incessante vir-a-ser, como uma fonte imorredoura de indagação sobre a realidade, como um movimento sempre a caminho e em constante questionamento da realidade e de si mesma. Morreria a ciência se colhesse resultados definitivos, como morre, por exemplo, no dogmatismo ou no conformismo, ou no mimetismo. Continuamos sempre a pesquisar, a desvendar novas facetas do real, a questionar o que já fizemos, porque acreditamos que não existe a última palavra, ou seja, não há na prática a verdade, a evidência, a certeza[88].

Nenhuma ciência almeja ser tida como absolutamente verdadeira (isso seria instalar o dogma como resultado do processo científico), anseia simplesmente demonstrar, hoje, o que conhecemos de forma segura (comprovável) sobre determinada realidade.

A ciência legítima não almeja produzir tanta certeza como a cultura popular lhe quer atribuir. É comum até mesmo nas discussões acadêmicas depararmo-nos com afirmações categóricas como a seguinte "isto está provado cientificamente". Ora a prova científica verdadeiramente é uma prova "por enquanto". Não um dogma. Dar aura de inquestionabilidade a qualquer conclusão científica é torná-la dogma e não ciência:

> (...) a comunidade propende a acreditar naquilo que aparece com a face científica. Assim é que uma besteira econômica, montada dentro de um quadro econométrico sofisticado e usando uma linguagem bem hermética, tem muita chance de ser aceita como posição incontestável[89].

Por esse conjunto de razões, é preciso apontar algumas características que tornam legitimamente uma pesquisa "científica".

1.5.2.3 Características da pesquisa científica
CARACTERÍSTICAS ESSENCIAIS

Em primeiro lugar, uma pesquisa científica deve ser desenvolvida segundo uma COERÊNCIA lógica. Não é compatível com afirmações contraditórias. As partes do raciocínio devem ser desdobradas sem tropeço, com

---

88. DEMO, Pedro. Introdução à Metodologia da Ciência. São Paulo: Atlas, 1985. p. 76
89. Ibid, p. 32

1.5 | O que se Espera da Pesquisa

começo, meio e fim. As conclusões devem ser consequência das premissas, dos pontos de partida, dos raciocínios que foram desenvolvidos no decorrer do trabalho.

Não será científica a pesquisa incoerente, em que encontremos enunciados contraditórios, uma desordem interna de ideias (muitas vezes apenas um apanhado de ideias agregadas sem qualquer finalidade), conceitos mal definidos ou usados em sentidos diversos ou contraditórios no decorrer do trabalho, conclusões não dedutíveis dos raciocínios anteriores.

A coerência, para ser verificada, exige uma sistematização das ideias que se apresentarão. Essa sistematização exige: [a] ordenar as ideias, [b] definir os termos, [c] descrever e explicar com transparência (plicas são dobras: é preciso retirar todas as dobras, todas as facetas complexas e apresentar os conceitos sem plicas – "sine-plicas", com simplicidade – pois o pesquisador e não o leitor é o responsável por "ex-plicar").

Em segundo lugar, a cientificidade advém da CONSISTÊNCIA, da firmeza das ideias apresentadas, que resistem a todos os possíveis contra-argumentos. Científica e consistente é a obra amparada em argumentos sólidos, de tessitura firme; que demonstra suficiente conhecimento, pois não ignora as teorias existentes, as discussões havidas e atuais, mas apresenta explicações melhores.

Em terceiro lugar, a característica científica agrega-se apenas ao trabalho revestido de ORIGINALIDADE. Pesquisa científica não é mera cópia, imitação do que já foi desenvolvido. Isso é parasitismo, quase plágio. Não se trata de exigir em cada pesquisa a descoberta de algo totalmente novo, mas, pelo menos, de se garantir que cada trabalho científico desenvolva o espírito crítico, o comportamento contestador, que naturalmente apresenta as ideias havidas com um novo olhar, o do autor do trabalho.

Nesse momento, é preciso fazer uma ressalva. Dificilmente se é original por inspiração, mas certamente o pesquisador atinge essa característica depois de um árduo estudo, de uma dedicação séria e profunda para entender o que outros pensaram sobre o tema.

Em quarto lugar, a cientificidade exige o máximo de OBJETIVAÇÃO. Não propriamente a objetividade, a completa independência de nossas ideologias ou preconcepções de mundo, pois isso é impossível. Mas objetivação: o esforço continuado de desvelar nossas pressuposições, de controlar nossas ideologias, não as encobrindo, reduzindo-as ao máximo.

Alguns cuidados ajudam na objetivação: [a] adotar espírito crítico e especialmente autocrítico; [b] incorporar uma dose de rigor no tratamento de qualquer tema, especialmente naquilo que temos por evidente (que muitas vezes é evidente apenas para a nossa concepção de mundo); [c] procurar distanciar-se do que analisamos (muitas vezes nos envolvemos tanto em um tema que enxergamos apenas aquilo que gostaríamos que fosse, em detrimento daquilo que realmente é); [d] abrir-se às opiniões diversas, ao teste alheio de nossas ideias (é preciso que estudemos mais os pensamentos/pensadores que não nos agradam, que parecem contrários a nossa preconcepção, muito mais do que aqueles com que simpatizamos).

CARACTERÍSTICA COMPLEMENTAR

Cumpridos esses critérios, estaremos diante de uma obra científica. A comunidade científica, no entanto, julgará nosso trabalho segundo mais um requisito, segundo o diálogo que estabelecemos com a opinião de outros pesquisadores, segunda a INTERSUBJETIVIDADE.

Nesse quesito, especialmente destacável nas pesquisas inseridas na academia, verificar-se-á se a pesquisa desenvolvida trouxe à baila o pensamento dos pesquisadores de referência na área, se comparou criticamente as suas teorias, se apontou críticas fundadas para suas teses, se identificou lacunas ou mesmo contextos não explorados...

Não se trata de verificar se o pesquisador recheou seu trabalho de citações ou referências. Hábito comum que muitas vezes mascara a atitude de subserviência. Trata-se de se verificar se o pesquisador trouxe ao seu trabalho os "argumentos" exarados por outros pesquisadores para analisá-los; desvelando seus significados, desmembrando suas partes, questionando seus pressupostos ou suas conclusões, até mesmo completando suas ideias.

Um trabalho sem referências ou citações indiretas é pobre com relação à discussão circundante do tema e deve ser evitado. Mas um trabalho amparado em citações diretas e indiretas como se fossem argumentos de autoridade, não é científico, pois não faz o que é próprio da ciência, verificar a veracidade das afirmações. Deve ser mais do que evitado, deve ser execrado.

Na ciência, um enunciado não é científico em razão da boca que o pronuncia, mas em razão da coerência, da consistência, da originalidade e da objetivação do argumento apresentado. Em verdade, um bom argumento não precisa de nenhuma autoridade externa.

É preciso tomar muito cuidado para não cair na tentação de rechear o trabalho científico de citações que visem convencer ao leitor pela autoridade de quem as emitiu. Esse expediente pode ser utilizado para demonstrar que as conclusões do pesquisador estão em consonância com a de outros, mas não para evidenciar que as conclusões estão corretas.

Em termos práticos, para se evitar o parasitismo de incorporar mecanicamente as posições de outros, sem a discussão devida, recomenda-se que toda vez que se fizer uma citação (salvo diante das ilustrativas), faça-se também um comentário pessoal e crítico sobre os argumentos apresentados pelo texto citado.

1.5.3 Pesquisa nas ciências humanas e sociais aplicadas
A MARCA DA HISTORICIDADE E DA CULTURA

O objeto das ciências humanas e das ciências sociais aplicadas é essencialmente histórico, ou seja, é um objeto caracterizado pelo "estar" e não pelo "ser". Apresenta-se indelevelmente caracterizado por essa marca: as coisas não "são" (definitivamente), apenas "estão" (provisoriamente) dessa ou daquela forma, nesse ou naquele momento, em um contínuo vir-a-ser. A identidade das realidades estudadas por essas ciências está intrinsecamente relacionada às suas formas variáveis, com sua transição e não com a estabilidade (como as realidades físicas).

Mais ainda, é essencialmente cultural ou ideológico. Apesar de sua provisoriedade, seu "ser" provisório (ou "estar" concreto), em determinado momento, é concretizado de acordo com a visão de mundo circunstancial, com a cultura e ideologia reinante no tempo.

De outra forma, as marcas da historicidade e da ideologia estão alojadas no interior de cada objeto dessas ciências, são características intrínsecas.

Diante dessa constatação, é preciso cuidar para que o trabalho científico pontue exatamente a evolução histórica ou cultural/ideológica, que desvende a opção ideológica.

Não será científico o trabalho de pesquisa dessas ciências que não desvendar essas facetas: a historicidade de seu objeto e a ideologia/cultura que o molda. Razão pela qual sugerimos que o pesquisador sempre consulte fontes interdisciplinares (antropologia, história, ciência política, sociologia, filosofia, economia, psicologia, direito etc.). Os olhares interdisciplinares são necessários para desvelar essas facetas, para adquirir a consciência dos condicionamentos históricos e ideológicos e para os revelar.

A MARCA QUALITATIVA

As realidades dessas ciências, em regra, manifestam-se mais de forma qualitativa do que quantitativamente. Grande parte dos objetos estudados por essas ciências tem contornos voláteis, não mensuráveis completamente, de difícil manipulação exata.

É impossível estabelecermos, por exemplo, um contorno exato e estável do que é a "liberdade de manifestação do pensamento". É praticamente impossível delimitar, estabelecer uma de-finição precisa (os limites fronteiriços do que é e do que não é) de uma série de institutos. Poder-se-á construir o seu núcleo conceitual (pelo que aparece de forma quase invariável no tempo e no espaço), mas não sua definição.

Essas realidades estão mais afeitas às análises qualitativas do que às observações quantitativas. Embora se possa, reflexamente, mensurar não seu significado, mas sua aplicação prática pelos instrumentos quantitativos.

A MARCA DA PRATICIDADE

Nas ciências naturais, a prática é uma questão extrínseca ao objeto do estudo, embora mesmo essas ciências possam ser utilizadas para esse ou aquele fim, inclusive político.

Nas ciências sociais, o objeto de estudo está rotineiramente inserido na prática, não se estuda apenas o que se pensa de algo, mas essencialmente como se vive concretamente algo. Se o investigador pretender estudar algo desvinculado de sua prática estará em verdade alienado de dimensão significativa de seu próprio objeto de estudo.

No campo jurídico, por exemplo, o pesquisador não estuda apenas um objeto, estuda a si mesmo, pois há uma identidade inarredável entre o sujeito cognoscente e o objeto do conhecimento. Os objetos investigados não são completamente estranhos e exteriores ao investigador, é sempre possível imaginar-se como parte de nós, no mínimo como o parâmetro de "nosso" grupamento.

PARTE 2

PLANEJAMENTO DA PESQUISA

Introdução[1]

ESTA obra foi concebida como uma trama geral (concatenada, mas aberta) de orientações para o investigador (da academia, das instituições públicas, científicas ou empresariais; iniciantes ou experientes) conquistar melhor desempenho nas variadas formas de pesquisa.

Não visa apresentar receitas mecânicas, mas guias para os próprios pesquisadores determinarem ou aperfeiçoarem suas trilhas de investigação, que têm de ser sempre pessoais. Contém uma série de sugestões, não cânones. Não apresenta ideais absolutos ou inexoráveis, mas balizas das quais os pesquisadores, uma vez inspirados em lucidez, podem se situar ou se distanciar.

Há estreita conexão entre as partes de todo o livro. Uma leitura geral do todo, por isso, parece-nos essencial para compreender todas suas repercussões. Nada obstante isso, cada parte da obra foi elaborada para revestir-se de autonomia, para servir de consulta rápida diante de eventuais necessidades.

A Parte 2 desta obra, que agora iniciamos, está voltada para que o leitor faça o seu plano de partida, planejamento de viagem ou "projeto de pesquisa". Logicamente, aquele leitor que percorreu a Parte 1 da obra e superou ou assimilou os pressupostos da pesquisa, percorrerá com mais facilidade essa Parte 2. Nada obstante isso, o leitor que chegou na presente obra por essa parte, não terá dificuldades em absorver e aplicar todas as orientações aqui explicitadas.

---

1. Os capítulos que compõem a Parte 2 do livro estão padronizados de acordo com as normas Vancouver (vide Nota ao Leitor).

Para esses, uma ressalva, no entanto, se faz necessária: Esta obra visa fornecer o arcabouço para o desenvolvimento de legítimos pesquisadores, não de máquinas que cumpram tarefas acadêmicas. Explicitamos, no decorrer dos textos, as exigências que a academia e a comunidade científica exigem cumprimento, mas essa não é nossa principal preocupação. Nosso coração está voltado para outros deleites, queremos sim formar homens íntegros (com vitalidade, corajosos, sensíveis, inteligentes, livres) que sejam verdadeiros pensadores, que saibam produzir uma ciência que contribua para um mundo melhor.

2.1

Pergunta de Partida

É NATURAL que, no início da investigação, saibamos vagamente o que queremos estudar ou não dominemos exatamente como abordar uma questão. Mas esse caos original não pode ser motivo de inquietação, nem de fuga do desafio de construir o ponto de partida da investigação. Se queremos ser verdadeiros pesquisadores, temos de cultivar nosso espírito para não nos alimentarmos de simplismos ou de certezas estabelecidas, para de alguma forma saborear o caos.

Ao pesquisador, recomendamos, vacinar-se de imediato contra os comportamentos de fuga mais usuais desse momento (do caos): (a) encher-se imediatamente de livros e de artigos sobre o assunto – a abundância de informações mal selecionadas ou mal integradas, em verdade, acaba mais por confundir do que por esclarecer; (b) buscar imediatamente dados sobre o objeto (sem antes formular e amadurecer a hipótese de investigação, elemento que permite formular as perguntas corretas ou necessárias) – quem não sabe exatamente o que procura e registra tudo o que encontra facilmente pode ser acometido de uma sensação de impotência paralisante, por ter de analisar muita informação que não resolve nada ou por, apesar de todo esforço, não ter as informações necessárias; (c) explicitar o seu tema de estudo ou problema de pesquisa de forma pomposa e ininteligível porque se equivocam em achar que academia ou ciência valorizam essa forma, ou ainda porque querem escamotear suas fragilidades – quem começa assim corre o grande risco de passar a pensar, a raciocinar dessa forma.

O procedimento científico é muito lógico e pode ser mais facilmente descrito se enxergamos o que está por trás desse tipo de lógica. Em regra, as

2.1 | Pergunta de Partida

investigações nascem de uma proposta de RUPTURA com preconceitos, evidências ou explicações preestabelecidas, apresentam uma CONSTRUÇÃO, uma forma de pensar sobre essa ruptura e consolidam-se na VERIFICAÇÃO dessa proposta. A ruptura nasce com a pergunta de partida (objeto desse capítulo) e aperfeiçoa-se com as explorações iniciais (objeto do próximo capítulo). A construção (objeto do capítulo 2.3. *Projeto de Pesquisa*) enraíza a problemática de pesquisa e o modelo de análise. A verificação é a pesquisa que será feita.

Vejamos, então, como construir a pergunta de partida.

2.1.1 Escolher uma área temática

Em primeiro lugar, é preciso escolher uma área temática, a área geral de investigação que se vai explorar. Não se fala aqui de uma área do saber (Direito Tributário, Direito Penal etc.), mas de uma área temática: imposto de renda, crimes contra a vida, por exemplo.

Para tanto, diversos podem ser os fatores decisivos: interesse pessoal – a paixão, quando bem conduzida, conduz o homem mais longe do que a razão; perspectivas ou necessidades profissionais – tema que aperfeiçoa atual afazer ou que abre novas perspectivas de atuação; viabilidade prática – acesso concreto que se tem ao material de estudo; regra do jogo – nas pesquisas acadêmicas soe ser necessário desenvolver pesquisa em área temática específica, em linha e/ou projeto de pesquisa do orientador ou do curso; disponibilidade de linha de fomento – as pesquisas patrocinadas por instituições públicas ou privadas de fomento costumam especificar áreas prioritárias ou disponibilizar chamados específicos etc.

É certo que muitas pesquisas começam com uma espécie de comichão intelectual, com um relampejo que apenas o pesquisador vislumbra. Nessas circunstâncias, o pesquisador tem de verificar se a sua pergunta ou se a sua resposta intuitiva, além de ser significativa para os demais, encaixa-se nos fatores referidos.

Cotidianamente, no entanto, são muitos os que precisam desenvolver trabalhos de pesquisa e não gozam da prévia inspiração. Para esses, algumas dicas são necessárias, embora a mais essencial tenha sido dada há tempos por Plotino: "sábio é o que em tudo lê". Aquele que tem o olhar desperto para ler tudo a sua volta sempre tem muitos e muitos temas de investigação, porque tem muitas e muitas dúvidas. Ao contrário, aquele que se deixou embotar pelo mecanicismo da vida cotidiana e parou de refletir, aquele que se desumanizou, estará sempre vazio.

2.1.2 Encontrar um tópico específico

E segundo lugar, é preciso restringir, encontrar na área temática um tópico específico.

O caminho para descobrir o tópico específico pode estar facilitado pelos fatores antes referidos, mas, se não estiver, tem de passar por um singelo trabalho de investigação. Nesse caso, é necessário consultar (com certa ligeireza, em sobrevoo) obras gerais, revistas especializadas, artigos recentes, ensaios, observar os seminários ou congressos relacionados com sua área temática, verificar *sites* da área, conversar com especialistas da área...

Desenvolvendo tal investigação poderemos aguçar nossa curiosidade intelectual e descobrir algum tópico que desperte nossa curiosidade ou mesmo nossa perplexidade. Quando isso acontecer, é preciso ler um pouco mais sobre o tópico primariamente escolhido. E nessa segunda leitura (agora crítica, com os olhos inquietos), identificar dúvidas e inquietações pessoais sobre o tópico.

2.1.3 Questionar o tópico para descobrir as trilhas da pesquisa

Em terceiro lugar, é preciso questionar o tópico específico sob os mais diversos ângulos.

Essa trilha deve ser percorrida com um pouco mais de cuidado, e não pode o investigador que quer fazer ciência fiar-se nas próprias intuições. Será preciso ler e reler com atenção poucos textos (muito bem escolhidos) sobre o tópico que previamente selecionou.

Mas, cuidado! Não se limite a fazer impressões ou *downloads* dos textos, nem tão somente a ler os textos. Escreva! Escreva resumos, críticas, indagações que ocorrem no momento. Quanto mais escrever, mesmo que não o faça de forma organizada, mais pensará verdadeiramente, mais estará apto a ser um criador.

É significativo para o pesquisador aprender a ler criticamente. Com os olhares abertos para as contradições, inconsistências e explicações

2.1 | Pergunta de Partida

incompletas, o pesquisador ver-se-á recheado de problemas para a pesquisa.

As melhores perguntas são as que as pessoas têm feito desde os filósofos gregos. Muitas são lugares-comuns, clichês, mas continuam válidas: Quem? O que? Quando? Onde? Por quê? Como? Se os textos que consultamos não percorrem tais indagações, podemos abrir sendas para a nossa pesquisa.

De outra forma, convém identificar as partes e o todo do tópico específico escolhido, rastreie a história e as mudanças do seu objeto de análise, identifique sua utilidade ou importância. Esses olhares também podem abrir novos sulcos de investigação.

Deixe a mente aberta para fazer perguntas que não foram feitas pelas suas fontes de pesquisa, para dar respostas que não foram elaboradas pelos pesquisadores anteriores. É preciso incorporar o lema que Guimarães Rosa aponta em sua obra *Tutaméia (Terceiras Histórias)*: "Eu só dou resposta para perguntas que ninguém perguntou" (Rosa, 1985)[1]. habilidade que Rubem Alves endossa com precisão e demonstra sua repercussão (Alves, 2003)[2]:

> Se suas respostas fossem respostas para perguntas perguntadas, o perguntador permaneceria dentro do mesmo mundo de onde suas perguntas haviam brotado. O conhecimento só faria confirmar a mesmice do mundo familiar de nossas rotinas cotidianas. Respostas que fazem tropeçar, respostas que são o começo de outro mundo.

São posturas como essas que permitirão formular as perguntas para a nossa pesquisa.

Cumprida esta etapa, é importante concretizar o que já se construiu mentalmente:

> ESPECIFIQUE SEU TÓPICO: vou estudar _____,
> ESPECIFIQUE A RAZÃO DE SEU ESTUDO: porque quero descobrir quem/o que/quando/onde/se/por que/como _____.

O despertar para a pesquisa depende, em grande medida, do hábito intelectual de continuamente observar a realidade.

O treino continuado para essa inclinação advém certamente de cultivar a leitura de boas obras de bons autores.

METODOLOGIA DA PESQUISA | Marcelo Lamy

Veja-se, por exemplo, quantas indagações nos despertam os seguintes textos literários transcritos, de Machado de Assis (1994)[3] e Gabriel Perissé (2002)[4]:

ANALFABETISMO,
Machado de Assis
Gosto de algarismos, porque não são de meias medidas nem de metáforas. Eles dizem as coisas pelo seu nome, às vezes um nome feio, mas não havendo outro, não o escolhem. São sinceros, francos, ingênuos. As letras fizeram-se para frases: o algarismo não tem frases, nem retórica.
Assim, por exemplo, um homem, o leitor ou eu, querendo falar do nosso país dirá:
– Quando uma Constituição livre pôs nas mãos de um povo o seu destino, força é que este povo caminhe para o futuro com as bandeiras do progresso desfraldadas. A soberania nacional reside nas Câmaras; as Câmaras são a representação nacional. A opinião pública deste país é o magistrado último, o supremo tribunal dos homens e das coisas. Peço à nação que decida entre mim e o Sr. Fidelis Teles Meireles Queles; ela possui nas mãos o direito a todos superior a todos os direitos.
A isto responderá o algarismo com a maior simplicidade:
– A nação não sabe ler. Há só 30% dos indivíduos residentes neste país que podem ler; desses uns 9% não lêem letra de mão. 70% jazem em profunda ignorância. Não saber ler é ignorar o Sr. Meireles Queles: é não saber o que ele vale, o que ele pensa, o que ele quer; nem se realmente pode querer ou pensar. 70% dos cidadãos votam do mesmo modo que respiram: sem saber por que nem o quê. Votam como vão à festa da Penha, – por divertimento. A Constituição é para eles uma coisa inteiramente desconhecida. Estão prontos para tudo: uma revolução ou um golpe de Estado.
Replico eu:
– Mas, Sr. Algarismo, creio que as instituições...
– As instituições existem, mas por e para 30% dos cidadãos. Proponho uma reforma no estilo político. Não se deve dizer: "consultar a nação, representantes da nação, os poderes da nação"; mas – "consultar os 30%, representantes dos 30%, poderes dos 30%". A opinião pública é uma metáfora sem base: há só opinião dos 30%. Um deputado que disser na Câmara: "Sr. Presidente, falo deste modo porque os 30% nos ouvem..." dirá uma coisa extremamente sensata. E eu não sei que se possa dizer ao algarismo, se ele falar desse modo, porque nós não temos base segura para os nossos discursos, e ele tem o recenseamento.

15 de agosto de 1876

2.1 | Pergunta de Partida

Gabriel Perissé[4] relata as observações de Walter Wink, professor norte-americano de teologia bíblica, sobre a passagem bíblica tão conhecida de Mateus 5, 41: "se alguém te ferir na face direita, oferece-lhe a esquerda". Passagem que tantas vezes interpretamos e replicamos como uma lição de aceitação pacífica da violência, de passividade e de amor ao inimigo:

> Por que Jesus teria falado em oferecer ao agressor a face esquerda depois que a direita foi atingida por uma bofetada?
>
> A resposta necessita da compreensão do contexto social e cultural (incluindo o comportamento corporal daquele tempo e lugar) em que o Mestre vivia.
>
> Na antiga Palestina, um pobre escravo, diante de seu senhor, aguarda o momento de receber um violento tapa no rosto. Mas o seu "dono" não usará a mão esquerda, destinada (naquela mentalidade) apenas para as tarefas consideradas indignas. Usará a direita, para destacar o seu poder e superioridade. Desse modo, no entanto, jamais conseguiria atingir a face direita do escravo, a menos que lhe desse um soco ou usasse a palma da mão direita, e mesmo assim contorcendo-se ou virando o braço.
>
> Por que, perguntemos de novo, Jesus fala que a face direita (dextera maxilla) foi a primeira a ser atingida?
>
> Para atingir seu escravo na face direita, o senhor terá que usar as costas de sua mão direita, o que, naquele tempo, tinha também um sentido preciso. Agredir alguém com as costas da mão direita era um gesto próprio de quem ocupava uma posição social de relevo e queria humilhar o mais fraco.
>
> Assim, como que hierarquicamente, os senhores esbofeteavam os escravos; os maridos as mulheres e os professores os alunos. Era sempre com as costas da mão direita na face direita.
>
> A mensagem implícita, facilmente reconhecida pelo escravo, pela mulher, pelo filho e pelo aluno era a seguinte: "Submeta-se a mim! Veja com quem está falando! Fique no seu lugar!"
>
> Mas aqui ouvimos a recomendação de Jesus, mais revolucionária do que parecia à primeira vista: depois de receber o tapa na face direita, ofereça a face esquerda.
>
> E esse gesto surpreendente traz uma mensagem, a ser interpretada por aquele que bateu. E a mensagem é a seguinte: "Vamos, use de novo a mão direita,

mostre sua dignidade e seu poder, mas agora você terá que me agredir na face esquerda, com um soco da sua mão direita ou com um tapa, usando a palma da sua mão direita, e dar um soco ou um tapa com a palma da mão (você bem sabe) só têm sentido entre pessoas que estão em pé de igualdade. Vamos, estamos em pé de igualdade. Examine isso: nós dois somos seres humanos. Esta é a dignidade que nos iguala. Veja a mentira em que se baseava o seu gesto violento, a sua arrogância. Você pensa que é superior a alguém? Será você superior a uma pessoa capaz de dominar-se e oferecer a outra face? Você se considera superior a uma pessoa que, oferecendo a outra face, oferece-lhe a oportunidade de pensar, de repensar seu comportamento?".

Uma simples frase, por outro lado, pode render muitas horas de reflexão e vários rumos para investigações. Veja-se, por exemplo, a primeira frase do clássico livro *Ana Karênina*, publicado em 1867, de Lev Nikoláievich Tolstói[5]: "Todas as famílias felizes são parecidas entre si. As infelizes são infelizes cada uma a sua maneira".

Quanto dessa afirmação subverte nossa equivocada percepção!

2.1.4 Definir a importância de sua pesquisa

Em quarto lugar, é preciso definir um fundamento lógico, a importância da sua pesquisa para os demais (Booth, 2000)[6]:

> TÓPICO (sobre o que quer escrever): vou estudar _____,
> PERGUNTA (o que não sabe sobre ele): porque quero descobrir quem/o que/quando/onde/se/por que/como _____,
> IMPORTÂNCIA (por que quer saber sobre ele): para entender como/por que/ o que _____.

Exemplo: vou estudar a súmula vinculante, porque quero descobrir como o STF a tem utilizado, para entender por que a doutrina tem criticado o seu papel de legislador positivo.

Nesse passo, é preciso demonstrar que não saber algo (sua pergunta), implica em não saber algo ainda mais importante.

Não é necessário que apresentemos uma solução para o mundo que nos cerca, apenas que atinjamos algum conhecimento necessário para que o problema prático possa ser repensado.

2.1 | Pergunta de Partida

Em uma pesquisa sobre a violência doméstica, por exemplo, não é necessário que atinjamos a solução desse problema tão intricado, mas que se demonstre algo sobre a violência doméstica que não sabíamos, alguma coisa que não compreendíamos, e que tal conhecimento é necessário antes de lidarmos com ela.

Esse passo, não precisa ser algo que devamos fazer (pesquisa aplicada), mas apenas algo que devemos saber (pesquisa pura ou básica).

De qualquer forma, verificamos que o hábito desses passos traz uma nova forma de pensar e um novo modo de escrever.

Em momento mais avançado, algumas modificações e acréscimos na pergunta de partida serão necessários. Nesse momento, no entanto, preocupa-nos que o pesquisador assuma seu papel, fazer pesquisa para os outros. O que qualifica o pesquisador como tal é a capacidade de converter uma pergunta própria em um problema de todos, cuja solução importa para toda a comunidade. Assim, a proposição transforma-se na seguinte:

> VAMOS estudar _____,
> porque DEMONSTRAREI (não mais descobrir) quem/o que/quando/onde/se/por que/como _____,
> para EXPLICAR (não mais entender) como/por que/ o que _____

Em nosso exemplo anterior: vamos estudar a súmula vinculante, porque demostraremos como o STF a tem utilizado, a fim de explicar por que a doutrina tem criticado o seu papel de legislador positivo.

De qualquer forma, não desanime se não conseguir de imediato formular inteiramente seu problema, nesses passos. Importante é que não se esqueça essa sugestão, pois a clareza de seus objetivos economizará significativas horas de seus estudos. Ademais, a capacidade de enunciar os problemas com todas as suas dimensões, de maneira clara, concreta, completa e concisa é algo não só útil para a pesquisa, mas para a vida.

Alguns critérios, por fim, podem servir para uma autoanálise sobre a qualidade da ideia/problema gestada: boas ideias intrigam, alentam, excitam; boas ideias não são necessariamente novas, mas sempre inovadoras (atualizam estudos, adaptam colocações a contextos diferentes, chegam a certas conclusões através de caminhos diversos); boas ideias servem para elaborar novas teorias ou para solucionar problemas, ou servem para gerar novas interrogações ou questionamentos.

2.1.5 Métodos heurísticos

Abraham A. Moles, em 1956, na obra *La Création Scientifique* (publicada em português em 1971)[7], evidenciou e inventariou os principais "processos" (modelos de apreensão) pelos quais o pesquisador pode moldar novas perspectivas científicas:

> Os algoritmos da razão são com efeito seus modelos de apreensão essenciais, mas cada pesquisador, por sua formação, por seu sentido estético pessoal, possui uma feição de espírito que o torno mais familiar a alguns dêsses algoritmos que êle tenderá a preferir sistematicamente.

Se nos libertamos dos processos ou modelos de apreensão conaturais e arraigados ao nosso caráter e vivenciamos outros modos de apreensão, temos a possibilidade de adquirir olhares desveladores de mundos dantes não vistos.

Por isso, esse inventário serve-nos também como métodos de descoberta, heurísticos (Quadro 1).

Quadro 1 – Espécies de métodos heurísticos

REFLEXIVOS	CRIATIVOS	IDEALISTAS
Aplicação de uma teoria	Pormenores	Dogmático
Mistura de duas teorias	Desordem experimental	Classificação
Revisão das hipóteses	Matriz de descoberta	Emergência
Limites	Recodificação	Estético
Diferenciação	Apresentação	Teorema geral
Procura de definições	Redução fenomenológica	
Transferência		
Contradição		
Crítica		
Renovação		

Fonte: Elaboração do próprio autor.

2.1 | *Pergunta de Partida*

MÉTODOS REFLEXIVOS

São métodos que partem de algo estabelecido e têm por objetivo explorar isso, o pensamento, a doutrina ou os conceitos antes estabelecidos. O esforço da imaginação, de apreensão recai sobre a APLICAÇÃO e sobre a REFLEXÃO.

1. Aplicação de Uma Teoria

Representa aplicar uma teoria já conhecida, no domínio de aplicação para o qual foi elaborada, para uma parte, um assunto, uma temática concreta que pertence a este domínio, mas que não se deu atenção, que não foi estudada.

Exemplo: Aplicar a teoria norte-americana da separação dos poderes (*checks and balances*) para legitimar ou deslegitimar a intervenção judicial, não em ações administrativas ordinárias (que já foi estudado), mas no novel instrumento administrativo conhecido como "política pública".

2. Mistura de Duas Teorias

Trata-se de combinar conscientemente dois sistemas de doutrinas ou duas teorias, cada qual individualmente válida. Fazer uma fusão de doutrinas, uma superposição de dois domínios de validade e disso retirar as consequências que podem ser tanto reflexivas (a conjugação pode revelar embates antes não percebidos para os pressupostos ou domínios de cada uma das teorias) quanto de aplicabilidade (a superposição pode desvelar novos domínios de aplicação para alguma das teorias ou uma revisão do próprio modo ou âmbito de aplicação).

Exemplo: Conjugar a teoria da Reserva do possível, com a teoria do Mínimo existencial para dessa conjugação extrair novas ideias para as situações de crise, as situações em que falta recurso para o mínimo existencial.

3. Revisão das Hipóteses

É o aperfeiçoamento de uma teoria a partir da depuração, do aprofundamento, de maior rigor relacionado aos pressupostos, aos fundamentos, à hipótese desenhada. Modo de apreensão que implica em remontar o caminho teórico percorrido por outrem a fim de apresentar uma aplicação ainda mais precisa, muitas vezes mais generalizável. Forma de ampliar, portanto, o domínio de validade de uma teoria.

Exemplo: Mergulhar nos elementos essenciais da teoria dos direitos humanos construída desde o século XIX até a metade do século XX, que dava atenção extremada, que se voltava em essência para os direitos humanos individuais, para constatar que todo o arcabouço dessa teoria, mesmo que revisto, revela que essa teoria não é apenas uma teoria dos direitos humanos individuais, mais uma teoria dos direitos humanos, aplicável tanto aos direitos individuais, quanto aos direitos sociais.

4. Limites

Trata-se de estudar os domínios fronteiriços de aplicação de uma teoria. De alguma forma, refletir sobre o vago, o incerto, que comumente se apresenta quando um campo teórico ou operacional utiliza conceitos binários. Como o universo inteligível raramente se encontra separado em categorias tão exatas, pode ser que se descubra que a dicotomia não é tão válida como aparentemente parecia ser, que o apego à opção binária esconda realidades.

Exemplo: A teoria tradicional do Direito administrativo (moldada em outros tempos) costuma indicar que há duas espécies de atos administrativos: os discricionários e os vinculados. Gustavo Binenbojm, ao debruçar-se sobre essa dicotomia (em sua obra *Uma Teoria do Direito Administrativo*, 2006)[8], propõe a ruptura desses conceitos binários, demonstrando haver, por exigências do Estado de Direito (notadamente as de transparência e de fundamentação), "graus de vinculação".

5. Diferenciação

Ainda imerso no universo das dicotomias ou pelo menos no mundo dos conceitos pré-estabelecidos, é possível dirigir nossa apreensão não para a dissolução das dicotomias ou dos conceitos, mas simplesmente para encetar pequenos declives em conceitos que ficam muito aquém ou que vão muito além. Diferenciando a proposta original de uma proposta atualizada, em verdade, pode-se rever e aperfeiçoar as dicotomias ou os conceitos, sem contradizê-los.

Exemplo: Nos últimos decênios, talvez em razão de estarmos experimentando aceleradas mudanças socioculturais em nossos modos de viver (desarraigamentos territoriais, valorização de vínculos afetivos etc.), pequenos ajustes são projetados no conceito sociológico e no conceito jurídico de

2.1 | *Pergunta de Partida*

família. Já vimos o conceito de família incorporar a realidade monoparental, já vimos o conceito de família internalizar a realidade da convivência similar à conjugalidade (da união estável). O que ainda é necessário?

6. Definições

Um dos processos do pensamento criador mais conhecidos, pois fora instigado desde os tempos de Aristóteles, é tomar ideias armazenadas na linguagem (em teorias ou em textos de outros pensadores ou cientistas), retificando-as, renovando-as, circunscrevendo-as em noções, conceitos ou definições.

É comum nos depararmos, em nossos estudos, com noções, conceitos ou com definições sobre o significado das coisas. Estamos diante de uma NOÇÃO quando o significado de uma realidade foi compreendido de maneira intuitiva e imediata, mas ainda permanece muito impreciso, muito vago. Estamos diante de um CONCEITO quando a realidade compreendida consegue ser intelectualmente contida, estar toda (com todo seu mosaico de propriedades) dentro da explicação de um termo. Estamos diante de uma DEFINIÇÃO, quando uma realidade, mais do que contida, consegue ser completamente diferenciada das demais (é possível, portanto, enxergar os seus fins, suas fronteiras), quando se se sabe exatamente o que é e o que não é. Uma ressalva: não falamos aqui das definições impostas, das definições que se estabelecem pelo poder, por imposição de quem manda, como é o caso das definições legais.

Anteriormente, já nos debruçamos sobre a relevância de prestar atenção nas palavras que antes havíamos dado pouca atenção. Vimos que essa atitude pode ser decisiva para enxergar novos mundos. Aqui, propomos o prestar atenção em noções, conceitos ou definições, como modelo de apreensão criadora, como caminho para o pesquisador melhorar o universo de nossa compreensão: transformando uma ideia em uma noção, melhorando uma noção ou a transformando em conceito, melhorando um conceito ou transformando-o em definição (o que nos parece, nas ciências sociais, praticamente impossível).

A investigação que se dedica a aperfeiçoar os significados, no entanto, seja muito cuidadosa no sentido de saber distinguir os usos básicos, corriqueiros ou centrais dos usos derivados ou limítrofes.

Veja-se, pra exemplificarmos, que campo fértil de investigação pode ser o de discutir o que é a saúde: A noção de saúde está muito arraigada à própria ideia de sua oposição, a doença; o conceito de saúde, no entanto, parece ir muito mais além, pensa-se no bem-estar do indivíduo, no seu equilíbrio; ademais, há um conceito derivado de saúde que vincula seu significado aos seus condicionantes (especialmente aos ambientais e aos sociais).

7. Transferência

É a tentativa de aplicar uma doutrina qualquer fora de seu campo original de validade. A transferência de um sistema de pensamento de um campo do saber para outro, às vezes, é surpreendentemente reveladora. E não é tão rara. Observe-se, por exemplo, quanto a teoria dos sistemas da biologia foi endossada e desenvolvida pela física e quanto, depois disso, essa teoria foi inserida em todas as ciências humanas e sociais. Observe-se que o próprio Direito endossa esse tipo de raciocínio ao admitir restritivamente os juízos por analogia.

Exemplo: A teoria dos jogos e a subteoria do equilíbrio constituem campo fértil de investigações para compreendermos e construirmos soluções inovadoras para a dinâmica das relações jurídico-processuais, das negociações empresariais e dos jogos econômicos.

8. Contradição

Para assumir posição contraditória (e não contrária) a uma teoria é preciso pensar e identificar erros em seus fundamentos, quaisquer que sejam: argumentos, raciocínios, fatos, crenças, dogmas, pressupostos etc.

Exemplo: Voga, em alguns autores nacionais, a defesa de uma integralidade para a assistência à saúde do Sistema Único de Saúde conformada pelos limites normativos legislativos (leis) e executivos (resoluções e portarias ministeriais). Ocorre que tal tese ofende um dos fundamentos de nosso sistema (ao aparentemente não dar importância ao fato de a integralidade ter sido estabelecida pela Constituição): não pode o poder constituído modificar os conceitos estabelecidos pelo poder constituinte; em outras palavras, não pode a lei dizer o que a Constituição diz.

9. Crítico

Diferentemente do caminho da contradição, o caminho crítico é o que visa, com postura construtiva, aperfeiçoar e não destruir os postulados e os métodos de uma explicação anterior. Pode implicar, em consequência, enraizar ou até em ampliar o domínio de validade ou de aplicação de uma teoria.

É caminho semelhante ao anterior no que diz respeito à dedicação em investigar os fundamentos das teorias estabelecidas e, ao mesmo tempo, dessemelhante, pois busca aperfeiçoar e não destruir um pensamento, busca os contrários e não os contraditórios.

Exemplo: Há um conjunto pequeno de modelos teóricos que visam explicar visualmente como os "condicionantes sociais da saúde" impactam nos sistemas nacionais de saúde. Não é preciso que o pesquisador se oponha a qualquer um deles, pode, ao invés disso, conjugá-los, aperfeiçoar um ou outro, ou até mesmo buscar criar uma síntese desses modelos.

10. Renovação

Trata-se do caminho que visa recompor ou revigorar teorias clássicas pela tradução em linguagem mais atual, mais clara ou mais apropriada para o momento.

Há uma série de teorias clássicas, em todos os campos do saber, que precisam ser revigoradas, que não foram superadas e precisam ser mais bem compreendidas. A ciência normal necessita e muito disto. Seria bom que pesquisadores iniciantes percebessem a relevância de dedicarem a essa via investigativa.

Exemplo: Há um universo de teorias clássicas no Direito que carecem e muito de serem revigoradas. Veja-se o caso das teorias clássicas de revisão contratual, especialmente a da quebra da base do negócio jurídico que, talvez justamente por sua falta de atualização, tem levado desavisados (doutrinadores e autoridades jurisdicionais) a afirmarem que essa teoria só pode ser aplicada para as relações de consumo e não para as relações negociais regidas pelo Código civil, como se essa teoria tivesse nascido no bojo da teoria consumerista e não no século anterior.

MÉTODOS CRIATIVOS

São métodos de CRIAÇÃO propriamente dita. O ponto de vista, a doutrina, o conceito, o campo de visão despertado na investigação são efetivamente novos. Exigem, portanto, muita imaginação, certo esvaziamento doutrinário, certa libertação de estruturas mentais prévias.

11. Pormenores

Desembaraçado da ciência explicativa e do bom senso que também pode ser racionalizante, o pesquisador almeja, por essa via, voltar a pensar sem amarras. A renovação do espanto e da curiosidade são necessários. Exige reaprender a observar o fenômeno, a pôr em evidência seus detalhes, a inventariar suas facetas ou elementos, para desvelar os aspectos não explicados (a isso, chamamos pormenores). É caminho muito útil para identificar como as teorias abarcam parcela da realidade, que sempre é mais complexa... e precisam ser revistas ou construídas novas teorias...

Esse caminho de apreensão desvela a superficialidade de teorias que não observaram os detalhes, mas a preocupação não se volta para discutir essas teorias, e sim para descobrir o tratamento que merece o pormenor descoberto, para construir uma nova explicação.

Exemplo: Diante das demandas judiciais de saúde, é possível, observando os pormenores do mundo real (notadamente: que os tratamentos de saúde não são tão controláveis, nem que a ciência médica seja tão estável), verificar a inadequação da utilização, nessas demandas, do manto processual que atribui definitividade para as tutelas jurisdicionais (falamos das preclusões, da coisa julgada). Apesar de um paciente ter o reconhecimento judicial definitivo do seu direito a um tratamento A, se necessitar o tratamento B, para a mesma doença, no âmbito da mesma relação jurídica, terá de ingressar com nova demanda judicial. Será correto isso? No caminho de apreensão "pormenores", não nos interessa discutir a teoria geral, importa criar uma teoria de segurança jurídica nova que seja adequada para essas demandas...

12. Desordem Experimental

A ciência depende também de uma certa ousadia... há momentos que o pesquisador precisa nada mais do que arriscar... especialmente em campos incipientes.

2.1 | Pergunta de Partida

Esse é o contexto desse caminho de apreensão, em que o pesquisador prepara uma experiência teste e observa no que dá. Obtido um resultado, nasce o desafio de construir uma teoria NOVA (essa é a conhecida "teoria fundamentada", que se funda nos fatos e não em argumentos lógicos) para tentar explicar o que ocorreu.

A experiência não é muito planejada, mas o pesquisador, diante da experiência, tem sim de redobrar sua atenção, seu rigorismo observacional.

Exemplo: No campo das políticas públicas, especialmente diante de problemas sociais que temos de resolver e não sabemos como, é preciso arriscar. Precisamos diminuir a quantidade de acidentes automobilísticos letais em determinada região. Temos disponíveis vários mecanismos: colocar lombadas, diminuir os limites de velocidade, colocar mais radares, aumentar as multas por excesso de velocidade, colocar nas ruas mais agentes de trânsito, inserir mais semáforos etc. Se não sei qual devo usar e não é possível descobrir o mais eficiente, é melhor experimentar alternativas do que não fazer nada. E, nessa experiência, podem surgir maravilhosas descobertas científicas.

13. Matriz de Descoberta

Embora experimental como o caminho de apreensão anterior (o da desordem experimental), volta-se à operação de observar a realidade com viés classificatório ou rotulatório (para isso serve a "matriz de descoberta" ou o "método das casas vazias" sugerido por Francis Bacon).

A partir de alguma intuição ou de conceitos prévios, propõe-se uma classificação para o pesquisador observar a realidade. Não importa muito a exatidão do critério classificatório, mas seu potencial heurístico. Logicamente, pode ocorrer também que o critério de classificação se mostre genial.

Exemplo: A tabela de Dmitri Mendeleiev (conhecida entre nós, como tabela periódica) que classifica os elementos químicos conhecidos e serviu, por quase um século, para classificar os elementos que vieram a ser descobertos.

14. Recodificação

As ideias estão fortemente ligadas ou dependentes das palavras que as expressam. De alguma forma, as palavras condicionam tanto a formação, quanto a manifestação das ideias. Por isso, quando alteramos as palavras (recodificamos) para dizer as coisas que pensamos pode desvelar-se percepção antes impensada.

Quando manipulamos os termos de um domínio teórico em outro campo do saber, traduzimos termos ou ideias para outras línguas, podemos descobrir novos mundos.

Aquele que domina línguas está muito mais apto a enxergar o que descrevemos.

Exemplo: As obrigações estatais com relação à assistência à saúde, nos documentos internacionais da ONU, são descritas em cada língua oficial da ONU (francês e inglês) de maneira muito diversa do que fomos capazes de traduzir em português. Em inglês fala-se que o Estado tem a obrigação de *"take to steps"*, em francês fala-se que o Estado tem a obrigação de *"s'engage à agir"*. Isso é muito diferente da expressão portuguesa "adotar medidas". Trocar essas expressões, além de recodificar o que se diz, desvela um novo mundo.

15. Apresentação

Se o pesquisador investir na apresentação, na simbolização do real, na linguagem imagética (símbolos, imagens e/ou recursos estéticos), aprendendo a elaborar esquemas estruturais ou esquemas funcionais, ou diagramas de funcionamento, ou fluxogramas, faz um outro tipo de recodificação que tem o potencial de desvelar realidades antes escondidas ou incompreendidas. Às vezes, queiramos ou não, as imagens ou as representações dizem mais, são mais explícitas que muitas laudas de discussão. Talvez por isso tenha crescido tanto o desenvolvimento de mapas mentais.

16. Redução Fenomenológica

Caminho de apreensão (inspirado na filosofia de Edmund Husserl) que requer o pesquisador romper deliberadamente com os "imaginados e falsos" laços de relação do objeto observado (o fenômeno, a realidade real) com o fundo em que se realiza (com uma teia de repetições que são

2.1 | Pergunta de Partida

apenas imagináveis, mas – no olhar fenomenológico – são irreais), para fazer emergir o único, o que não é repetível de cada caso. Trilha que, em síntese, requer que o pesquisador separe o fato, o caso, da trama contextual que o recobre.

Em nova sintonia, o pesquisador habilita-se a escutar outros tipos de música, a escutar ideias, conceitos do singular, não do geral.

De alguma forma, esse caminho de apreensão não é apenas um caminho a mais, é o caminho necessário para aquele que quer estudar uma situação excepcional, única, irrepetível ou que não se sabe ser repetível, ou – como diziam os gregos – um *apax*.

Exemplo: O estudo de alguns acidentes conhecidos (como de alguns acidentes de navegação) talvez necessite desse olhar, pois as explicações usuais (imersas em rotinas imaginadas) não resolvem, mas somente o singular o único explica o ocorrido.

MÉTODOS IDEALISTAS

São métodos que têm um caráter de generalidade pronunciado, um ponto de vista *a priori* cuja atitude IDEALISTA é marcante.

No primeiro conjunto de métodos, os reflexivos, questiona-se algo já construído. No segundo conjunto de métodos, os criativos, busca-se a inovação pela intuição, pela imaginação. Nesse último conjunto, busca-se a inovação própria das mentes racionalistas (que conseguem enxergar um mundo sem existências concretas, mundos abstratos), a inovação independente da experiência (*a priori*).

Esse é o sentido que a expressão idealista aqui empregada quer ressaltar, que esse é o caminho de apreensão do "mundo das ideias".

17. Dogmático

É o caminho de apreensão que busca edificar uma teoria arbitrariamente, no absoluto dos conceitos lógicos (mundo das ideias, puramente teórico, puramente especulativo), e somente depois procura o seu domínio de aplicação. É o caminho típico de mentes abstratas.

18. Classificação

Criação arbitrária (independentemente de intuição ou de conceito prévio – como faz-se pelo caminho "matriz de descoberta") de critérios de classificação das coisas.

Logicamente, toda classificação (arbitrária ou não) condiciona a percepção, conduz os espíritos a observar de determinado modo. Por isso, importa nesse caminho verificar se a classificação atende alguns critérios de qualidade: exaustividade (o que não entra na classificação tem de ser insignificante), ausência de ambiguidades, simplicidade operacional, valor dicotomizador, reduzido número de critérios.

Toda classificação de alguma forma destrói as contingências dos objetos (apaga essa parte da realidade; em geral, a individualidade) e destaca vínculos (fossem mais ou menos relevantes, com a classificação passem a ser vistos como relevantes). Mesmo que arbitrário, observe-se: estabelece novas perspectivas.

19. Emergência

O espírito que ficar incomodado com a "prisão de métodos", saiba que a ciência também valoriza a exploração das incertezas, das percepções "não científicas", "estatisticamente insignificantes". Amostras insuficientes, experimentos não exitosos, ideias que não conseguirem ser sustentadas também são caminhos de apreensão, de descoberta, de invocação, de novas perguntas de partida.

20. Estético

Debruçar-se sobre a harmonia, sobre a simetria das ideias, configurar as ideias ou os fatos em formas que forneçam ao espírito um alimento mais rico, mais apetecível é caminho rico de apreensão, de inovação. Fazer que o arrebatamento e o entusiasmo da descoberta sejam transmitidos utilizando-se de arquétipos estéticos, em verdade, tem muito valor. Há, inclusive, quem advogue que a verdade tem de ser estética, bela (teoria dos transcendentais do ser de inspiração tomista; onde a verdade, a beleza, a bondade e a justiça são facetas da mesma realidade).

2.1 | Pergunta de Partida

21. Teoremas Gerais

Teoremas gerais são teorias que extrapolam as fronteiras de um domínio científico. São normativas, pois se impõe *a priori*, e não somente aos fatos conhecidos, como aos vindouros.

Como caminho de apreensão, servem para nos desvelar as tentativas de síntese, os quadros mais amplos de percepção, também necessários para compreender o nosso mundo.

Ter em conta esse rol de métodos de apreensão parece-nos muito salutar para todos os pesquisadores, em todas as fases da pesquisa. Aqui, o elencamos para ajudar o pesquisador em seu percurso inicial, na formulação da pergunta de partida. Ocorre que os métodos heurísticos são muito úteis em qualquer momento do percurso, em qualquer fase da pesquisa, pois parece-nos servir como verdadeiro arsenal, quando estamos estacionados, para voltar a pensar.

2.2

Exploração Inicial

A COLETA de material que servirá de suporte teórico (marco teórico ou marco referencial) ou fático (dados, documentos etc.) para a pesquisa depende intrinsecamente da perspectiva da pesquisa. Se a pesquisa se propõe a demonstrar o acerto ou o erro de uma teoria, o que soe acontecer com as pesquisas quantitativas, o material será essencialmente bibliográfico e estará condicionado aos autores que sustentam dita teoria. Se a pesquisa se dispõe a descobrir novas facetas de uma questão já enfrentada, o que soe acontecer com as pesquisas qualitativas, o conjunto será essencialmente aberto a diversas possibilidades, embora dependa de um microconjunto que já enfrentou a questão, mesmo que tangencialmente.

A diretriz deve ser o objeto da pesquisa (na coleta inicial, a pergunta de partida; na coleta realizada depois do projeto, todo o objeto delimitado pelo tema, problema, hipóteses, objetivos, justificativas e referencial teórico).

Estabelecido um bom objeto, apto a motivar o trabalho de pesquisa, é preciso buscar e definir o material que servirá para responder as indagações ou simplesmente que fundamentará as "suas" respostas: as fontes de estudo e de informações.

Observe a indicação precisa: o material que responderá as perguntas, que irá ancorar suas respostas. Não se trata de material genérico sobre o seu tema, mas de um material adequado para resolver a sua problemática.

Portanto, um passo prévio deve ser dado: quais as informações que preciso para as "minhas" perguntas e "minhas" respostas? Somente depois de desvelado esse ponto deve se passar para a Coleta e Organização do Material, que não é uma atividade que se dá ao acaso.

2.2 | Exploração Inicial

A maioria dos pesquisadores iniciantes, quando começa a selecionar e a ordenar o seu material, busca e organiza-o de acordo com os tópicos mais relevantes que imagina dever tratar em sua pesquisa (como em um índice lógico imaginário). O resultado disso, provavelmente, será que a análise (próxima fase) e o texto que virá a escrever poderão facilmente constituir-se como verdadeiros resumos do que os outros já disseram. Isso não é pesquisa!

O pesquisador iniciado, no entanto, procede diferentemente. A seleção e a organização do material dependem de suas perguntas e dos passos necessários para construir suas respostas.

O que estamos procurando revelar é que se faz necessário mudar a perspectiva: a coleta de informações parte da necessidade da pesquisa e não simplesmente das obras que nos deparamos relativas ao tema.

2.2.1 Necessidade da revisão da literatura

Vimos anteriormente, dentre os requisitos costumeiramente exigidos para os trabalhos de pesquisa, a exigência da revisão da literatura de referência da área do curso e da literatura básica sobre o tema. Essa exigência advém da experiência, de uma necessidade conceitual da ciência e do propósito educacional de formar especialistas.

Destaquemos a necessidade da ciência: não é possível empreender uma investigação no campo social contentando-se com o estudo das técnicas de pesquisa, é preciso explorar as teorias, ler e reler os pensadores de referência. As ciências humanas e sociais necessitam de pesquisadores-pensadores. Somente os pensadores são capazes de ultrapassar as interpretações já gastas, de trazer novas significações para os fenômenos estudados, de construir explicações mais esclarecedoras ou mais perspicazes do que as precedentes.

Costumeiramente, a ciência que desenvolvemos consolida uma evolução do que foi anteriormente desenvolvido por outros pensadores. É o que Thomas Kuhn, em sua obra *A Estrutura das Revoluções Científicas* (2001)[9], intitula de "ciência normal", aquela em que a pesquisa se desenvolve pela acumulação de novos olhares sob os mesmos pressupostos. Raras são as ocasiões em que o cientista subverte a tradição, os pressupostos anteriores, e apresenta um novo conjunto de paradigmas que nega a teoria anterior. Nesses casos, opera-se verdadeiramente uma revolução científica.

Copérnico, Newton, Lavoisier e Einstein são exemplos de pensadores que desenvolveram essa ciência extraordinária.

Como, em geral, a pesquisa acadêmica se desenvolve em um procedimento institucionalizado que a sujeita ao julgamento de outros pesquisadores, é natural que a ciência acadêmica se desenvolva sob o manto da ciência normal. E nessa seara, o contributo que se apresenta ao pensamento científico naturalmente será o da acumulação de novos olhares sob idênticos pressupostos. A pesquisa desenvolvida por quem almeja ingressar na comunidade acadêmica necessariamente é uma pesquisa que deve percorrer os paradigmas anteriormente construídos. A pesquisa acadêmica que queira apresentar novos paradigmas, de qualquer forma, terá de analisar os anteriores para contestá-los.

Torna-se necessário, portanto, em qualquer pesquisa, revisar o que de mais importante foi escrito sobre tudo o que tangencia a problemática que se escolheu para concentrar os olhares da pesquisa.

Mesmo assim, essa exigência (revisão da literatura) atrela-se a problemática e não somente à área e ao tema. Se a problemática que se almeja resolver é decorrente de lacunas ou entraves (teóricos, práticos ou metodológicos) ainda não resolvidos pelos pensadores, a revisão da literatura deverá concentrar-se no "estado da arte", que geralmente são bem descritos em obras atuais. Se a problemática em estudo advém ou modifica-se em função de um contexto teórico, de um novo quadro teórico, a revisão da literatura passará provavelmente por obras clássicas de História e de Teoria Geral e apenas pelos trabalhos atuais que contestam esses referenciais. Se a problemática se liga à evolução de um determinado instituto ou conceito, a revisão da literatura passará certamente sobre as obras clássicas atinentes a esse instituto ou conceito.

2.2.2 Coleta e organização da literatura

Na investigação primária para gerar a problemática da pesquisa, para gerar a pergunta de partida, o pesquisador já consultou algumas obras, artigos, ensaios etc. Certamente, a definição das fontes da pesquisa deve começar desse ponto. Esses primeiros materiais consultados poderão constituir uma primeira lista de fontes. Nesse primeiro conjunto diminuto, será possível identificar outras possíveis fontes. Basta verificar as referências desses textos.

2.2 | Exploração Inicial

Espera-se que, depois de efetivada a delimitação do objeto da pesquisa (depois que o projeto de pesquisa estiver desenhado), o pesquisador faça um levantamento mais cuidadoso que o anterior. É preciso consolidar um conjunto mais eficaz de fontes.

Previamente, é preciso que se tenha ciência de que quanto mais separarmos o que sabemos do que queremos saber, mais eficazmente encontraremos aquilo de que precisamos.

Procure, pelo seu tópico específico, pela sua problemática concreta, nos cadastros das bibliotecas. Excelentes bibliotecas, bancos de dados e de textos podem ser consultados pela internet. Nas procuras pela *web*, no entanto, torna-se necessária certa familiaridade com as "palavras-chave" que podem ser associadas à sua pesquisa. De plano, convém verificar os seguintes *sites* e portais*: o *site* do Scielo, o Domínio Público, o *site* dos Periódicos Capes, a Biblioteca Digital de Teses e Dissertações, bem como as Bibliotecas Virtuais Temáticas do IBICT, e as Bibliotecas do Senado Federal e da USP.

Nesse ponto, há que se fazer também uma ressalva. Se, após insistentes buscas, não encontrar nenhum ou parco material, pode ser que sua escolha de pesquisa tenha recaído sobre assunto que até mesmo pode torná-lo famoso. No entanto, se o prazo para a execução da pesquisa é exíguo, cuidado! Poderá enredar-se na teia dos que ficam amarrados no meio do caminho. Talvez, valha a pena voltar ao passo anterior e pensar em um novo problema.

Por outro lado, encontrada uma boa obra, há que dedicar a ela, verificando e valorizando de forma diferenciada suas referências. A partir delas, poder-se-á, com segurança, construir uma lista de fontes de qualidade.

Outra ressalva se faz necessário. O levantamento bibliográfico ou relativo ao marco referencial, especialmente na pesquisa qualitativa (que descobre evolutivamente qual é o núcleo do problema), sempre é provisório. Até o final da pesquisa, continuamente pode ser necessário rever a lista de fontes construída.

---

* Biblioteca Digital Brasileira de Teses e Dissertações: http://bdtd.ibict.br/vufind/
Bibliotecas do Senado Federal: https://www12.senado.leg.br/institucional/biblioteca
Bibliotecas USP: https://www5.usp.br/pesquisa/bibliotecas/
Bibliotecas Virtuais Temáticas: http://prossiga.ibict.br/bibliotecas/
Portal de Periódicos Capes/MEC: https://www.periodicos.capes.gov.br/
Portal Domínio Público: http://www.dominiopublico.gov.br/pesquisa/PesquisaObraForm.jsp
Scielo: https://www.scielo.br/

Por outro lado, deve-se ter extrema cautela quanto às fontes encontradas na internet. Utilize-se apenas das publicações eletrônicas disponíveis *on-line* de qualidade e confiabilidade. Infelizmente é possível encontrar todo tipo de conteúdo internet. Na era dos *blogs*, todos se converteram em autores, sábios e autoridades, mas em verdade, muitas vezes, não o são.

Há, pelo contrário, uma série de publicações de excelente qualidade na *web*. Um dos caminhos para separar o joio do trigo é verificar se a publicação está indexada no Qualis da Capes ou em outro índice internacional, como o ISIS-Thomson, Scopus etc.

A experiência tem nos demonstrado que a qualidade do trabalho final está atrelada inexoravelmente à qualidade das obras consultadas. São as boas obras que nos despertam boas ideias ou boas soluções. Gastar tempo selecionando boas obras, em verdade, constitui verdadeiro ganho de tempo e consequente conquista de qualidade.

De qualquer forma, uma vez feita sua lista inicial, duas tarefas podem se apresentar: ainda é preciso aumentá-la ou é preciso encurtá-la. Se apresentar-se muito curta, leia tudo o que houver nela e dessa leitura poderá extrair novos raciocínios que permitam novas sondagens. Se for muito longa (questão que em geral se apresenta), selecione os textos pela maior adequação ao seu trabalho e pela maior qualidade. Agregar mais e mais fontes normalmente é mais fácil e divertido do que refletir sobre o valor do que já se encontrou. No entanto, se não estabelecermos uma lista de fontes controláveis, avizinhar-se-á de nossa realidade o terrível monstro da impossibilidade.

É preciso estabelecer uma lista de boas fontes, pois disso dependerá a qualidade do trabalho final, bem como a quantidade de horas ou mesmo dias necessários à leitura. Uma boa fonte vale mais do que uma porção de fontes medíocres. Leve a sério, portanto, essa tarefa: reduza suas fontes às mais valiosas.

Não é fácil para o iniciante identificar as boas fontes. O caminho fácil é pedir indicação a bibliotecários, professores, orientadores, colegas que desenvolveram trabalhos em áreas semelhantes. Será necessário, no entanto, que o pesquisador adquira esse faro. O pesquisador que recebe muitos auxílios pode não desenvolver a autonomia necessária. E não existe segredo, apenas o seguinte: é preciso enfrentar o desafio.

2.2 | Exploração Inicial

Será necessário fazer uma leitura imprecisa (cuidado, não é o momento de ler com toda a profundidade), verificar o que está sendo afirmado com relação às necessidades da pesquisa, e se as afirmações e o discurso das obras consultadas são feitos com profundidade e critério.

De qualquer forma, a área do conhecimento envolvida na pesquisa e o tópico escolhido, em geral, apresentam, cada qual, um rol de reconhecidas autoridades, de reconhecidos pensadores ligados a eles. Esses, não podem deixar de ser consultados, e automaticamente devem entrar em nossa lista de fontes. Para identificá-los costuma ser muito simples: quase todos os mencionam.

Se encontrar uma obra que lhe parecer imprescindível para o seu trabalho, terá um caminho seguro. Um cuidado imediato se recomenda: verifique se é a edição mais recente. Por outro lado, se essa obra é decisiva, diminua a velocidade da leitura. Talvez aqui seja preciso uma leitura mais lenta e refletida, pois os rumos das pesquisas podem se alterar depois dessa análise mais cuidadosa.

Os conhecidos manuais ou cursos, em geral, são obras que permitem estabelecer uma visão geral de seu tema. Um cuidado, no entanto, deve ser tomado: em geral, esse tipo de obra cai muito facilmente no relato simplificado dos temas e, pior, muitas vezes apresentam determinados temas como se o posicionamento do respectivo autor fosse o único possível. Definitivamente, são obras que podem e algumas vezes devem ser consultadas, mas rotineiramente não podem conduzir nossa investigação.

Os artigos científicos, publicados em boas revistas, costumam focalizar em um tópico bem específico e, nesse âmbito, apresentar as problemáticas mais atuais deste. São muito úteis para a pesquisa, mas muitas vezes não apresentam o panorama geral que anteriormente encontramos nos cursos e manuais.

Um método sábio, rotineiramente recomendado pelos autores de obras de metodologia da pesquisa, é o de diferenciar e classificar as fontes de uma investigação em primárias, secundárias e terciárias. Primárias são as que apresentam os elementos que o pesquisador trabalha diretamente, são as fontes originárias das ideias e, portanto, as mais importantes. Secundárias são as fontes que percorreram raciocínios próprios e adequados, referenciando informações das fontes primárias. São as fontes, portanto, em que se pode buscar as mais variadas consequências de dados ou raciocínios apontados originariamente por outros. Terciárias são as fontes que sintetizam ou explicam o que fora apresentado nas fontes anteriores (secundárias). Constituem, efetivamente, suporte fraco para a sua pesquisa, mas, por outro lado, são excelentes para as primeiras aproximações.

Dê sempre preferência a buscar as informações em fontes originárias, salvo se inacessíveis. No Direito Constitucional, por exemplo, praticamente todas as obras gerais explicam o pensamento de Peter Haberle quanto à sua teoria da Sociedade Aberta dos Intérpretes. Ora, essa obra é de fácil acesso. Sem desconsiderar as interpretações de qualidade dessa teoria, o pesquisador deve buscar diretamente, na fonte originária, sua interpretação sobre ela. Pode ocorrer que a fonte derivada não tenha explicado justamente algo que interessa para a sua pesquisa. Pode ocorrer que a fonte derivada não tenha explicado com a mesma dimensão que o pesquisador cuidadoso possa lhe dar.

Da mesma forma, as citações encontradas em nossas fontes devem, quando possível, ser conferidas na fonte originária, pois, infelizmente, muitas vezes são retiradas de seu contexto. Já me deparei, de novo infelizmente, com citações que transcreviam raciocínios justamente que os autores primários contestavam em seguida. Não ceda à preguiça de não consultar a fonte original.

Uma vez identificadas as melhores obras ou as indispensáveis, se tiver condições, compre-as, pois estará habilitado a livremente "destruí-las", rabiscá-las, escrever suas ideias nos cantos das páginas etc. Não sendo isso possível, o que em geral é a realidade do pesquisador (em geral o protótipo legítimo do sonhador), procure resumir tudo o que ler (mesmo nessa fase, que não se está fazendo a leitura aprofundada, mas apenas a leitura panorâmica para selecionar as fontes). Evite digitalizar ou fazer *downloads* de arquivos que acha que virá a usar. Há algo muito curioso relativo às digitalizações ou arquivos baixados. As pilhas de páginas digitalizadas e as pastas de *downloads* têm uma natureza mítica surpreendente: costumam se esconder em gavetas e, somente depois que a pesquisa se encerrou, aparecem para serem descartadas.

Importantíssimo: crie um sistema para registrar os dados das fontes que encontrou. Podem ser pequenas fichas, um arquivo eletrônico. Tanto faz. O que importa é registrar os dados da fonte: autor, título, editora, edição, ano e onde está o material (se pesquisamos em mais de um local, passado algum tempo, é difícil lembrar em que biblioteca ou *website* estava tal obra).

2.2.3 Métodos exploratórios complementares

ENTREVISTAS EXPLORATÓRIAS

As leituras empreendidas ajudam-nos a fazer o balanço dos conhecimentos existentes e inexistentes que se relacionam com a pergunta de partida. No entanto, pode ser muito útil empreender, ainda na fase de construção da problemática, entrevistas exploratórias. São fontes de descoberta de novos aspectos, que podem alargar ou retificar o projeto de investigação.

Os docentes e os investigadores especializados podem ser não apenas fonte preciosa sobre as leituras necessárias, mas também sobre os procedimentos que experimentaram, sobre os problemas que encontraram em suas investigações e que faltam por resolver. As pessoas que vivenciam com certa distância determinada problemática podem ser testemunhas privilegiadas sobre as facetas mais relevantes ou inexploradas do problema. As pessoas diretamente atingidas por determinado problema podem desvelar suas visões parciais ou subjetivas sobre a questão, que também podem ser fontes reveladoras de necessidades de investigação.

Essas entrevistas, no entanto, têm de se revestir de feição não diretiva. Não estão pensadas para provar algo (esse tipo de entrevista pode fazer parte da pesquisa posterior), portanto, têm de ser abertas, livres, leves. Preparadas com poucas perguntas, têm de ser pouco conduzidas, ou no máximo contar com alguns artifícios para voltar ao tema.

OBSERVAÇÃO EXPLORATÓRIA

É relevante que o pesquisador conheça o objeto de pesquisa a que se dedicará. As ciências humanas e sociais não trabalham com realidades de outras dimensões ou com realidades abstratas, mas com realidades humanas, com relações sociais.

Pode ser importante, por isso, que o pesquisador vá a campo, que entre em contato efetivo com a realidade que investigará, seja esse contato à distância (observação não participante) ou próximo (observação participante).

A vivência do pesquisador com o tema da sua investigação, além de insuflar os ânimos necessários para o trabalho da pesquisa, costuma fornecer miríades de dúvidas e inquietações, a matéria-prima para aperfeiçoar as perguntas de partida ou mesmo a problemática desenhada pelo projeto.

DOCUMENTOS

É relevante também, que o pesquisador consulte, entre em contato com documentos relacionados com sua investigação. Sejam eles puros (dados ou relatos não tratados) ou não (dados que já passaram por análises). Nossa época tem essa característica: há muitas informações (dados) disponibilizadas na internet.

Antes de empreender a investigação, enquanto está formulando ou aperfeiçoando sua pergunta de partida ou mesmo todo o objeto da pesquisa (enquanto faz seu projeto), convém conhecer quais dados objetivos existem sobre o objeto. Ao menos, que se faça o mais básico. Situar a pesquisa que se quer desenvolver nos contextos humanos e sociais revelados pelos dados (como os estatísticos do IBGE). Exemplifico: se minha pesquisa é sobre o conceito moderno de núcleo familiar (que abrange não somente o casal e sua prole, mas todos os agregados na convivência compartida), convém conhecer as informações, os documentos que revelam que, na região da pesquisa, é preponderante (mais de 60%) o desenho familiar composto por algum parente agregado, avós, tios ou primos.

ENTORNO OU CONTEXTO SOCIAL

Um pesquisador deve se manter atualizado com relação à literatura existente sobre a sua especialidade, mas também tem de se manter ciente dos acontecimentos e das mudanças sociais que o circundam.

As pesquisas desenvolvidas pelas ciências humanas e sociais não são abstratas e meramente hipotéticas, ligam-se inexoravelmente ao entorno social. Não há, mesmo nas pesquisas teóricas de base, como se pensar em uma pesquisa social que não gere impactos na sociedade ou que não dependa da concepção social vigente sobre o tema em que se debruça.

Todo pesquisador dessa área, portanto, tem de se preocupar em consultar fontes complementares para a sua pesquisa, fontes que revelem as

2.2 | Exploração Inicial

dimensões sociológicas, antropológicas, políticas. Não pode, portanto, um pesquisador jurídico alienar-se em seus estudos e esquecer que os institutos jurídicos regulam relações sociais.

Triste, nesse sentido, e prejudicial à pesquisa, é a presente desvalorização que se dá nos cursos superiores das disciplinas de formação básica, especialmente à sociologia, à antropologia, à ciência política e à filosofia.

2.3

Projeto de Pesquisa

CHEGADO ao momento em que a) se desenhou o objeto da pesquisa e b) fez-se a sondagem inicial das fontes sob as quais a investigação debruçar-se-á, torna-se necessário (c) elaborar um projeto estruturado de pesquisa** – guia que servirá para pontuar as últimas delimitações e os planejamentos necessários e que pautará os rumos seguros para o desenvolvimento da investigação.

UTILIDADE DO PROJETO DE PESQUISA

O sucesso de uma pesquisa não advém, em geral, de uma inspiração transcendental ou do mero acaso, da loteria da vida. E mesmo que a inspiração ocorra, provavelmente determinará apenas a solução, não servirá para estabelecer um texto articulado e desenvolvido.

Nicolau Maquiavel, em sua clássica obra *O Príncipe* (2018)[10], desde 1513 nos explicou que a **fortuna** (ocasião, oportunidade) só opera seus efeitos benéficos se acompanhada da *virtù* (intelectualidade aliada da ousadia).

** O ponto de vista aqui apresentado – que esta é a última etapa da relevante fase do planejamento da pesquisa – pode ser contraposto pelo seguinte raciocínio: o levantamento certeiro de fontes é possível apenas depois dessa etapa.
- Parece-nos, no entanto, que o conflito assim apresentado é singelo demais.
- Essas atividades configuram aquela espécie de experiência humana que chamamos de reversível: a coleta de informações modifica o projeto; o projeto, por sua vez, modifica a própria coleta... Não são fenômenos ou etapas isoladas.
- De qualquer forma, o projeto consolida a última etapa do planejamento. Somente no projeto "escrito" enxergamos definitiva e globalmente o que se quer e o que se fará.

2.3 | Projeto de Pesquisa

A fortuna parece independer da vontade humana. O homem dotado de *virtù*, no entanto, sabe encontrá-la e aproveitá-la: não fica simplesmente em compasso de espera, aguardando, esperando acontecer; sabe persegui-la, sabe preparar-se para encontrar-se com ela. Conhecer e vivenciar a fortuna é privilégio daqueles que se esforçam ativamente por encontrá-la. A inteligência aliada à astúcia são como que radares que permitem perceber as coisas por si mesmo, enxergar a fortuna; a coragem aliada à ousadia de não temer os desafios e aproveitar as oportunidades que permitem que se realize a dádiva.

Analogamente, o sucesso de uma pesquisa, portanto, advém da dedicação intelectual a ela e da ousadia crítica. O projeto de pesquisa deve, em consequência, concentrar-se nisso, na *virtù*: estabelecer aprofundado planejamento de trabalhos intelectuais que deverão ser desenvolvidos, e os pontos inovadores, de ousadia, que precisarão ser fundamentados.

A tentação de querer começar imediatamente o trabalho de pesquisa, pois o seu planejamento detalhado parece-nos perda de tempo, deve ser afastada.

O planejamento evita trabalhos confusos, com muitas voltas ou tópicos inexpressivos ou dispensáveis. Implica, ao contrário, a produção de trabalhos objetivos, precisos e de resultado relevante.

Na prática, a elaboração do projeto ajuda-nos a constatar a qualidade do que nos dispomos a fazer. Verificaremos, nós mesmos, a coerência, a utilidade, até mesmo o encantamento que a pesquisa que nos dispomos a desenvolver pode gerar.

Ademais, em muitas ocasiões, tal tarefa é inarredável. Costumeiramente, por exemplo, exige-se tal projeto para se concorrer ao mestrado ou ao doutorado. Da mesma forma, é imprescindível tal mister para se pleitear bolsas ou incentivos.

O projeto de pesquisa explicitará o problema da pesquisa e como esse será enfrentado, passo a passo. Depende, portanto, do bom enfrentamento de desafios anteriores: da definição do problema e de um prévio e cuidadoso trabalho exploratório.

CARACTERÍSTICA ESSENCIAL

Tal projeto, por sua vez, consolida-se em um texto escrito. Esse texto deve ser apresentado em uma redação sintética, sinal de que o autor tem ideias bem claras e precisas do que pretende fazer, de que resultados visa atingir.

Não é momento de escrever o trabalho, mas apenas de indicar com acuidade como ele será. A redação do projeto, portanto, não deve ser alongada, circular ou prolixa. Ao contrário, deve se apresentar de forma concisa, embora profunda, razão pela qual o projeto não pode ser desenvolvido em muitas laudas (algumas instituições costumam até mesmo limitar o tamanho máximo do projeto a 15 ou a 20 laudas). Apresenta-se para dizer o que e como se quer fazer, mas não apresentará jamais a completude das ideias que o trabalho futuro conterá.

2.3.1 Estrutura do projeto de pesquisa

O projeto de pesquisa consolida-se em um texto escrito. Esse texto deve ser apresentado em uma redação sintética, sinal de que o autor tem ideias bem claras e precisas do que pretende fazer, de quais resultados visa atingir.

Segundo a Associação Brasileira de Normas Técnicas (ABNT) – NBR 15287:2011 (Projeto de Pesquisa) – o projeto de pesquisa deve contar com a seguinte estrutura (Quadro 2 e Figura 1):

2.3 | Projeto de Pesquisa

Quadro 2 – Elementos estruturais dos Projetos de Pesquisa

Parte Externa	Capa	
	Lombada	
Parte Interna	Elementos pré-textuais	Folha de rosto
		Lista de ilustrações
		Lista de tabelas
		Lista de abreviaturas Lista de siglas
		Lista de símbolos
		Sumário
	Elementos textuais	Introdução
		Tema
		Problema
		Hipóteses
		Objetivos
		Justificativas
		Referencial teórico
		Metodologia
		Recursos
		Cronograma
	Elementos pós-textuais	Referências
		Glossário
		Apêndice
		Anexo
		Índice

Fonte: Elaboração do próprio autor. Em **cinza** indicam-se graficamente os elementos obrigatórios.

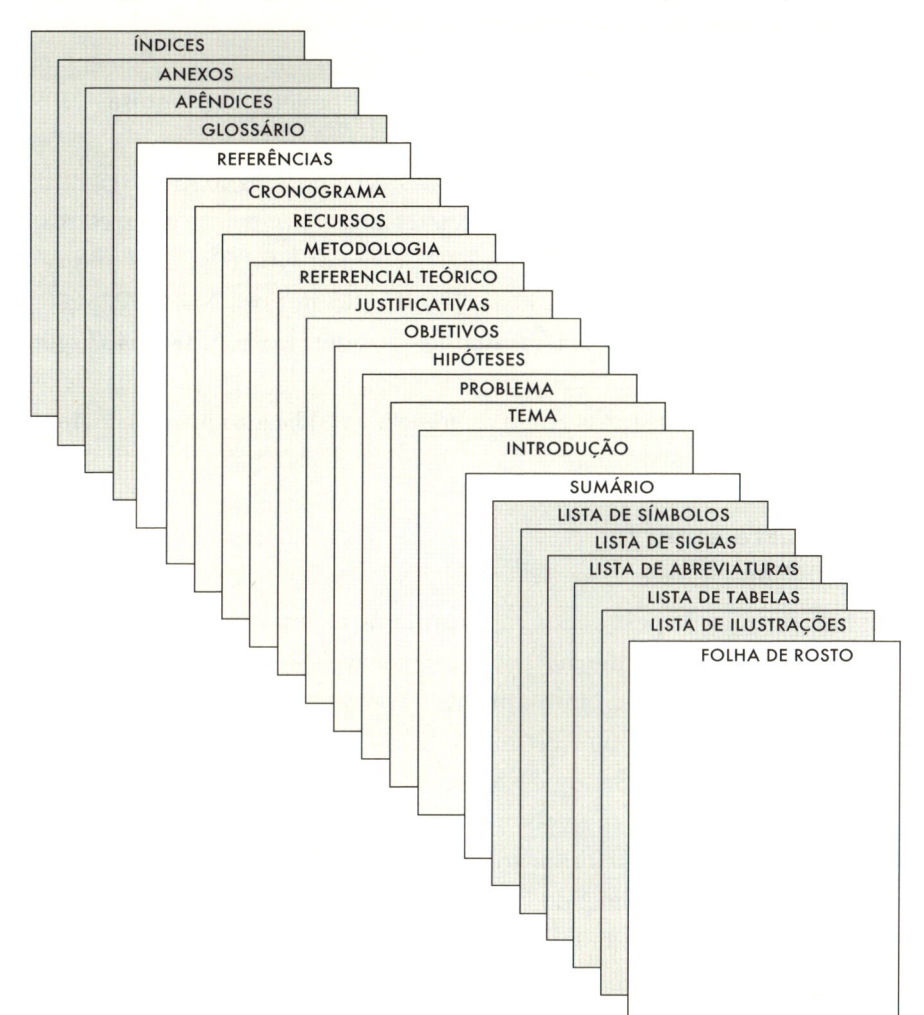

Figura 1 – Composição dos elementos internos do Projeto de Pesquisa.

ÍNDICES
ANEXOS
APÊNDICES
GLOSSÁRIO
REFERÊNCIAS
CRONOGRAMA
RECURSOS
METODOLOGIA
REFERENCIAL TEÓRICO
JUSTIFICATIVAS
OBJETIVOS
HIPÓTESES
PROBLEMA
TEMA
INTRODUÇÃO
SUMÁRIO
LISTA DE SÍMBOLOS
LISTA DE SIGLAS
LISTA DE ABREVIATURAS
LISTA DE TABELAS
LISTA DE ILUSTRAÇÕES
FOLHA DE ROSTO

Fonte: Elaboração do próprio autor.
Os elementos optativos estão destacados em **cinza escuro**.

A exigência formal concreta (na realidade pontual de alguma instituição) poderá requisitar algum elemento utilizando-se de expressão diversa das apontadas pela ABNT. A elaboração, nesse caso, deve dar atenção apenas ao significado da parte estrutural que explicitaremos a seguir, e não ao nome que aqui utilizamos.

2.3 | Projeto de Pesquisa

Por outro lado, para explicitar o regramento sobre o conteúdo e a forma de cada um dos elementos estruturais, serão utilizadas diversas normas editadas pela ABNT e uma editada pelo IBGE, normas que complementam o estabelecido pela norma específica voltada aos projetos de pesquisa – NBR 15287:2011 (Projeto de Pesquisa).

Da ABNT, serão utilizadas as seguintes: NBR 6022:2003 (Artigo científico), NBR 6023:2002 (Referências), NBR 6024:2012 (Numeração progressiva), NBR 6027:2012 (Sumário), NBR 6028:2003 (Resumo), NBR 6034:2004 (Índice), NBR 10520:2002 (Citações), NBR 10719:2015 (Relatórios), NBR 12225:2004 (Lombada), NBR 14724:2011 (Trabalhos Acadêmicos), NBR 15437:2006 (Pôsteres).

Do IBGE, será utilizada como referência a publicação *Normas de Apresentação Tabular* (1993)[12].

2.3.2 Parte externa
2.3.2.1 Capa

Nos projetos de pesquisa, a capa (proteção externa do trabalho sobre a qual se imprimem as informações indispensáveis à sua identificação) não é usual, nem obrigatória. Normalmente os projetos são entregues grampeados ou, no máximo, com revestimento flexível (plástico transparente), sem capa (proteção cartonada, rígida ou quase rígida), tecnicamente.

De qualquer forma, se o volume comportar a encadernação, as informações a serem gravadas são as seguintes, nessa ordem: a) nome da entidade para a qual deve ser submetido, quando solicitado; b) nome(s) do(s) autor(es); c) título; d) subtítulo: se houver, precedido de dois pontos, evidenciando a sua subordinação ao título; e) número do volume: se houver mais de um; f) local (cidade) da entidade onde deve ser apresentado (Observação: No caso de cidades homônimas, recomenda-se o acréscimo da sigla da unidade da federação); g) ano de depósito ou da entrega.

2.3.2.2 Lombada

Havendo capa, haverá lombada (parte da capa do trabalho que reúne as margens internas das folhas, sejam elas costuradas, grampeadas, coladas ou mantidas juntas de outra maneira).

A NBR 12225:2004 recomenda que a lombada contenha os seguintes elementos: a) nome do(s) autor(es), b) título, c) identificação alfanumérica do volume, quando houver mais de um; d) data. A base da lombada deve contar com 30mm, sem qualquer elemento gráfico.

2.3.3 Parte interna: elementos pré-textuais
2.3.3.1 Folha de rosto

A folha de rosto é o primeiro elemento exigido pela ABNT para os projetos de pesquisa. Trata-se de elemento que identifica o trabalho, com as seguintes informações, na seguinte ordem: a) nome(s) do(s) autor(es); b) título; c) subtítulo, se houver; d) número do volume, se houver mais de um; e) texto descritivo do trabalho (indicando o tipo de projeto de pesquisa, o nome da entidade a que é submetido, nome do orientador, do coorientador ou do coordenador, se houver); f) local (cidade) da entidade onde é apresentado; h) ano de depósito ou da entrega.

Algumas instituições exigem dados curriculares do autor em folha ou página distinta após a folha de rosto.

> As **listas de ilustrações**, de **tabelas**, de **abreviaturas**, de **siglas**, de **símbolos** são raríssimas em projetos de pesquisa e, em regra, necessárias nos produtos acabados "dissertação" e "tese", razão pela qual desenvolveremos esses elementos mais adiante.

2.3.3.2 Sumário

O elemento sumário do projeto apresenta as subdivisões do projeto. Não se confunde com o que muitos orientadores pedem a seus orientados – um sumário lógico do trabalho que se planeja. Isso, veremos mais adiante é intitulado por nós como Estrutura Lógica do Trabalho.

2.3.4 Parte interna: elementos textuais
2.3.4.1 Introdução

A redação da NBR 15287:2011 deixa entrever, em função da sua redação, que a introdução é o elemento que apresentará uma síntese de todos os elementos textuais do projeto. Recomendamos, em razão disso, que seja redigida apenas quando as outras partes textuais estiverem consolidadas.

2.3.4.2 Tema

O tema do projeto tem de ser, imediatamente, revelado pelo TÍTULO do trabalho que se planeja realizar e, mediatamente, pela explicação de sua DELIMITAÇÃO.

O título do trabalho, certamente, é uma das partes estruturais que exige maiores cuidados, e que é afetado pelo maior número de alterações e oscilações de todos os proponentes de pesquisa, pois, por um lado, revela o âmago do trabalho e, por outro, constitui fator que despertará interesse ou não sobre o projeto. Queiramos ou não, sua explicitação (antecipada desde a capa do projeto) condiciona a análise e a inclinação de qualquer leitor.

O título deve sintetizar a pesquisa, sua essência (o problema central, as hipóteses, os propósitos da investigação, os resultados pretendidos), expressar o propósito maior ou mais relevante do projeto, que é a solução buscada para o problema.

A delimitação do tema é elemento que se apresenta logicamente a seguir, pois explicita e desvela a amplitude concreta que muitas vezes o título anteriormente apontado não pode revelar.

Nesse ponto, é preciso dizer especialmente o que não será abordado, estabelecer os limites, as fronteiras. Trata-se de dizer a parcela do mundo que não faz parte de seu território de investigação e de dizer a parcela que necessariamente faz.

Como orientação geral, é preciso que a pesquisa seja pragmaticamente reduzida a dimensões adequadas: a amplitudes *viáveis* (a pesquisa excessivamente aberta provavelmente não será levada a cabo no tempo e dentro dos recursos de que se dispõe, que é sempre limitado) e a amplitudes *necessárias* (a solução do problema, por sua vez, exige algumas abordagens).

É certo que os limites de uma investigação são sempre flexíveis, especialmente no momento de prospecção. Ampliam-se ou restringem-se à medida que o trabalho avança. É o acúmulo de leituras e de informações que concretizará definitivamente os contornos reais da pesquisa.

Nenhuma ideia inicial pode ser concebida de maneira rígida e definitiva. No entanto, somente sua delimitação provisória permitirá dar passos em direção ao desenvolvimento do trabalho.

Deve-se fixar, mesmo que provisoriamente, os limites particulares do *tempo* e do *espaço*, ou seja, o âmbito histórico e geográfico. É preciso indicar, por exemplo, se a pesquisa se concentrará na evolução de determinado instituto desde quando e em quais circunscrições territoriais.

A formulação do problema e da hipótese aponta-nos, mesmo que de forma transitória, se a pesquisa deve se debruçar sobre a doutrina, sobre a legislação e sobre a jurisprudência. Ou, pelo menos, indicam-nos as ênfases que deverão se construir quanto a esse trinômio.

Da mesma forma, o desafio da resolução do problema de pesquisa indica-nos se precisaremos nos debruçar ou não em amplo levantamento histórico ou no Direito Comparado.

Sem a correta delimitação da pesquisa não só o projeto fica prejudicado, mas a própria pesquisa que se desenvolverá. Certamente a complexidade e a profundidade que o investigador deverá desenvolver se ele tentar compreender todas as áreas serão prejudicadas (o ditado popular já nos ensinou: quem muito abraça, pouco aperta!).

É preciso que a proposta de pesquisa tenha uma clara identificação de seu *alcance* ou de seus *condicionamentos*, pois sob esses pressupostos é que construirá a resolução do problema.

Nesse ponto, é determinante apontar com precisão o universo da análise, o que em metodologia identifica-se como amostra. A amostra deve ser precisa e adequada aos propósitos do estudo, ao mesmo tempo ser de algum modo representativa do universo global, pois, ao final da pesquisa, todo investigador deve se colocar a seguinte pergunta: se ampliada a amostra, as inferências serão as mesmas?

Para que se atinja a representatividade, portanto, é necessário que a amostra seja suficientemente diversa, somente assim poderá o investigador construir possível generalização.

Na fase da investigação teórica (na revisão da literatura), em consequência, é preciso analisar pensadores de variadas correntes, pois o trato de argumentos de várias cosmovisões tornará as ilações possíveis mais facilmente generalizáveis.

2.3.4.3 Problema

A formulação do problema, por sua vez, é o componente do projeto que o estrutura intrinsecamente. É o problema que explicita para que serve, em essência, qualquer investigação.

2.3 | Projeto de Pesquisa

Um problema bem formulado é mais importante para o desenvolvimento da ciência do que sua eventual solução. Mesmo que não se solucione o problema, uma investigação pode ter um grande mérito se abrir, ou pavimentar, um caminho para a solução futura.

A dúvida do pesquisador em relação a um assunto e/ou tema, por outro lado, não constitui um problema de pesquisa. A dúvida compartilhada ou não respondida por outros pesquisadores, pelo contrário, constitui um legítimo problema.

O problema não surge na mente do investigador nadassem motivo, mas é fruto da leitura e da observação atenta do tema que se deseja pesquisar. Nesse sentido, o pesquisador deve fazer diversas leituras de boas obras que tratem do tema no qual está situada a pesquisa, bem como observar – direta ou indiretamente – o fenômeno (fatos, sujeitos). Somente depois de seguir esses passos, conquistados também pela sondagem do material de pesquisa, é possível formular questões significativas.

A apresentação do problema ganha qualidade se sua redação está suportada em alguns dados estatísticos atuais ou testemunhos de especialistas sobre ele. Ou seja, se o problema da pesquisa não adveio apenas da mente criativa do pesquisador, mas de uma necessidade claramente identificada por autoridades no assunto ou por reivindicações sociais atuais; se o problema foi construído através de variáveis encontradas em fontes relevantes e de prestígio que atualmente o discutem.

2.3.4.4 Hipóteses

A definição da(s) hipótese(s) é o componente que indica a(s) resposta(s) imaginada(s) inicialmente pelo pesquisador. É uma resposta provisória à pergunta que sintetizou o problema. É o que se pretende demonstrar, não o que já se tem demonstrado evidente, desde o ponto de partida, como pressuposto.

Essa resposta, embora provisória, constitui verdadeiro instrumento para a condução futura da pesquisa. É com essa resposta imaginada que o pesquisador poderá elaborar o plano lógico de seu trabalho (elemento que será apresentado a seguir) e organizar suas tarefas economicamente.

Como não há pesquisa, mesmo a qualitativa, sem uma resposta provisória (hipótese), mesmo que intuitiva, ao problema apresentado, é preciso que a hipótese seja compreensível pelos destinatários do trabalho (os leitores).

A compreensibilidade da hipótese, por outro lado, está atrelada a diversos fatores objetivos: coerência na escolha das premissas (são apresentadas as que são relevantes e todas as necessárias) ou dos pressupostos, consistência ou sensatez das inferências, precisão das definições conceituais ou operacionais condicionantes do discurso.

Dependendo da pesquisa, é necessário também apresentar por que as hipóteses rivais têm de ser descartadas (podem ser incompletas, podem ser ineficazes...).

VARIÁVEIS, RELAÇÕES ASSIMÉTRICAS E SIMÉTRICAS

VARIÁVEL é uma propriedade, um aspecto, um fator (quantidade, qualidade, características, traços) – aplicável a pessoa, ser vivo, objeto inanimado, fato ou fenômeno – que tem uma pluralidade discernível ou observável e pode ser categorizada ou medida.

Independente: influencia, determina ou afeta; fator determinante, condição, causa

>**Dependente**: efeito, resultado, consequência, resposta
>= fator temporal (a causa deve vir antes)
>= variáveis fixas (sexo, raça, ordem de nascimento, nacionalidade)
>= variáveis que são propriedades individuais relativamente fixas (classe social, religião, ser do campo ou da cidade)

>Var.Indep. ⇨ Var.Dep.

Variáveis extrínsecas: destroem a relação causal imaginada

>Var.Indep
>Var.Extr.
>↘ Var.Dep

Variáveis componentes: subconceitos que compõem conceitos globais

Ex. personalidade autoritária (visão hierárquica, agressividade no mando, idealização de ancestrais, rigidez no pensamento, estereotipia, caráter punitivo acentuado, hostilidade, desprezo, excessivo controle dos impulsos)

Variáveis intervenientes: ampliam, diminuem, anulam

Var.Indep. ⇨ Var.Interv. ⇨ Var.Dep.

Variáveis antecedentes: causas da independente

Var.Antec. ⇨ Var.Ind. ⇨ Var.Dep.

As variáveis ganham relevância para a ciência quando se relacionam com outras variáveis – em relações assimétricas ou simétricas – formando parte de uma hipótese ou uma teoria.

Relações SIMÉTRICAS – nenhuma variável influencia a outra

1. Variáveis são indicadores alternativos de um mesmo conceito, mas sem relação lógica entre elas – por exemplo, transpiração palmar e batimentos cardíacos acelerados para a ansiedade.
2. Variáveis se apresentam como efeitos de uma causa comum – por exemplo, rubor e suor para a febre.
3. Variáveis são partes funcionais e indispensáveis de uma unidade – por exemplo, normas formais e posições hierárquicas para a burocracia.
4. Variáveis são elementos arbitrariamente reunidos que esclarecem uma unidade – por exemplo, ser sócio de clube e frequentar o teatro para esclarecer o estilo de vida de uma classe.
5. Variáveis são simultâneas por mera coincidência – por exemplo, surgimento do rock e da era espacial.

Relações RECÍPROCAS – variáveis podem influenciar uma a outra Variável independente (causa) e variável dependente (efeito) alternadas – como redução das vendas e desemprego; investimento e lucro.

Relações ASSIMÉTRICAS – uma variável (determinante) pode influenciar a outra (determinada), mas não se invertem – por exemplo, jovens frequentam mais o cinema; quem frequenta cinema não se torna jovem
1. Estímulo = resposta
2. Disposição (hábitos, valores, traços da personalidade) = resposta
3. Propriedade individual fixa (sexo, raça, nacionalidade) ou relativamente fixa (religião, estado civil, classe social) = disposição
4. Pré-condição = dado efeito
5. Variável = condição imanente da variável (da burocracia nascem muitos papéis, da organização democrática nasce a oligarquia)
6. Meio = Fim (tempo de estudo e notas) // Fim = Meio (querer maior desempenho e maior tempo de estudo)

FORMULAÇÃO TÉCNICA DA HIPÓTESE

Hipóteses Descritivas de Prognósticos – proposições que tentam predizer um dado ou um valor em uma ou mais variáveis que se vão a medir ou observar.

Hipóteses Correlacionais – proposições que especificam relações entre duas ou mais variáveis que parecem vinculadas ou associadas, não importando a relação causal, apenas a coincidência ou repetição percebida de proporcionalidade (paralela ou invertida) no acréscimo ou no decréscimo. O que implica, de qualquer forma, certo nível preditivo e certo grau explicativo.

Hipóteses de Diferença de Grupos – proposições que se formulam em investigações que almejam comparar o comportamento de variáveis em grupos diferenciados. Se há bases já conhecidas para pressupor a direção da diferença, intitula-se Hipótese Direcional de Diferença de Grupos.

Hipóteses Causais – proposições que estabelecem um sentido para as relações entre as variáveis, ou seja, que apresentam uma ou mais variáveis como causa (variáveis independentes) e uma ou mais variáveis como consequência (variáveis dependentes), que fixam relações de causa-efeito que podem ser bivariadas (uma independente e uma dependente) ou multivariadas (diversas independentes e uma dependente; ou uma independente e várias dependentes).

Hipóteses Nulas – proposições que negam ou refutam a relação entre variáveis. Podem revestir-se da negação de todas as anteriores: hipótese nula descritiva de prognóstico, hipótese nula correlacional, hipótese nula de diferença de grupos, hipótese nula causal.

Hipóteses Alternativas – proposições que apresentam conjunto de possibilidades, de respostas que ultrapassam o binômio "hipótese-de-investigação / hipótese-nula", pois há mais de uma resposta possível e concomitantemente válida.

Hipóteses Estatísticas – proposições que traduzem as hipóteses de investigação, as hipóteses nulas e as hipóteses alternativas em símbolos estatísticos de estimação prognóstica, de correlação, de diferença de médias.

2.3.4.5 Objetivos

Objetivos são os componentes que explicitam, em primeiro plano, o ponto de chegada almejado, que, para as pesquisas que se revestem da efetiva contribuição para a ciência e para a sociedade, são os *impactos* que podem ser gerados a partir da utilização dos resultados do projeto (alguns identificam esse passo como "objetivo geral", outros como "objetivos específicos"). Os objetivos respondem à pergunta "para que fazemos essa pesquisa?".

Identificado os principais pontos a serem abordados, esse elemento desvela com lucidez também o que, como e para que se pretende esclarecer a(s) problemática(s) levantada(s), até mesmo as perguntas secundárias que afetam à pesquisa.

De qualquer forma, a indicação dos objetivos, dos *resultados esperados*, além de advertir a utilidade concreta de qualquer pesquisa, é elemento imprescindível, necessário em qualquer projeto que almeje financiamento.

O projeto, ancorado em definir o problema (que já vimos) e na maneira como o estudo ajudará a resolvê-lo (que veremos no elemento *métodos*), pode revelar uma série de objetivos relevantes. Exemplificamos: provar uma teoria, aportar alguma evidência empírica a uma teoria, demonstrar eventual lacuna de análise, revelar as consequências práticas de determinado posicionamento etc.

Os objetivos também podem ser explicitados de acordo com o âmbito que se persegue: explorar uma questão (pesquisa exploratória), descrever uma realidade (pesquisa descritiva), correlacionar fatores de um fenômeno, ou explicar efetivamente o que sucede (pesquisa explicativa).

É preciso apresentar com clareza e precisão os objetivos e as perguntas da investigação, bem como desvelar a concordância entre os objetivos e as perguntas.

Especialmente em casos de financiamento, é preciso apresentar resultados práticos além das fronteiras da pesquisa, tais como a apresentação dos mesmos em eventual congresso, o encaminhamento de projeto normativo ao Congresso Nacional etc.

2.3.4.6 Justificativas

Justificativa é o ponto do projeto em que se deve apresentar a relevância do projeto. É a parte estrutural que evidencia a contribuição do projeto para o conhecimento e para a sociedade, que ajuda a compreender a magnitude do problema e a verdadeira dimensão que representa sua resolução.

Trata-se de elemento essencial para o convencimento de qualquer leitor do seu trabalho futuro, bem como de eventuais avaliadores do projeto, seja para fins de qualquer processo seletivo, seja para a concessão de bolsas. Mais ainda, trata-se de elemento que, uma vez desvelado, incentiva ao próprio pesquisador, pois não há pesquisa que seja bem desenvolvida sem entusiasmo.

Nesse ponto, há que se ter a clareza concreta, novamente, de por que e para que fazemos uma pesquisa.

A justificação da investigação pode revestir-se em motivos rotineiramente valorizados: desenvolvimento do conhecimento, apresentação de novas teorias (valor teórico), solução de situações concretas, resolução de controvérsias (valor prático), aporte metodológico (valor metodológico) etc.

2.3.4.7 Referencial teórico

Referencial teórico é o componente que desvela os pressupostos do pesquisador, até mesmo sua concepção de mundo. Não deixa de ser, por outro lado, uma nova forma de delimitação da pesquisa, pois a abordagem teórica orienta o caminho da análise e, em grande medida, condiciona os resultados. Em termos gerais, os pressupostos teóricos podem ser traduzidos por uma linha de pensamento ou por um conjunto delimitado de pensadores. Nas pesquisas que se propõem a demonstrar uma teoria, chamar-se-á *marco teórico*. Nas pesquisas desveladoras de facetas não pensadas, *marco referencial*.

Nas pesquisas quantitativas é essencial delimitar com exatidão o marco teórico que suplantará toda a investigação. Nas pesquisas qualitativas, por outro lado, é imperioso apresentar amplamente o marco referencial. A diferença advém dos propósitos diferenciados dessas pesquisas. A pesquisa quantitativa (mais adequada às ciências exatas) propõe-se a provar uma teoria. É, portanto, necessário que o seu marco seja exato. A pesquisa qualitativa (mais comum no âmbito as ciências sociais) almeja descobrir ou afinar as perguntas da investigação, compreender uma realidade ainda não descrita completamente; apresenta, portanto, apenas uma necessidade: indicar a cosmovisão da abordagem investigativa e não uma teoria exata, tem de revelar mais o marco referencial, o marco interpretativo do que o marco teórico.

Em regra, a apresentação do referencial teórico depende da elaboração de uma revisão inicial da literatura.

Em toda pesquisa é preciso rever o que foi desenvolvido pelos autores de destaque no campo de conhecimento que se insere a investigação (descobertos através dos bancos de dados ou bibliográficos mais importantes da área).

O projeto de pesquisa deve sintetizar ao menos um esboço dos estudos que apoiam as hipóteses de investigação e dos que as refutam. Ademais, tem de desvelar as deficiências ou lacunas descobertas nos autores de referência.

Sob esse suporte, pode o investigador rever o problema colocado e desvendar também a sua relevância.

Quando possível, é significativo inserir no texto que descreve a revisão da literatura referências recentes, dos últimos anos de preferência. Essencial, por outro lado, é indicar como serão ou foram selecionadas, pelo menos provisoriamente, as fontes relevantes.

2.3.4.8 Métodos

No projeto de pesquisa, deve-se apontar de maneira ampla as abordagens e os procedimentos metodológicos previstos para a investigação. Métodos de um projeto de pesquisa são os caminhos intelectuais e os caminhos de investigação que serão percorridos.

Veremos, mais ainda, em detalhe um conjunto bem ampliado de métodos.

Nesse momento, no entanto, no momento do projeto de pesquisa, pensamos que importa conhecer e explicitar apenas ampla ou genericamente as abordagens e procedimentos gerais que desenham a investigação.

MÉTODOS DE ABORDAGEM

Os caminhos intelectuais, logicamente, dependem do próprio problema apontado para a investigação, das hipóteses imaginadas e dos objetivos da pesquisa. Concretizam-se, por isso, em abordagens, em ângulos de observação exigidos pelo problema, pelas hipóteses e pelos objetivos.

Correspondem, de outra forma, a uma concepção (teórica ou filosófica) adequada para a realidade subjacente que se quer desvelar.

Referem-se ao "onde" enfrentar o desafio, o objeto da pesquisa. Em que mundo se situa a investigação, onde está a verdade: na realidade singular que não pode ser generalizada (fenomenologia), na própria coisa (empirismo), no contexto (hermenêutica), na racionalização (positivismo), no que permanece (estruturalismo), na mudança (dialética), na relação (sistêmico), na utilidade (funcionalismo).

Não há abordagem melhor ou superior, simplesmente podem ser melhores ou superiores de acordo com o objeto do estudo ou mesmo com o propósito do estudo. Em outras palavras, deve ser utilizada a abordagem mais útil a captar o que se quer desvendar.

MÉTODOS PROCEDIMENTAIS

É preciso especificar em cada pesquisa qual o percurso de investigação (compatível com o percurso intelectual, a abordagem) a ser percorrido no que diz respeito à coleta de informações e à análise do material coletado.

O desenvolvimento de qualquer pesquisa depende de uma rigorosa e, quando possível, completa coleta de informações, pois é sob esse suporte que se extrairão todas as conclusões.

É relevante, portanto, que o projeto de pesquisa aponte claramente qual será o **método de coleta**, de seleção, de obtenção das informações: bibliográfico, documental, experimental, quase-experimental, levantamento (entrevistas, questionários) ou estudo de caso. Ademais, que se detalhem os critérios adotados nos métodos selecionados.

Por exemplo, em pesquisas bibliográficas, convém indicar como serão selecionadas as leituras; em pesquisas experimentais, é preciso indicar como serão definidos o universo amostral e o procedimento de testagem (definir quais as variáveis que serão controladas e modificadas para se verificar o que modifica do objeto estudado); em pesquisas de levantamento, é necessário apontar como será definido o universo amostral e qual será a forma das entrevistas ou dos questionários.

Depois de apontar o método ou os métodos que serão adotados para a coleta das informações, é preciso indicar quais serão os **métodos de análise** do material congregado.

Para as pesquisas ancoradas e voltadas para os dados quantitativos, há que se apontar qual será a análise estatística a ser desenvolvida.

Para as pesquisas ancoradas em informações quantitativas ou não, que se preocupam com olhares qualitativos, há que se apontar o desenho analítico a ser adotado: análise do discurso, teoria fundamentada, desenho etnográfico, desenho de investigação-ação, desenho fenomenológico, entre outros.

2.3.4.9 Recursos

Deve-se demonstrar, nesse ponto, a VIABILIDADE do projeto de pesquisa ou quais as possibilidades e dificuldades superáveis do ponto de vista financeiro, material e temporal.

Convém explicitar, em primeiro lugar, com o que já se pode contar.

Em segundo lugar, é preciso indicar as necessidades a se superar para o desenvolvimento da pesquisa, tais como: despesas de custeio (remuneração de serviços pessoais ou de terceiros e respectivos encargos, materiais de consumo) e despesas de capital (equipamentos e material permanente – que, ao término da pesquisa, serão incorporados ao patrimônio da entidade e não ao do pesquisador).

São exemplos de materiais permanentes: livros, máquinas fotográficas, gravadores, utensílios de desenho, *softwares*, equipamentos de informática etc. Materiais de consumo: papéis necessários para impressão, cartuchos de tinta para impressora, filmes fotográficos, pastas, arquivos, canetas etc. Serviços: cópias, encadernações, impressos gráficos, despesas de locomoção e estadia etc.

Os recursos humanos também devem ser listados: número de integrantes, número de horas dedicadas à pesquisa, além de outros serviços que, porventura, sejam necessários (tradução, digitação, consultoria de profissionais de áreas diversas etc.).

2.3.4.10 Cronograma

Cronograma é o elemento formal que apresenta o planejamento de como se imagina que o trabalho será desenvolvido, em cada uma das suas etapas (ou resultados parciais), no tempo disponível para sua execução. É forma, portanto, que permite controlar objetivamente o alcance dos resultados parciais no que diz respeito ao prazo imaginado para eles.

O fato de não atingir de um resultado parcial no tempo que era esperado permite-nos corrigir os rumos, apertar o passo e resgatar a trilha da pesquisa, sob pena da linha de chegada de nossa eterna corrida contra o tempo tornar-se impossibilitada.

As etapas do desenvolvimento do trabalho científico podem ser divididas em: planejamento, análise e redação. Por sua vez, a distribuição do tempo, em função de referirem-se a atividades bastante complexas, deve ser apontada na dimensão "meses".

Planejamento é a etapa em que se deve atingir os seguintes resultados parciais sequenciais (embora reversíveis): a) formulação do problema e da hipótese; b) levantamento inicial de fontes e estudo superficial do material coletado; c) formulação do projeto de pesquisa e do plano de trabalho.

2.3 | Projeto de Pesquisa

Análise é a etapa em que se buscam os seguintes resultados parciais e sequenciais: a) leitura atenta e detida, com o consequente registro cuidadoso dessa leitura, de todas as fontes apontadas pela nossa lista inicial; b) levantamento de novas fontes, para suprir lacunas eventualmente identificadas a partir das consequentes leituras e dos apontamentos necessários; c) para os trabalhos que estão ancorados em pesquisas de campo ou entrevistas, elaboração dos questionários e realização das pesquisas ou entrevistas.

Redação é a etapa em que se busca: a) redação quase-definitiva de cada um dos tópicos de nosso plano de trabalho com o olhar inexoravelmente ligado ao projeto global; b) correção global do texto; c) elaboração dos textos necessários para a publicação.

Duas observações necessárias:

REDAÇÃO QUASE-DEFINITIVA. Alguns autores utilizam a expressão "redação provisória". Parece-me perigosa tal expressão. Pode levar o pesquisador a fazer meros esboços ao invés de escrever seu texto. Há de se atentar aos "textos-tópicos". Passados alguns meses, provavelmente o leitor não se recordará das ideias daquele momento.

CORREÇÃO GLOBAL DO TEXTO. Depois de redigir cada tópico, talvez algumas das ideias tenham se modificado; precisamos é preciso, portanto, retomar cada tópico e aperfeiçoar o que antes foi analisado. Por outro lado, apenas com a visão global da completude do trabalho, é possível identificar se os tópicos foram tratados no contexto da pesquisa, entrelaçados, articulados, bem como se restaram brechas a ser preenchidas.

No projeto de pesquisa deve ser apresentado o cronograma de desenvolvimento dessas tarefas. Usualmente, como o planejamento já foi cumprido, será apontada, como se imagina temporalmente, a realização das demais etapas dentro do tempo que concretamente se disponha.

Segue exemplo com o referencial de um ano, a começar em janeiro, para uma pesquisa que não envolva pesquisa de campo (Tabela 1):

Tabela 1 – Exemplo de cronograma

	J	F	M	A	M	J	J	A	S	O	N	D
Leitura e registro das fontes iniciais	X	X	X	X								
Levantamento complementar de fontes					X	X						
Redação quase-definitiva (parcelada)							X	X	X			
Redação definitiva (global)										X	X	
Redação dos textos complementares												X

Fonte: Elaboração do próprio autor.

Logicamente, ao exemplificarmos, apontamos também um critério: dividimos o tempo disponível de forma equânime para a Análise e para a Redação, pois é necessário dedicar-se nessa proporção.

Muitos pesquisadores concentram-se na análise e fazem textos finais ao afogadilho. Esse fator é responsável por muitas falhas que o próprio investigador solucionaria ao se dedicar mais a reler sua própria produção.

Cuidado! Um revisor contratado (comumente ortográfico) não estará habilitado e por isso nunca apontará lacunas ou falhas de conteúdo!

Na maioria das vezes não disporemos do tempo necessário para desenvolver uma boa pesquisa (pelo menos segundo nossa imaginação). É preciso, nessas circunstâncias, planejar dentro dos recursos disponíveis, mas a praticidade não pode compor esta última etapa sem esmero, pois é esta a única faceta externa de nossa pesquisa. Um texto final de baixa qualidade desbarata todo o projeto de pesquisa.

2.3.5 Parte interna: elementos pós-textuais

> O elemento **Referências** será desenvolvido em capítulo futuro específico.
> **Glossário, Apêndice, Anexo** e **Índice** são raríssimos em projetos de pesquisa e, normalmente, comuns nos produtos acabados "dissertação" e "tese", razão pela desenvolveremos esses elementos mais adiante.

2.3.6 Estrutura lógica e lista de fontes

O Plano de Trabalho não costuma ser exigido no projeto de pesquisa, nem mesmo a ABNT o exige. A realidade da academia brasileira, em verdade, tem negligenciado ou mesmo esquecido esse pressuposto do trabalho científico. Meritória exceção é a obra *A Monografia Jurídica*, de Eduardo de Oliveira Leite (2014)[12], que o apresenta com o destaque necessário.

O plano de trabalho é o instrumento que arranja e dispõe as partes de um trabalho em uma sequência lógica e gradativa, a partir de suas bases teóricas, revelando claramente o conteúdo integral da futura obra. É a estrutura sobre a qual se vai construir a obra.

Não é possível desenvolver um trabalho científico de qualidade, independentemente de seu problema e de sua extensão, sem a construção prévia de um plano lógico que lhe dê clareza e logicidade, que estabeleça o encadeamento e a articulação de suas partes estruturais.

Ao contrário, sem tal plano, a pesquisa corre risco de converter-se em uma mera justaposição ou enumeração de ideias, realidade tão presente em diversos trabalhos que temos tido a oportunidade de avaliar.

Entende-se, portanto, que deveria sempre integrar o Projeto de Pesquisa. Recomenda-se, assim, que sempre o integre, para não romper com o padrão indicado pela ABNT, como um APÊNDICE obrigatório.

Por outro lado, somente com o Plano de Trabalho em mãos é que o orientador, se houver, poderá avaliar como o pesquisador pretende desenvolver seu trabalho e oferecer-lhe sugestões.

2.3.6.1 Estrutura lógica do trabalho

A Estrutura Lógica do Trabalho Científico é, em suma, o conjunto ordenado e sequencial dos tópicos sob os quais se debruçará o investigador, que revela a articulação das ideias (principais e acessórias) necessárias para a resolução do problema de pesquisa.

Concretiza-se objetivamente na elaboração de um sumário imaginário da futura obra a ser escrita.

Logicamente, porque sua elaboração se dá no início da pesquisa, está sujeito mais do que à mutabilidade, a ser aperfeiçoado. Nada obstante, constitui instrumental eficaz para evitar a dispersão do pesquisador, para conduzir o pensamento e a argumentação em cada tópico do trabalho, para que o pesquisador se fixe no essencial.

O ponto de partida, mais uma vez, deve ser o cabedal de conhecimentos adquirido pelas leituras anteriores sobre o problema.

Uma vez adquirido certo grau de conhecimento do conjunto do problema, o investigador pode construir o sumário, apontando as partes, os argumentos parciais que sua hipótese de resolução do problema precisará percorrer. Identificando as partes de seu raciocínio global, é preciso identificar sua sequência mais lógica, que, em geral, deve se dar do mais simples ao mais complexo.

Um plano não se constrói de uma só vez, pelo contrário, a edificação desse plano vai se completando juntamente com o trabalho. Nada obstante, desde o início, o plano constitui um instrumento muito útil ao pesquisador, pois o habilita a escolher as fontes com maior precisão (para cada uma das partes, que sempre são mais específicas) e a organizar suas tarefas em uma sequência eficaz (pois pode concentrar-se em cada parte, sequencialmente).

O plano ou sumário deve atender às seguintes características:

A) todas as partes do plano devem estar diretamente vinculadas ao objetivo do trabalho, à resolução do problema da pesquisa;

B) as partes do plano devem ser apresentadas na mesma sequência de que o raciocínio rigoroso se dá, das ideias mais simples às mais complexas;

C) deve ser perceptível o encadeamento entre as ideias (concluída uma, podemos passar para a próxima – há uma subordinação entre as ideias, umas só podem ser compreendidas depois de esclarecidas outras).

É necessário evitar meras descrições ou justaposições de dados ou ideias. Os trabalhos científicos prestam-se à análise crítica, não são meros relatórios.

O plano de trabalho bem estruturado revela a articulação almejada de ideias. O sumário feito ao afogadilho enumera um amontoado de tópicos não hierarquizados, não pensados ou não articulados.

Por outro lado, sua apresentação deve ser equilibrada e de fácil compreensão.

2.3 | Projeto de Pesquisa

Há que subdividir o trabalho em poucas partes, e estas, por sua vez, em poucas subpartes. Ao contrário, não será possível compreender o propósito global do trabalho.

Os títulos das partes devem indicar o conteúdo correspondente a um bloco de argumentos, de forma concisa, direta e expressiva. Não pode ser a tradução do tema a ser abordado, mas do argumento que se quer construir. Por outro lado, não é o argumento, com todos os seus passos lógicos, mas sua simples enunciação.

Treinar tal desiderato é todo relevante. Há que se ter em conta que a maioria das obras com as quais nos deparamos são por nós consultadas e não necessariamente lidas. A consulta, mais ainda, recai, na maioria das vezes, apenas sobre o sumário. Se não soubermos construir esses anzóis, não fisgaremos o leitor.

Para elaborar a estrutura do trabalho, por outro lado, é muito eficaz utilizar-se das regras metódicas sugeridas por René Descartes em sua clássica obra *Discurso do Método* (p. 49)[13]:

> Evidência: "nunca aceitar algo como verdadeiro que eu não conhecesse claramente como tal; ou seja, de evitar cuidadosamente a pressa e a prevenção, e de nada fazer constar de meus juízos que não se apresentasse tão clara e distintamente a meu espírito que eu não tivesse motivo algum de duvidar dele".
>
> Análise: "repartir cada uma das dificuldades que eu analisasse em tantas parcelas quantas fossem possíveis e necessárias a fim de melhor solucioná-las".
>
> Sequência Lógica: "conduzir por ordem os meus pensamentos, iniciando pelos objetos mais simples e mais fáceis de conhecer, para elevar-me, pouco a pouco, como galgando degraus, até o conhecimento dos mais compostos, e presumindo até mesmo uma ordem entre os que não se precedem naturalmente uns aos outros".
>
> Relações e Revisões: "efetuar em toda parte relações metódicas tão completas e revisões tão gerais nas quais eu tivesse a certeza de nada omitir".

Pela regra da evidência, o pesquisador pode selecionar melhor que tópicos devem ser explicados, pois algo que aparentemente é evidente para o investigador não o será para os demais. Pela regra da análise, é possível identificar melhor quais devem ser as partes possíveis e necessárias do problema. Pela lógica, estrutura-se a sequência dos tópicos do trabalho.

Em função das relações e revisões, articulam-se os tópicos e revisam-se as eventuais lacunas.

2.3.6.2 Lista para a revisão da literatura

A revisão da literatura de referência do tema e da literatura relacionada à pesquisa concreta demonstra que o pesquisador está atualizado, que acompanha as últimas discussões do campo de investigação e, mais ainda, que está previamente acompanhado do instrumental que se faz necessário para finalizar sua tarefa.

A indicação pormenorizada dessa lista de fontes demonstra, portanto, que o projeto de pesquisa poderá atingir os objetivos almejados, que a pesquisa não é fruto de meras elucubrações, mas da maturidade, do estudo desenvolvido até o momento. Deve, portanto, complementar necessariamente o Plano de Trabalho.

Deve ser apresentada, se possível, de forma hierarquizada e subdividida: a) uma lista de fontes para cada parte do trabalho (segundo o sumário anteriormente desenvolvido); b) hierarquizadas, em cada lista, em fontes gerais (obras de cunho geral), fontes principais (melhores trabalhos encontrados) e fontes acessórias.

Referências[2]

1. Rosa JG. Tutaméia. Rio de Janeiro: Nova Fronteira; 1985.
2. Alves R. Lições de feitiçaria: meditações sobre a poesia. São Paulo: Loyola; 2003.
3. Machado de Assis JM. Crônicas escolhidas. São Paulo: Ática; 1994.
4. Perissé G. O professor do futuro. Rio de Janeiro: Thex; 2002.
5. Tolstói LN. Ana Karênina. Tradução de Mirtes Ugeda. São Paulo: Nova Cultural; 2002.
6. Booth W, Colomb GG, Williams JM. A arte da pesquisa. Tradução de Henrique A. Rego Monteiro. São Paulo: Martins Fontes; 2000.
7. Moles AA. A criação científica. Tradução de Gita K. Guinsburg. São Paulo: Perspectiva Editôra da USP; 1971. p. 28-29.
8. Binenbojm G. Uma teoria do direito administrativo. Rio de Janeiro: Renovar; 2006.
9. Kuhn TS. A estrutura das revoluções científicas. Tradução de Beatriz Vianna Boeira e Nelson Boeira. 6a ed. São Paulo: Perspectiva; 2001.

---

2. As referências da parte 2 do livro foram padronizadas seguindo as Normas Vancouver.

| *Referências*

10. Maquiavel N. O príncipe. São Paulo: Novo Século; 2018.
11. Instituto Brasileiro de Geografia e Estatística. Normas de apresentação tabular. 3a ed. Rio de Janeiro: IBGE, 1993. Disponível em: https://biblioteca.ibge.gov.br/visualizacao/livros/liv23907.pdf
12. Leite EO. A monografia jurídica. 10a ed. São Paulo: Revista dos Tribunais; 2014.
13. Descartes R. O discurso do método. Tradução de Enrico Corvisieri. São Paulo: Nova Cultural; 2000.

Leitura complementar

Adler MJ, Van Doren C. Como ler livros: o guia clássico para a leitura inteligente. Tradução de Edward Horst Wolff, Pedro Sette-Câmara. São Paulo: É Realizações; 2010.

Alexy R. Teoria da argumentação jurídica. A teoria do discurso racional como teoria da justificação jurídica. Tradução de Zilda Hutchinson Schild Silva. São Paulo: Landy; 2001.

Alves R. Aprendiz de mim: um bairro que virou escola. Campinas: Papirus; 2004.

Bachelard G. O novo espírito científico. Lisboa: Edições 70; 2008.

Boétie Éttiene de La. Discurso da servidão voluntária. Tradução de Gabriel Perissé. São Paulo: Editora Nós; 2016.

Castilho A, organizador. Como atirar vacas no precipício: parábolas para ler, pensar, refletir, motivar e emocionar. São Paulo: Panda; 2000.

Chalita G. O poder. 2a ed. São Paulo: Saraiva; 1999.

Constant B. Sobre la libertad en los antiguos y en los modernos. Tradução de Marcial Antonio Lopez y M. Magdalena Truyol Wintrich. 2a ed. Madrid: Tecnos; 1992.

Copi IM. Introdução à lógica. Tradução de Álvaro Cabral. 3a ed. São Paulo: Mestre Jou; 1981.

Correia JMS. Legalidade e autonomia contratual nos contratos administrativos. Coimbra: Almedina; 1987.

Cruz e Souza JP. In: Silveira T, organizador. 5a ed. Coleção nossos clássicos. Rio de Janeiro: Livraria Agir Editora; 1975.

Cruz J. Subida ao Monte Carmelo: obras completas. São Paulo: Vozes; 2002.

Cunha PF. Res Pública: ensaios constitucionais. Coimbra: Almedina; 1998.

Demo P. Introdução à metodologia da ciência. São Paulo: Atlas; 1985.

Demo P. Metodologia científica em ciências sociais. 3a ed rev e amp. São Paulo: Atlas; 2009.

Dewey J. Liberdade e cultura. Tradução de Eustáquio Duarte. Rio de Janeiro: Revista Branca; 1953.

Eco H. Como se faz uma tese. 15a ed. Tradução de Gilson Cesar Cardoso de Souza. São Paulo: Perspectiva; 1999.

Feyerabend P. Contra o método. Tradução de Cezar Augusto Mortari. São Paulo: Unesp; 2007.

Fielding H. Tom Jones. Tradução de Octavio Mendes Cajado. Rio de Janeiro: Globo; 1987.

Fiorin JL, Platão Saviolli F. Para entender o texto: leitura e redação. São Paulo: Ática; 2007.

Gil AC. Métodos e técnicas de pesquisa social. 4a ed. São Paulo: Atlas; 1995.

Gross F, organizador. Foucault: a coragem da verdade. Tradução de Marcus Marcionilo. São Paulo: Parábola; 2004.

Grün A. Caminhos para a liberdade. São Paulo: Vozes; 2005.

Grün A. Perdoa a ti mesmo. São Paulo: Vozes; 2005.

Gunther K. Teoria da argumentação no direito e na moral: justificação e aplicação. Tradução de Claudio Molz. São Paulo: Landy; 2004.

Huxley A. Regresso ao admirável mundo novo. Tradução de Rogério Fernandes. Lisboa: Livros do Brasil; 2004.

Huxley A. Sobre a democracia e outros estudos. Tradução de Luís Vianna de Sousa Ribeiro. Lisboa: Livros do Brasil; 1927.

International Committee of Medical Journal Editors. Recommendations for the Conduct, Reporting, Editing, and Publication of Scholarly Work in Medical Journals. Updated December 2018. Disponível em: http://www.icmje.org/recommendations/

Joseph IM. O trivium. As artes liberais da lógica, da gramática e da retórica. Tradução de Henrique Paul Dmyterko. São Paulo: É Realizações; 2014.

Junger E. Heliópolis. Visión retrospectiva de una ciudad. Traducción del alemán por Marciano Villanueva. Barcelona: Editorial Seix Barral; 1998.

Kirsten JT. Apresentação dos resultados e relatório – II. In: Perdigão DM, Herlinger M, White OM, organizadores. Teoria e prática da pesquisa aplicada. Rio de Janeiro: Elsevier; 2011.

Lakatos EM, Marconi MA. Fundamentos da metodologia científica. 8a ed. São Paulo: Atlas; 2017.

| Leitura complementar

Lamy M. Metodologia da pesquisa jurídica: técnicas de investigação, argumentação e redação. Rio de Janeiro: Elsevier; 2011.

Lauand LJ. Filosofia, linguagem, arte e educação: 20 conferências sobre Tomás de Aquino. São Paulo: Factash; 2007.

Lauand LJ. O que é uma universidade?: introdução à filosofia da educação de Josef Pieper. São Paulo: Perspectiva, Editora da Universidade de São Paulo; 1987.

López Quintás A. A formação adequada à configuração de um novo humanismo. Conferência proferida na Faculdade de Educação da Universidade de São Paulo, em 26-11-99. Tradução de Ana Lúcia Carvalho Fujikura. Disponível em: http://www.alfredo-braga.pro.br/discussoes/humanismo.html

López Quintás A. Descobrir a grandeza da vida: introdução à pedagogia do encontro. Tradução de Gabriel Perissé. São Paulo: ESDC; 2005.

López Quintás A. El conocimiento de los valores. Estella: Verbo Divino; 1999.

López Quintás A. El espíritu de Europa. Madrid: Unión Editorial; 2000.

López Quintás A. El libro de los grandes valores. Madrid: Biblioteca de Autores Cristianos; 2004.

López Quintás A. Inteligencia creativa. El descubrimiento personal de los valores Madrid: BAC; 1999.

López Quintás A. Inteligência criativa: descoberta pessoal dos valores. São Paulo: Paulinas; 2004.

López Quintás A. La tolerancia y la manipulación. Madrid: Rialp; 2001.

Marañon G. Tibério: historia de un resentimiento. Madrid: Espasa-Calpe; 1963.

Marconi MA. Lakatos EM. Fundamentos de metodologia científica. 8a ed. São Paulo: Atlas; 2017.

Mattar FN, Oliveira B, Motta SLS. Pesquisa de marketing: metodologia, planejamento, execução e análise. 7a ed. Rio de Janeiro: Elsevier; 2014.

Meyer B. A arte de argumentar. São Paulo: Martins Fontes; 2008.

Mill JS. Da liberdade. Tradução de Jacy Monteiro. São Paulo: Ibrasa; 1963.

Mirandolla Pico della. Discurso sobre a dignidade do homem. Tradução de Maria Isabel Aguiar. Porto: Areal Editores; 2005.

Moysés CA. Metodologia do trabalho científico. São Paulo: ESDC; 2004.

Oliveira SE. Cidadania: história e política de uma palavra. Campinas: Pontes editores, RG editores; 2006.

Perelman C, Olbrechts-Tyteca L. Tratado da argumentação: a nova retórica. Tradução de Maria Ermantina Galvão G. Pereira. São Paulo: Martins Fontes; 1996.

Perelman C. Lógica jurídica. Nova retórica. Tradução de Vergínia K. Pupi. São Paulo: Martins Fontes; 2000.

Perelman C. Retóricas. Tradução de Maria Ermantina Galvão G. Pereira. São Paulo: Martins Fontes; 1999.

Perissé G. Método lúdico-ambital: a leitura das entrelinhas. São Paulo: ESDC; 2006.

Platão. A república. Tradução de Enrico Corvisieri. São Paulo: Nova Cultural; 2004.

Popper K. A Lógica da pesquisa científica. Tradução de Leonidas Hegenberg e Octanny Silveira da Mota. São Paulo: Cultrix; 1972.

Popper K. A vida é aprendizagem. Tradução de Paula Taipas. Lisboa: Edições 70; 1999.

Reboul O. Introdução à retórica. Tradução de Ivone Castilho Benedetti. São Paulo: Martins Fontes; 2000.

Rodrigues AM. As utopias gregas. São Paulo: Brasiliense; 1988.

Rousseau JJ. Discurso sobre a origem e os fundamentos da desigualdade dos homens. Tradução de Maria Ermantina Galvão. São Paulo: Martins Fontes; 1999.

Russel B. Da educação. Tradução de Monteiro Lobato. São Paulo: Companhia Editora Nacional; 1977.

Santos BS. Um discurso sobre as ciências. 13a ed. Porto: Afrontamento; 2002.

Sertillanges A. D. A vida intelectual. Seu espírito, suas condições, seus métodos. Tradução de Lilia Ledon da Silva. São Paulo: É Realizações; 2014.

Severino AJ. Metodologia do trabalho científico. 23a ed rev e atual. São Paulo: Cortez; 2007.

Severino AJ. Metodologia do trabalho científico. 23a ed. São Paulo: Cortez; 2010.

Tognolli D. Apresentação dos resultados e relatório – I. In: Perdigão DM, Herlinger M, White OM, organizadores. Teoria e prática da pesquisa aplicada. Rio de Janeiro: Elsevier; 2011.

Vasconcelos MJE. Pensamento sistêmico. O novo paradigma da ciência. 2a ed. rev. Campinas: Papirus; 2002.

Volpato GL. Dicas para redação científica. 3a ed. São Paulo: Cultura Acadêmicas; 2010.

Weber M. Ciência e Política: duas vocações Tradução de Leonidas Hegenberg e Octany Silveira da Mota. 17a ed. São Paulo: Cultrix; 2008.

Weston A. A construção do argumento. Tradução de Alexandre Feitosa Rosas. São Paulo: Martins Fontes; 2009.

PARTE 3

FERRAMENTAS INTELECTUAIS DA PESQUISA

Introdução[1]

A CIÊNCIA (em todos os ramos do saber) trabalha ordinariamente com o pensamento, com o raciocínio, com o discurso. Em função disso, os pesquisadores necessitam dominar as ferramentas intelectuais, os instrumentos que se dirigem ao saber ler e ao saber se expressar. Não é possível avançar na investigação científica se não se sabe identificar aquilo que é ideia (diferenciando das crenças e opiniões), quais são seus condicionantes (5 qs e 4 Cs) e fundamentos (lógicos ou empíricos), se não se sabe perceber e distinguir as roupagens das ideias das próprias ideias, sejam elas intrínsecas (gramática) ou externas (técnicas estilísticas). Por outro lado, para ser levado em consideração pelos demais, é relevante que o pesquisador saiba apresentar bem suas descobertas, ou mesmo as luzes que vislumbrou sobre o que estudou (planos argumentativos e técnicas retóricas).

Esses saberes, na educação clássica (desde os pitagóricos) (Joseph, 2014, p. 7), constituíam pré-requisitos para estudos avançados. Até o medievo (compatível com esse mesmo modelo), somente quem tivesse concluído o estudo do *Trivium* (lógica, gramática e retórica), seguido do *Quadrivium* (aritmética, geometria, música e astronomia), podia ingressar nas universidades.

---

[1]. Os capítulos que compõem a Parte 3 do livro estão padronizados de acordo com as normas APA (vide Nota ao Leitor).

Infelizmente, os dias modernos extirparam a atenção e a importância que se davam a esses conhecimentos. São muitos os pesquisadores, até mesmo aqueles já graduados, mestres e até mesmo doutores, que nunca se dedicaram a ultrapassar os ensinamentos rudimentares que recebemos de gramática no ensino regular, ou que nunca se dedicaram a estudar a lógica e a retórica (retiradas dos currículos regulares). Esses pesquisadores empreendem investigações e publicam seus resultados (que podem ter muito valor e serem muito avançadas), no entanto, não poucas vezes têm falhas graves nas dimensões gramaticais, lógicas ou retóricas. O esforço e a dedicação de anos podem ver-se malogrados porque não se dominam os saberes da leitura e da escrita. Por sinal, quantas e quantas vezes presenciamos discussões em que os polos que se antepõem têm a mesma ideia, apenas não sabem dizer ou escutá-las (pois não são hábeis para diferenciar a essência dos acidentes dos discursos).

Consciente de tal carência formativa, a terceira parte desse trabalho busca sintetizar, de uma maneira prática, aquilo que nos parece essencial dominar desses saberes para que o pesquisador esteja verdadeiramente habilitado a fazer ciência.

3.1

Como Ler

TODO texto escrito e falado é um objeto complexo, com muitas dimensões de significância introjetadas pelo autor, pelo contexto ou mesmo pelo leitor. O que conseguimos "apanhar disso" depende e muito de nossa dedicação, de nossas habilidades e das técnicas que empregamos.

Por óbvio, o grau ou o tipo de dedicação que empregamos em uma leitura está diretamente relacionada ao objetivo que nos propomos com a leitura ou à necessidade/utilidade dela: deleite, informação, entendimento, reflexão...

As habilidades de um intelecto treinado (observação apurada, memória rápida, imaginação fértil, mente analítica, mente reflexiva, entre outras) também modificam o universo apreendido com uma ou outra leitura.

As técnicas de leitura (objeto do presente capítulo[2] e do intitulado "leitura retórica"), por sua vez, modificam nossa dedicação, formam nossas habilidades e, por si só (sem pensar nesses efeitos indiretos) desvelam o que os textos dizem ou podem dizer.

Há técnicas de leitura para imergir no universo do texto escrito (*leitura inspecional*), para decompor todos os significados explícitos e latentes (*leitura analítica*) e técnicas inovadoras de extrair significados não de um texto, mas de um conjunto de textos que dialogam (*leitura sintópica*).

---

2. As técnicas aqui descritas são sugestões do autor dessa obra, embora deva-se fazer justiça e indicar que parte do que se afirma é original e parte teve inspiração na obra de Adler & Van Doren (2010). Em outras palavras, as ideias desses autores não são exatamente as que explicitamos nesse capítulo, embora tenham muitas delas servido de inspiração para o que aqui se diz.

3.1 | Como Ler

Não falaremos do aprendizado básico da *leitura básica* (inicial ou rudimentar, que nos alfabetiza) voltada a decodificar as palavras impressas no papel, nem das técnicas de leitura para compreender o texto no seu conjunto (que aprendemos também no ensino regular, que chamamos de *interpretação de texto*, e que nos alfabetiza funcionalmente), mas que ainda ficam na superfície dos textos (*leitura elementar*).

3.1.1 Leitura inspecional

A leitura inspecional é o primeiro tipo de leitura que faz o leitor ingressar e habituar-se aos olhares de pesquisador.

Recomenda-se seguir as ideias subsequentes:

- **Inicie com uma sondagem rápida**: a) observando a folha de rosto e eventual apresentação, identificar o objetivo que motivou a escrita da obra, o contexto em que se situa a obra; b) pela apresentação ou prefácio, identificar o ponto de vista que o autor ou o prefaciador convidado tem sobre o assunto; c) observando o sumário, identificar a estrutura geral, as principais ideias, os principais argumentos e seu encadeamento; d) pelas orelhas e quarta capa, verificar os pontos principais que o autor ou a editora acharam necessários destacar; e) pelo índice remissivo e pelas referências, quais são os tópicos cobertos que não constam do sumário, quais são as teorias e os autores que sustentam a obra; f) pela conclusão ou epílogo, o que a obra tem de inovador ou importante.

- **Faça uma primeira leitura rápida**: Mesmo que o texto seja difícil, procure ler tudo, do começo ao fim, sem parar para ver algo no dicionário ou o que seja complementar. É preciso ter uma visão completa do texto, enxergar a floresta e não as árvores. Não convém, para o pesquisador, ler comentários ou resumos sobre o texto antes de ler o original. Isto desvia o olhar, faz que o leitor não faça a sua leitura, mas a mesma leitura do intérprete, fechando a mente do leitor para as suas percepções.

- **Faça perguntas ao texto:** Fala sobre o quê? (qual o seu tema); Como diz? (quais são as ideias, afirmações e argumentos principais que constituem a mensagem do autor); É verdadeiro? (formar juízos de veracidade sobre o texto); E daí? (pesar a importância das ideias) etc.

E, depois de tomar posse do livro (sublinhar, circular, colocar asteriscos, escrever, dobrar, numerar...), *sintetize o apreendido* (em anotações pessoais, resumindo a lógica estrutural, os principais conceitos e a dialética ou dialógica estabelecida).

A trilha da leitura inspecional cria leitores ativos, pois antes de apreender o dito o situa, antes de aceitar ou rejeitar o dito reflete sobre seus elementos componentes e sua tessitura global. Leitores passivos não fazem isso, simplesmente absorvem... O pesquisador precisa ser um leitor ativo!

Além disso, a leitura, para todo e qualquer pesquisador, não existe para que ele absorva conteúdos, mesmo que de forma madura e refletida (a do leitor ativo); ela existe para que o pesquisador pense sobre sua problemática de pesquisa através de suas leituras; para que o pesquisador coloque suas perguntas aos autores que consulta. Por isso, a leitura inspecional é adequada para a pesquisa. Ao contrário, se o pesquisador nunca questionar o que lê, nunca esperar que a leitura lhe forneça algum *insight*, nunca ficar perplexo, a leitura perde sentido.

Todo pesquisador precisa, em verdade, fazer leituras inspecionais para ver se aquilo que encontra em suas buscas bibliográficas diz ou não algo importante sobre o assunto da pesquisa. Sem esse tipo de leitura, não é possível formar uma bibliografia inicial da investigação que tenha certa qualidade.

3.1.2 Leitura analítica

Para seguir a trilha da leitura analítica, é preciso saber fazer a leitura inspecional, pois o que se propõe, em verdade, na leitura analítica, é ir um pouco mais a fundo na mesma lógica de "mergulhar" no texto. Na lógica da inteligência (*intelligere, intus legere*), do "ler-dentro" (expressão utilizada por São Tomás de Aquino, ao discutir o dom da inteligência, questão 8, na *Súmula Teológica*, vol. 5).

Além disso, não conheço pesquisador que tenha tempo suficiente para fazer leituras analíticas de todo material que encontra. Na prática, quando o pesquisador reúne o material bibliográfico encontrado, precisa empreender leituras inspecionais... Fazendo isso, torna-se apto a selecionar, com segurança, do universo de sua bibliografia inicial, o subconjunto para o qual aplicará a técnica da leitura analítica.

3.1 | Como Ler

A leitura analítica é uma atividade de análise (1º estágio) e interpretativa (2º estágio), como toda leitura deve ser, que segue rumos rigorosos nessas dimensões. Mas, além disso, almeja ser uma atividade crítica (3º estágio). Razão pela qual é leitura adequada e pertinente para investigações científicas, pois ingressa no universo reflexivo, no universo do pensar crítico.

No **primeiro estágio** da leitura analítica, mais do que uma sondagem rápida (como se propôs na leitura inspecional), recomenda-se uma RADIOGRAFIA INICIAL, seguindo quatro regras[3]:

- **Regra 1 – Identifique e CLASSIFIQUE o texto.** Classifique o tipo de texto pelo assunto antes de começar a ler. É preciso seguir categorias mentais de classificação: teórico ou de ciência pura (a preocupação é o que é); prático ou de ciência aplicada (a preocupação é como fazer).

- **Regra 2 – Expresse em breves palavras a UNIDADE do texto.** Faça uma radiografia do tema principal, da trama, sobre o que é o texto. Não basta identificar o assunto, mas sim o ponto chave (o título, por óbvio, e o prefácio são partes essenciais para essa apreensão).

- **Regra 3 – Enumere as partes principais do texto e identifique como elas estão ORDENADAS e CONECTADAS.** É preciso enxergar com clareza quais são as principais ideias, a ordem estabelecida pelo autor para elas e conexão entre elas. A reconstrução pessoal da estrutura lógica (superando a aparente, oferecida pelo autor no sumário) permite: ver coisas antes não vistas, descobrir a estrutura real do texto, confirmar ou construir a verdadeira unidade do texto.

- **Regra 4 – Quais as perguntas, os PROBLEMAS principais e subordinados que texto busca responder.** Qual o fim, o propósito do texto, a razão de sua unidade.

O **segundo estágio** da leitura analítica dista e muito do segundo estágio da leitura inspecional. Na inspecional, nesse estágio faz-se uma leitura superficial, o foco é no todo. Na analítica, propõe-se agora mergulhar

---

3. Essas regras são propostas por Adler & Van Doren (2010), no livro *Como Ler Livros. O guia clássico para a leitura inteligente*. Neste texto, as regras foram seguidas, mas foram feitas várias adaptações que parecem necessárias ao utilizar esse tipo de leitura ao fazer uma pesquisa – contexto que não foi pensado pelos autores citados.

profundamente no que disse o autor, sem criticá-lo, sem rejeitar nem aceitar o exposto, mas compreendendo profundamente o que o autor escreveu, visando INTERPRETAR o texto. Para isso, seguem outras quatro regras:

- **Regra 5 – Encontre palavras ou TERMOS importantes e identifique o sentido dado pelo autor.** Observar a ênfase que o autor confere a determinadas palavras, os sentidos específicos que o autor atribui a elas. Ficar atento aos matizes das palavras ajuda qualquer leitura a tornar-se ativa e reflexiva.

- **Regra 6 – Identifique a proposta, a HIPÓTESE do texto.** Trata-se da resposta ou das respostas que o autor dá às perguntas do próprio texto. Convém marcar as frases ou trechos que contêm as respostas. Um cuidado: nos interessa, enquanto pesquisadores, as afirmações e as negações feitas pelos autores; mas, muito mais do que isso, interessam as razões que sustentam essas afirmações ou negações e, nessas razões, em geral, estão as hipóteses.

- **Regra 7 – Identifique RAZÕES, ARGUMENTOS, JUSTIFICAÇÕES.** Em geral, as principais razões, os argumentos ou as justificações são revelados pela estrutura. De qualquer forma, convém seguir a regra da análise de Descartes: decompor os argumentos, as proposições, para assim enxergá-los. O leitor-pesquisador tem de encontrar uma maneira de marcar ou reescrever as razões e as conexões do que lê; diferenciando os raciocínios dedutivos dos indutivos; as provas por raciocínios das provas por experimentação; os fatos de opiniões, ideias, conceitos, teorias, especulações e convenções; as suposições (proposições autoevidentes), dos axiomas (o oposto é imediatamente percebido como falso) e dos postulados (admitidos como verdade, mas indemonstráveis).

- **Regra 8 – Quais são as SOLUÇÕES do autor.** Apontar quais questões o autor resolveu e quais não resolveu, identificando se o autor sabe disso.

Cumprimos a fase interpretativa se somos capazes de dizer a mesma coisa que o autor do texto, mas com outras palavras. Para tanto, é preciso seguir a recomendação de Francis Bacon: "Não leia para contradizer ou refutar, nem para crer ou acreditar piamente, nem para conversar ou debater, mas para pesar e ponderar." O leitor-pesquisador, nesse estágio, tem de saber suspender o julgamento, embora parece-nos que deve continuar a ser um inquisidor, alguém que projeta perguntas para o texto, a semelhança do que se sugeriu na leitura inspecional.

O **terceiro estágio** da leitura analítica é o que permite a CRÍTICA e, portanto, é o que mais aproxima a atividade da leitura da atividade da pesquisa.

- **Regra 9 – Não critique antes de delinear e entender.** É preciso entender antes de concordar ou de discordar, aprender a suspender julgamento. Muito cuidado em concordar ou discordar com qualquer pensamento parcial (quando lemos apenas um trecho), pois o contexto de toda a obra pode ser outro. O mesmo se diga de um texto do conjunto das obras de um autor.

- **Regra 10 – Quando discordar, faça-o de maneira sensata, sem disputa, polêmica, competição.** O foco tem de estar no saber e não na disputa. Não importa a vitória pessoal, mas a descoberta da verdade. Os objetos de ataque são as ideias, não seus autores. Não se deixar conduzir, no labor crítico, pelas paixões e interesses próprios. Seria ótimo se tivéssemos, como pesquisadores, tanta disposição em mudar a própria opinião como estamos dispostos a mudar a opinião alheia. Antes de discordar, verificar se o acordo não é possível.

- **Regra 11 – Respeite a diferença de opinião e conhecimento, fornecendo razões para os julgamentos que fizer.** O leitor-pesquisador não deve se limitar a concordar ou discordar, tem de anotar as suas razões, fundamentar suas críticas, para não resvalar em opinião (julgamento não justificado). Aprender a apontar evidências fáticas, motivos racionais, explicitar premissas e pressuposições. Se leitor-pesquisador for incapaz de ler com simpatia o ponto de vista do outro, mesmo que seja seu oponente, suas discórdias provavelmente serão pessoais e não intelectuais.

Há diversas discordâncias possíveis, apenas é preciso fundamentá-las. Exemplificamos: a) está desinformado (mostrar a ausência de conhecimentos relevantes), b) está mal informado (mostrar o erro, o equívoco, que algo não corresponde à realidade), c) o raciocínio não é consistente (apontar o erro de inferência), d) o raciocínio não é coerente (indicar a inadequação de método), e) a análise está incompleta (desvelar que não usou bem o material, não observou todas as implicações).

Uma ressalva necessária: Convém que os pesquisadores iniciantes experimentem as técnicas de leitura gradativamente (primeiro a inspecional, depois a analítica – esta, talvez mais de uma vez – e, por fim, somente depois da assimilação das anteriores, vivenciem a sintópica) e que sigam o roteiro, ou seja, cumpram cada uma das etapas ou estágios dessas técnicas. Pouco a pouco, tornando-se mais experientes, é esperado que o pesquisador adquira a capacidade de realizar simultaneamente vários desses processos (por exemplo, que os estágios da leitura analítica de interpretação e de crítica se fundam). A partir de então (mas só a partir de então, e não antes), os estágios (não as regras) de cada leitura podem e talvez até devam ser individualmente adaptados. As regras também não nasceram como e nem pretendem ser dogmas, são experiências compartilhadas. Em razão dessa natureza, podem e estão inclinadas para serem continuamente melhoradas.

3.1.3 Leitura sintópica

A leitura sintópica é uma técnica que permite ao leitor extrair significados não de um texto, mas de um conjunto de textos que, pressupõe-se, dialogam. Em outras palavras, que permite o leitor extrair significados do entre (não dos polos), do diálogo.

Parece-nos, por essa definição, a modalidade leitura utilizada (consciente ou inconscientemente) pela maioria dos pesquisadores, quando leem vários textos sobre o mesmo assunto, simultaneamente, não para achar as respostas definitivas, mas para estabelecer a dialógica.

Anteriormente, recomendamos leituras inspecionais (rápidas) para selecionar o material que estaria sujeito à leitura analítica (naturalmente lenta), sob pena de tornar-se temporalmente inviável o projeto de estudos. A leitura sintópica depende da leitura inspecional de outra forma: só é possível aplicar a técnica sintópica para um conjunto de textos que dialogue. Sem a seleção inspecional prévia, portanto, torna-se impossível tecnicamente a leitura sintópica.

3.1 | Como Ler

A leitura sintópica depende de cinco passos lógicos (mais do que etapas ou estágios, são dimensões de observação):

(1) Encontrar e destacar as passagens, os TRECHOS relevantes dos textos para as suas preocupações, para as suas necessidades, para a sua problemática de investigação. Conscientes que a prioridade de um pesquisador é seu problema, não os livros que lê, não se trata de identificar as passagens relevantes do texto que lê (pela ótica do autor), mas os trechos relevantes que projetam ideias ou questionamentos para o problema do leitor (do pesquisador). Não é incomum que se descubra determinado trecho irrelevante para o texto de origem, mas que pode ser relevantíssimo para o problema de uma investigação. Um cuidado extremado, no entanto, tem de ser tomada nessa operação: os trechos selecionados não precisam ser relevantes para o texto de origem, mas têm de pertencer à lógica do todo de origem; em outras palavras, o trecho selecionado tem de estar alinhado à tese global do texto de origem. Um trecho que explicite ideia rechaçada posteriormente pelo autor não deveria ser selecionado. E se o for, que se façam todas as ressalvas possíveis, para não se cometer a injustiça de dizer que um autor aportou ideia que não é dele (seria como pegar o voto vencido e dizer que o tribunal pensa assim...).

(2) Criar e impor uma TERMINOLOGIA sua (suas palavras-chave ou termos) para traduzir os autores lidos. Na operação de ler vários autores, é muito provável que o pesquisador se depare com o uso diversificado de palavras ou termos. Cada autor tem um universo linguístico diferente, por isso utiliza palavras ou termos diferentes para dizer as coisas. Mesmo que mais de um autor esteja falando sobre um mesmo assunto, suas palavras serão diferentes. Para que o diálogo seja possível, é necessário, em consequência, que o pesquisador estabeleça uma unidade de significâncias, que o pesquisador traduza as ideias de cada autor que se quer pôr em diálogo com as mesmas palavras. O ideal – para aproveitar a tarefa e utilizá-la como mecanismo de libertação ou aperfeiçoamento pessoal – é que o pesquisador construa um glossário, construindo ele mesmo o significado de cada termo. Aliar-se a termos e a significados dados por um dos autores é possível e às vezes necessário. Mas, construir o próprio glossário também pode ser uma mostra de autonomia e maturidade científica.

(3) **Criar um rol de perguntas que os textos deverão responder e identificar as diferentes RESPOSTAS.** Com os trechos selecionados (para a problemática) e traduções realizadas (em função da terminologia do pesquisador), o pesquisador pode, agora, dar o primeiro passo efetivamente sintópico: olhando para as suas perguntas, dizer o que cada autor responde. Essa operação, em regra, faz nascer o item "resultados" dos artigos científicos de cunho teórico, construído muitas vezes com paráfrases e, algumas vezes, com citações literais.

(4) **Explicitar as DIVERGÊNCIAS.** Diante das respostas, cabe ao pesquisador identificar com precisão as divergências; sejam elas absolutas (uma ideia é contraditória a outra, não podem ser válidas as duas, se uma é verdadeira a outra é falsa) ou relativas (uma é contrária, diferente da outra, embora não a invalide); sejam elas radicais (derivam dos pressupostos, das raízes da ideia), conceituais (derivam da natureza atribuída a coisa) ou operacionais (nascem do uso lógico ou operacional da ideia). O pesquisador, nesse momento lógico, tem de identificar as divergências e criar uma forma de desvelar os âmbitos de divergência. Essa operação, em regra, faz nascer o item "discussão" dos artigos científicos de cunho teórico.

(5) **Analisar a percurso, verificar as carências (falhas ou lacunas) das respostas.** Não faz parte da leitura sintópica obter respostas definitivas, encontrar soluções definitivas. Isso pode pertencer ao objeto de um projeto de pesquisa, mas não pertence ao instrumental leitura sintópica. Portanto, para encerrar a leitura sintópica, recomenda-se uma reflexão sobre o percurso empreendido, um revisar os porquês das divergências e um apontar das respostas não respondidas (às vezes porque os problemas não foram percebidos).

3.2

Retórica e Argumentação

3.2.1 Origem e desenvolvimento da retórica

EMBORA o senso comum identifique a retórica como algo empolado, artificial, meramente declaratório ou falso, equivoca-se nesse entendimento.

Trata-se, em verdade, de uma área do conhecimento que se dedica a estudar os argumentos e os estilos do discurso, segundo o que têm de persuasivo (que nos faz crer em algo) e de convincente (que nos faz compreender algo). É um saber instrumental que nos habilita em diversas técnicas para uma argumentação eficaz. Se estas técnicas, portanto, são utilizadas para o bem ou para o mal, o problema é outro.

Uma argumentação não é mais ou menos honesta porque é mais ou menos retórica, porque defenda mais ou menos uma causa justa:

> Mas como explicar que uma causa excelente seja às vezes defendida por má argumentação? E, principalmente, como *sabemos* que uma causa é boa? O critério supõe que o valor da causa seja conhecido antes da argumentação encarregada de estabelecê-lo: o que equivale a julgar antes do processo, a eleger antes da campanha eleitoral, a saber antes de aprender. Não existe dogmatismo pior. (Reboul, 2000, p. 9)

3.2.1.1 Funções da retórica

São diversos, por outro lado, as funções práticas da retórica.

Em primeiro plano, **convence e persuade**. Pelos raciocínios e exemplos apresentados, convence o receptor da verdade defendida. Pelo posicionamento do orador (*etos*) e pela exploração das tendências, desejos e emoções do auditório (*patos*), persuade o ouvinte.

De modo imediato, também nos habilita a entender o discurso alheio (**função hermenêutica**). É pela retórica que aprendemos a perceber o discurso alheio manifesto ou latente, sopesar a forças dos argumentos dos outros e o não dito por eles. Como não é possível ser um bom orador ou um bom escritor sem conhecer para quem se discursa ou para quem se escreve, a retórica está intrinsecamente relacionada com a compreensão do outro.

A retórica desempenha a **função heurística** (do verbo grego *euro*, *eureka*, que significa encontrar, descobrir), que permite descobrir a "própria retórica". Ou seja, esclarece, desvenda exatamente os limites, a amplitude, o grau de certeza de nossas ideias segundo o discurso que nós mesmos estruturamos. De outra forma esclarece que, no mundo da verossimilhança (onde as verdades não são absolutas, mas aparentes) dá a palavra final aquele que, no debate, descobre a melhor solução.

Da mesma maneira, a retórica desempena **função pedagógica**. Diante da arte de fazer-se compreender, o ouvinte aprende. Vivenciando um discurso bem estruturado, é levado a pensar conjuntamente. Aprendendo as técnicas retóricas, sabe identificar as ciladas do discurso alheio, as meias verdades, os exageros... e passa a percorrer o seu próprio raciocínio.

3.2.1.2 Retórica clássica

Escrever uma histórica concreta equivale a percorrer uma evolução permeada de transformações, perdas e criações. Há entidades ou pessoas que se aperfeiçoam continuamente, mas são raras. A maioria dos seres aperfeiçoa-se e retrocede ao mesmo tempo (segundo o aspecto que se considere), ou então tem fases de crescimento e fases de involução. A retórica não foge desta última regra.

Sem a história, por outro lado, podemos cair no equívoco inicialmente apontado, de que a retórica é apenas engodo. Tal vaticínio foi-nos apresentado por Górgias, em Elogio de Helena: "Quando as pessoas não têm memória do passado, visão do presente nem adivinhação do futuro, o discurso enganoso tem todas as facilidades".

Nascida no seio judiciário ateniense (por volta de 465 a.C., através de Córax, discípulo de Empédocles), onde os logógrafos redigiam as queixas

3.2 | Retórica e Argumentação

para as partes apresentarem aos tribunais (ainda não havia advogados), os retóricos ou retores primevos ofereciam aos litigantes uma coletânea de exemplos e preceitos práticos bastante convincentes. Nesse momento, os retores elaboraram os lugares-comuns (topoi), uma série de argumentos a que bastava decorar e chamar à baila no momento certo. Assim, o discurso tornava-se convincente. Por exemplo: começar dizendo que não é orador, elogiar o talento do adversário.

Com o filósofo Górgias (discípulo também de Empédocles), a eloquência tornou-se literária, fundando o discurso epidíctico, o discurso que elogia publicamente alguém.

Em Protágoras (século V a.C.) ligam-se, primevamente, a retórica e a sofística. Ancorado na afirmação de que "o homem é a medida de todas as coisas", de que as coisas são como aparecem ao homem, defende não haver critério objetivo de verdade, que nossos valores estéticos e morais não passam de convenções que mudam de cidade para outra.

Constrói-se, a partir de então, pelos sofistas, a aliança entre a retórica e a gramática. Por um discurso ornado e erudito, emitido no momento oportuno (*Kairós*), convence-se pela aparência de lógica, pelo encanto do estilo literário. O discurso, nesse contexto, almeja apenas a ser eficaz, a convencer; mais ainda, a vencer. Essa retórica não almeja o verdadeiro, devota-se ao poder, ao domínio pela palavra.

Isócrates (436-338 a.C.) reage. Apresenta a retórica como aceitável apenas e tão somente se estiver a serviço de uma causa honesta e nobre. Para ele e a maioria dos gregos, o destino almejado por todos os homens, a harmonia, exige que o belo (do discurso) esteja aliado ao verdadeiro. Não existe ética desatrelada da estética. Com Platão, especialmente no diálogo Górgias, apresenta-se o embate crucial para essa onipotência da retórica anterior, assim retratada na fala do personagem Górgias:

> não há assunto sobre o qual um homem que conhece retórica não consiga falar diante da multidão de maneira mais persuasiva que um homem do ofício, seja ele qual for. Aí está o que é a retórica, e do que ela é capaz. (Platão, 2004)

Platão, em primeiro plano, aponta que "os exemplos, por mais numerosos e eloquentes que sejam, não provam tudo; não que não provem nada, mas não provam nada de universal" (Reboul, 2000, p. 15). Mais ainda, demonstra que "a retórica é capaz e alguma coisa, e até muito, mas não é onipotente" (Ibidem). Em verdade, Platão reverte o argumento central: o retórico não é forte, não passa de um impotente que se utiliza da falsa cara, da imitação da retórica. Como não pode fundar o que apresenta na verdade, porque não pode realmente justificar o que está propondo ou se propondo, esconde sua real fraqueza. A onipotência dessa retórica não passa de sua impotência.

No diálogo Fedro, Platão reabilita a retórica, colocando-a a serviço da dialética, método que habilita a falar e a pensar. Muda novamente o significado da retórica. Com essa trilha aberta, Aristóteles apresenta outra retórica, uma retórica cuja "função não é [somente] persuadir, mas ver o que cada caso comporta de persuasivo". Passa a ser, então, "a arte de encontrar tudo o que um caso contém de persuasivo, sempre que não houver outro recurso senão o debate contraditório" (Reboul, 2000, p. 27).

No reino em que não há verdade evidente, no reino da opinião (*doxa*), é o jogo (dialética) entre o que parece verdadeiro (*endoxa*) e o que contradiz essa opinião (*paradoxon*) que estabelecerá a conclusão aceitável. Descobrir o persuasivo, o convincente de cada lado (*endoxa* e *paradoxon*), colocar em xeque seus princípios, é o caminho da retórica.

Nesse ponto, a dialética é capaz de distinguir entre o verdadeiro silogismo e o aparente sofisma, e a retórica é capaz de distinguir o realmente persuasivo e o logro. A retórica, portanto, vocacionada para a persuasão, precisa e utiliza-se da dialética para convencer. São esses paradigmas aristotélicos que fundaram a nova retórica. A retórica dirige-se, portanto, a partir de Aristóteles, a três tipos de provas: ao *ethos* e ao *pathos*, para persuadir; e ao *logos* (elemento dialético da retórica) para convencer.

Resumindo apenas os pensadores axiais sobre o tema, após Aristóteles, merecem destaque em terras romanas: Cícero e Quintiliano. Cícero aponta algo muito relevante para todos nós, defende que a autêntica retórica é natural ao orador, ao orador dotado de cultura, instruído em direito, filosofia, história e ciências. Ademais, indica que o estilo decorre naturalmente do que se tem a dizer, do conteúdo do discurso. O homem culto, portanto, utiliza-se das figuras de estilo não para mascarar o que diz, mas para iluminar, para trazer a lume o que se quer dizer. Quintiliano dedica-se, no mesmo sentido, à preparação do orador. A retórica é mais do que uma arte de bem falar, em sentido estético e moral, é uma virtude a ser ensinada e conquistada.

3.2.1.3 Decadência da retórica

Ainda no Império Romano, a eloquência entrou em decadência. Relata-nos Tácito, no *Diálogo dos oradores*, essa triste realidade, devido tanto à "preguiça do jovem" quanto ao "desleixo de sua educação". Ademais, em função de a sociedade ter perdido seu veio democrático, Tácito nos diz que aquilo a que todos os jovens estavam acostumados a presenciar, aquilo que fazia parte da vida de todo jovem, presenciar os debates públicos, não era mais corrente. Os debates continuaram no seio educacional, mas tornaram-se artificiais. Fora da vida cotidiana, começou o declínio do interesse sobre a retórica. A partir de então, somente no seio religioso, em função da pregação, resistiram algumas formas de retórica.

No século XVII, Descartes de alguma forma também abalou um dos pilares da retórica, a dialética. Para quem a verdade somente pode ser atribuída ao que é evidente, é natural que se repudiem quaisquer opiniões verossímeis e sujeitas à discussão. Da mesma forma, o empirismo inglês (cuja verdade passa a residir na experiência dos sentidos), pelas mãos de Locke, chega à condenação da retórica: toda a arte da retórica passa a ser vista apenas como um insinuar falsas ideias no espírito, um despertar de paixões e de seduções por um julgamento. A retórica passou a ser vista como inimiga da ciência, do positivismo. A sociedade parou de estudá-la.

3.2.1.4 Resgate da retórica

No século XX, no entanto, outros mecanismos, como a publicidade e o marketing, resgataram a retórica, com fins absolutamente persuasivos. Amparados em novos lugares (juventude, sedução, saúde, prazer, *status*, diferença, natureza, autenticidade) exploravam e exploram o lado infantilizado dos homens. A partir dos anos de 1960, mas mais especialmente nos anos de 1970, Chaim Perelman resgata uma ideia central: "entre a demonstração científica ou lógica e a ignorância pura e simples, há todo um domínio da argumentação" (Reboul, 2000, p. 91).

Inicia-se, então, um novo desenvolvimento da retórica. Atrelada, agora, às suas duas feições intrínsecas: a feição oratória (que explora o *ethos* e o *pathos*) e a feição argumentativa (que desenvolve o *logos*). Ademais, a conclusão atingida pelo discurso argumentativo não é um enunciado sobre o mundo, é muito mais um acordo "provisório" entre os interlocutores.

3.2.2 Sistema e plano argumentativo da retórica

Desde os clássicos, a retórica pode ser dividida em quatro partes, em quatro fases ou tarefas pelas quais o emissor de um discurso passa para compor um texto ou uma fala adequada:

1. Invenção (*heurésis*): busca dos argumentos e dos meios de persuasão relativos ao tema.
2. Disposição (*taxis*): ordenação das ideias, organização interna do discurso.
3. Elocução (*lexis*): definição e desenvolvimento do estilo adequado.
4. Ação (*hypocrisis*): proferição efetiva do discurso, com todos os recursos necessários (efeitos de voz, mímicas, gestos, memória).

3.2.2.1 Invenção

Antes de empreender um discurso, é preciso perguntar sobre o que ele vai versar. Diante disso abrem-se os tipos de discurso convenientes ao assunto.

Três são os tipos clássicos de discurso: **judiciário** (que acusa ou defende, com o olhar voltado ao passado, ao justo e ao injusto), **deliberativo** (que aconselha ou desaconselha, com o olhar voltado para o futuro, ao útil ou ao nocivo) e **epidíctico** (que censura ou louva, com o fito de conduzir o presente, mas ancorado em argumentos do passado e do futuro, olhando para o nobre ou para o vil).

No discurso judiciário (de auditório especializado) preferem-se os raciocínios silogísticos, no deliberativo (de auditório móvel e menos culto), os exemplos; no epidíctico, recorre-se à amplificação de fatos conhecidos.

É segundo o tipo de discurso adequado (segundo o fim do discurso e o auditório a que se dirige) que se buscará ou **selecionará** (invenção-inventário) ou **criará** (invenção-criação) os instrumentos da retórica: o *ethos* (caráter que o orador deve assumir para inspirar confiança); o *pathos* (conjunto de emoções, paixões e sentimentos que deve suscitar no auditório, que tem tais expectativas); e o *logos* (espécies de argumentos que deve utilizar).

Mínimo para a credibilidade, para o *ethos*, de qualquer forma, em qualquer discurso, será: aparentar sensatez (só ao sensato deixamos dar conselhos), sinceridade (de quem não dissimula o que sabe, o que pensa) e simpatia (de quem se mostra disposto a ajudar seu auditório).

É certo que todo orador pode contar com provas extrínsecas ao discurso (testemunhas, confissões, leis, contratos etc.). Mas são as provas intrínsecas ao discurso, as provas criadas pelo orador (que dependem de seu talento pessoal e de seu método), que geralmente tornam o discurso eficaz. Não são poucas as vezes (e nunca me acostumo com isso!), que as provas extrínsecas cedem às provas intrínsecas que são bem articuladas.

3.2.2.2 Disposição

Como vimos anteriormente, nesse ponto trata-se de organizar o pensamento antes de proferi-lo. Para tanto, diversos são os planos indicados. A retórica clássica recomenda estruturar o discurso em quatro partes: exórdio, narração, confirmação e peroração.

O EXÓRDIO ou introdução é a parte que visa tornar o auditório dócil, atento e benevolente. Deixar o auditório **dócil** implica colocá-lo em situação de aprender ou compreender. Para tanto, é preciso fazer uma exposição inicial clara e breve do que vai ser discutido. Para **despertar a atenção**, é preciso utilizar-se de procedimentos inflamadores (como dizer que nunca se ouviu nada tão espantoso ou tão grave). Para levar o auditório à **benevolência** é preciso assumir o *ethos* adequado (algumas vezes pode ser escusar-se da inexperiência, pode ser louvar o talento do adversário, pode ser contar uma pequena história pessoal que habilita o emissor a ocupar tal posição).

A NARRAÇÃO é a parte que expõe os fatos referentes ao tema. Se não for objetiva, deve, ao menos, parecer. Precisa ser **clara** (cuidado com os termos e com a sequência das ideias, pois os termos herméticos e a inversão sempre dificultam a compreensão; recorra a recapitulações), **breve** (eliminando tudo o que não for necessário) e **crível** (mostrando os fatos com as suas causas, mostrando que os atos afinam com o caráter de seu autor).

A CONFIRMAÇÃO é o elemento mais longo que apresenta efetivamente os argumentos e as consequentes refutações ou concessões. Deve-se tomar cuidado apenas para não cansar o auditório. Uma enumeração infindável de argumentos e contra-argumentos é sempre enfadonha e fonte de distração. Uma possibilidade: seguir a ordem "homérica" – apresentação do argumento; refutação dos contra-argumentos; retomada do argumento com nova forma.

A PERORAÇÃO é o que se apresenta no fim do discurso. Pode se dar pela **amplificação**: uma vez demonstrado um raciocínio, incita a tomar uma conclusão generalizante, uma postura que leve a deliberação de um caso para todos os demais, como paradigma. Pela **paixão**: despertando, ao final, a piedade ou a indignação do auditório. Pela **recapitulação**: que resume a argumentação anteriormente apresentada.

Entre a confirmação e a peroração, pode ocorrer também a DIGRESSÃO (*parekbasis*). Momento de relaxamento que distrai o auditório, apieda ou indigna ao mesmo através de histórias paralelas.

3.2.2.3 Elocução

É a parte dirigida à redação do discurso, a parte que alia a retórica com a gramática, com a literatura.

A primeira preocupação deve ser a **correção linguística**. Sem o uso adequado dos termos, sem a utilização precisa das estruturas sintáticas, não é possível construir um discurso *plenamente* eficaz.

A segunda deve ser a da **escolha do estilo** de acordo com o tema ou de acordo com a parte (o momento) do discurso: o estilo mais grave convém para mover, para atingir o *pathos*, sendo adequado à peroração; o estilo ameno é necessário para agradar, para construir o *ethos*, sendo pertinente ao exórdio; o estilo intermediário, tênue é adequado para explicar, para estruturar o *logos*, sendo imperativo para a narração e a confirmação.

A terceira tem de ser a de não somente fazer-se entender, mas a de fazer-se saborear. Para tanto, a retórica apresenta com destaque as "figuras" de palavras, de pensamento e de estilo: trocadilhos, metáforas, ironias, alegorias entre outras.

3.2.2.4 Ação

Para bem expor o discurso é preciso aprender a **representar**. É preciso fingir o sentimento que não se tem, é preciso incorporar a indignação, a piedade que se quer produzir no auditório... É preciso dar atenção aos clássicos conselhos de impostação da voz, da dicção, ao domínio da respiração, da variedade do tom e do ritmo.

Mas é necessário também, ir um pouco mais adiante. Parte do discurso é preciso saber de **memória**. Assim escoará com mais naturalidade. E assim também o emissor estará mais bem preparado para as improvisações, que sempre são necessárias.

O discurso oral tem de ser mais lento que uma leitura, do contrário o auditório perde o rumo, o fio da meada. Tem de ser redundante para suprir a memória de todos. Deve ser percorrido com frases mais curtas, com expressões concretas e familiares.

Tem de transparecer veracidade. Mesmo que seja por artimanhas: dar a impressão de se estar refletindo, hesitando, buscando aquilo que em verdade já foi levado pronto.

3.2.3 O domínio da argumentação

Para a retórica, a argumentação é uma totalidade que se opõe a outra, a demonstração. O que não pode ser demonstrado (seara das ciências exatas ou experimentais), pode ser argumentado. A argumentação apresenta cinco notas características próprias: 1) dirige-se a um auditório, 2) expressa-se em língua natural, 3) suas premissas são verossímeis, 4) sua progressão depende do orador, e 5) suas conclusões são sempre contestáveis.

Todo e qualquer discurso se dirige a um auditório particular. Há, em consequência, um plexo de características de cada grupo de ouvintes que conforma o discurso emitido. É possível estruturar, construir um discurso "pensando" em um auditório universal. Trata-se, em verdade, de um truque retórico ou de um ideal argumentativo: imaginar-se um discurso que sirva para o maior número possível de auditórios. Nunca poderemos, no entanto, imaginar "o" auditório universal, por uma simples razão: não possuímos a clarividência para enxergar os auditórios futuros.

Enquanto a demonstração utiliza-se da álgebra, da química para apresentar suas conclusões, a argumentação conta apenas com a língua natural, com todas as suas ambiguidades. A argumentação não conta com verdades evidentes, no máximo pode contar com pontos de partida (premissas) que parecem verdadeiras para o seu auditório. Seu domínio, em realidade, está permeado de objetos que não são verdadeiros nem falsos, mas que podem ser verossímeis, que são apenas *presumidamente* verdadeiros.

Por outro lado, a progressão dos argumentos nada tem a ver com a demonstração, que é geralmente linear. A retórica apresenta uma série de argumentos, ao mesmo tempo, em paralelo, sem uma ordem lógica. Em verdade, a ordem dos argumentos costuma apresentar-se segundo princípios psicológicos, de acordo com as reações imaginadas ou verificadas nos ouvintes.

3.2.3.1 Propósitos da teoria da argumentação

O conhecimento das técnicas de argumentação serve a três propósitos: desvelar os fundamentos ou as imperfeições das próprias ideias, analisar com perspicácia as teses alheias, persuadir aos demais de nossas convicções.

Embora constitua o instrumental por excelência para impor (convencer e persuadir são alguns de seus objetivos) as próprias convicções, a própria visão do mundo, esse mesmo instrumental é o mais poderoso utensílio para se aceitar ou se recusar de maneira fundamentada qualquer tese que seja apresentada.

Nesse sentido, a compreensão e o domínio da argumentação constituem as únicas trilhas seguras para se construir a verdadeira liberdade, o direito fundamental à liberdade de pensamento.

Não há verdadeira liberdade se não estamos preparados para enxergar as teses implícitas, se não estamos habilitados a identificar os argumentos favoráveis e contrários a determinado posicionamento, e também a verificar quais destes estão justificados ou não foram adequadamente refutados.

Ao contrário, diante da incapacidade de se enxergar os argumentos que realmente suportam uma tese, ficamos sujeitos à manipulação velada (a inimiga atual da liberdade e da democracia).

3.2.3.2 Persuasão justa, convencimento honesto

A argumentação não é uma demonstração matemática sob a qual o raciocínio fica preso a um encadeamento de ideias necessariamente conducentes a um resultado preciso, exato e único. Talvez seja essa a falsa argumentação, a que visa simplesmente à adesão manipulante.

Para argumentar ou utilizar as técnicas da argumentação é preciso reaprender a pensar (nossas ideias, nossas convicções, são apenas nossas

3.2 | Retórica e Argumentação

– ou no máximo de avalizados pensadores – não são, necessariamente, a verdade). Em consequência, é preciso reaprender a apresentar as ideias, com técnicas de expressão rigorosas (claramente delimitadas), a classificar e a revelar os argumentos que suportam nossas ideias, a identificar e refutar os argumentos que poderiam refutar nosso posicionamento.

Dessa forma, a verdadeira argumentação não visa à persuasão "burra", mas visa à persuasão. Visa à persuasão "justa", "inteligente". Dirige-se ao convencimento, a que o receptor da mensagem fique honestamente convencido (porque também percorreu o caminho intelectual) e não cegamente persuadido (pela mera adesão ao discurso convincente).

3.2.3.3 Filtro para as comunicações

Algumas armadilhas, no entanto, podem ser apresentadas para a Argumentação.

É comum que em determinados contextos a liberdade para pensar e fundamentar as próprias convicções seja reduzida ou mesmo aniquilada. Assim se dá, por exemplo, quando os interlocutores têm alguma diferença hierárquica (o superior hierárquico em geral dá ordens, somente o inferior que apresenta sugestões) ou social (os mais abastados apresentam-se "culturalmente" como mais sábios e suas afirmações tornam-se verdade simplesmente porque partiram deles; aos menos abastados presume-se a incapacidade intelectual).

Por outro lado, de maneira mais sutil, é natural que determinadas análises sejam adequadas apenas e tão somente a determinado contexto cultural ou a determinada experiência social. Nada obstante, se não estivermos com o olhar desperto para a relatividade do contexto, pode-se falsamente presumir a universalidade das afirmações.

É muito comum que o discurso seja construído para determinado auditório, considerando as preocupações e as convicções dos receptores (pois essa é uma técnica argumentativa também). Nesse contexto, o fundamento do discurso raramente é explicitado, as discordâncias não são cogitadas... A adesão, no entanto, costuma ser maciça.

Conhecendo a personalidade dos ouvintes é fácil escolher argumentos certeiros. Sob esse manto, no entanto, pode ser maquiada a verdadeira argumentação.

De outra forma, há discursos que abusam de termos desconhecidos ou de uma estrutura linguística rebuscada. Diante dessas artimanhas, muitos são os olhares que se tornam claudicantes. É fácil desistir de compreender.

Nessa seara, a do discurso hermético, é fácil perceber que as técnicas de argumentação são as únicas que podem desvelar a presença ou a ausência de fundamentos.

A ideologia, o sistema de crenças e de valores dominantes, as razões que levariam alguém a se interessar por algo, os eventuais pressupostos e resistências em relação ao assunto ou à personalidade do emissor, a capacidade intelectual dos receptores são elementos que devem ser considerados pela teoria da argumentação. Devem ser utilizados, no entanto, para aperfeiçoar e matizar o discurso. Se utilizados para a mera persuasão, são inimigas da argumentação.

3.2.3.4 Limites da argumentação

Assim como a argumentação enfrenta obstáculos externos relativos ao desvio de sua finalidade e relativos à cultura não libertária, é preciso apontar que a argumentação honesta também enfrenta obstáculos ou limites internos.

É natural e inarredável de seus domínios, por exemplo, dois efeitos que não podem ser controlados: o "efeito halo" e "efeito filtro". Quando se utilizam no discurso determinados termos (caros ou abominados pelo emissor), mesmo que sejam utilizados com toda a delimitação técnica, é impossível afastar o **efeito halo**: que dispare no receptor as mais diversas ressonâncias (conotações, lembranças, sugestões). Nem todas as conotações presentes na mente do emissor são compreendidas e apreendidas do mesmo modo pela mente dos receptores... Da mesma forma, o receptor de um discurso seleciona as informações que reterá e, embora essa seleção possa ser influenciada pelo emissor, não pode ser conduzida absolutamente. A aceitação e a memorização, a rejeição ou a mera desconsideração de alguma ideia apresentada é decorrente do passado do receptor (da cultura que o molda, da visão de mundo que carrega). Não há como o emissor impedir as referências ou moldar os interesses do receptor. O **efeito filtro** pode, no máximo, ser minorado (mas não pode ser controlado) se o receptor tem em mente e se adapta às preocupações dos receptores.

3.2.3.5 Instrumentos da argumentação

Toda e qualquer argumentação sempre estará sujeita às pré-compreensões conscientes e inconscientes do auditório (na vida prática, muitas de nossas convicções advêm de uma única experiência ou apenas do fato de estarmos sujeitos a contínuas repetições ou regularidades de certas situações – as observações cotidianas forjam mais nossas concepções de que as reflexões). Por mais que a argumentação seja bem construída do ponto de vista racional, se não enfrenta as pré-compreensões pode estar fadada ao fracasso. Ademais, é preciso distinguir as afirmações, das constatações, das afirmações lógicas ou pseudológicas, das imagens, das ironias, das ênfases etc.

Instrumento singular e necessário para a argumentação é o **descentramento**, o distanciamento em relação às opiniões próprias (se o objeto de estudo é a própria produção) e às alheias (quando o objeto de estudo é de outro autor). Para tanto, é necessário fugir da armadilha das primeiras ideias, aprender a analisá-las de forma neutra (desapaixonada) e a criticá-las, compreender seus limites, adquirir a liberdade de recusá-las provisoriamente, de refutá-las concreta e abstratamente. Enfim, é o descentramento que permite a abertura mental, a lucidez que a argumentação visa construir.

Também são instrumentos auxiliares da argumentação as **técnicas de estilo**. Podem reforçar a persuasão das teses e escamotear os fundamentos ou, por outro lado, desvelar a potencialidade dos argumentos apresentados. São eles: a utilização de palavras de efeito (tirania, miséria...), a repetição (já que... já que...), o recurso a valores morais (fazer justiça, cumprir a palavra...), recurso aos sentimentos (fome, como se fôssemos bandidos...), o uso de dados como se fossem inquestionáveis (comprovado estatisticamente que...), perguntas retóricas (quer-se jogar por terra a Constituição?), falsos diálogos (não é retrato de um diálogo verdadeiro, apenas imaginado – esse recurso dá mais veracidade ao afirmado, pois simula a realidade).

3.3

Leitura Retórica

3.3.1 A técnica da leitura retórica

No capítulo 3.1. *Como Ler*, apresentamos orientações e técnicas para leituras mais avançadas (na ocasião, amparados no pensamento de Adler & Van Doren, 2010). Nesse tópico, apresentamos a técnica da leitura retórica. Essa técnica não é diversa, nem contraditória das anteriores. É simplesmente outra forma (uma forma diferente) de se fazer uma leitura adequada e eficaz no âmbito das investigações científicas.

A conjugação de todas as técnicas (as anteriores e essa que agora será explicitada), em verdade, pode constituir a aretê (excelência natural a que está chamado o ser) da leitura investigativa.

Tendo apreendido que os textos são estruturados sob elementos persuasivos e oratórios, ou sob meios argumentativos, lógicos e racionais; é possível perceber ao que se propõe a "leitura retórica" dos textos. Não se trata de incorporar o simples costume da desconfiança ou da refutação, que sempre quer dizer que um texto não tem razão. Não importa, para a "leitura retórica", se tem ou deixa de tê-la. Importa apenas identificar: quais argumentos são fortes e quais são fracos, quais conclusões são legítimas ou erôneas... A "leitura retórica" admira as forças de um texto e dialoga com as suas fraquezas.

> Lembremos as regras principais da leitura retórica. Primeiro, ela consiste em fazer perguntas ao texto, dando-lhe todas as oportunidades de responder. Em segundo lugar, essas perguntas, ou lugares de leitura, referem-se o máximo possível ao conjunto do texto: qual é sua época, seu gênero, seu auditório real, seu motivo

3.3 | Leitura Retórica

central, sua disposição etc.? Se possível, evita-se o comentário linear, que logo vira paráfrase. Em terceiro lugar, a leitura retórica busca o vínculo íntimo entre o argumentativo e o oratório. Em quarto lugar, ela pretende ser um diálogo com o texto. (Reboul, 2000, p. 195).

A empreitada, no entanto, não é simples, por um lado, porque o emissor do discurso que incorporou a arte da retórica sabe esconder suas artimanhas (a perfeição de uma arte é fazer-se esquecer). Por outro lado, nós leitores não fomos habituados ao olhar crítico. Ao contrário, assimilamos muito mais do que devíamos de tudo o que lemos.

> *Por termos todos* começado como crianças, a razão sempre chega tarde demais a um terreno já ocupado; só pode retificar mais ou menos um espírito já formado, ou seja, deformado. (Reboul, 2000, p. 208, sem destaques no original)

De qualquer forma, aprender essa leitura é necessário para todo aquele que percorra o mundo das verdades prováveis, o mundo das ciências humanas, sociais e jurídicas, no qual é imprescindível o debate, o diálogo, em condições de igualdade:

> ... nos domínios não pertencentes à ciência pura só se chega à verdade coletivamente, num debate em que cada um representa – no sentido próprio da palavra "representar" – sua parte o melhor possível, até que a verdade, ou seja, o mais verossímil, se imponha a todos. O diálogo é então realmente heurístico: encontra alguma coisa.
>
> Com que condição? Com a condição de que os oradores sejam iguais, que tenham todos, estritamente, os mesmos direitos. Caso contrário, se um dos oradores se arrogar um direito exorbitante, se já não se puder contestar seus argumentos, então o diálogo já não será possível, o conhecimento se petrificará em ideologia, e a retórica, em vez de afirmar, se degradará em chavões. (Reboul, 2000, p. 231)

3.3.1.1 Identificar o contexto

Diante de qualquer texto, é preciso perguntar-se sobre o contexto que explica o texto: *quem* o proferiu, *quando* foi escrito, *contra o que* se colocou, *porque* e, especialmente, *como* o autor se manifestou e a *quem* se dirige.

QUEM FALA. Embora todo texto possa ter uma autonomia que permita ser compreendido por si mesmo, é comum depararmo-nos com textos que são compreendidos em mais profundidade se temos em conta a vida do autor, bem como a sua doutrina. Não são tão raros os textos, especialmente os de pensadores de referência, que são entendidos completamente apenas se tomarmos as outras obras do autor. Assim conseguimos elucidar cada uma de suas afirmações.

QUANDO. A época do discurso é também sempre esclarecedora. Nela podemos enxergar as influências filosóficas e ideológicas, bem como o significado de determinados termos. Com esses elementos atingimos uma compreensão verdadeira de vários textos. Por exemplo, é necessário ter em conta o movimento iluminista-racionalista (centrado nos séculos XVII e XVIII) e o movimento liberal-voluntarista (do mesmo período), para compreender o conceito de lei no Estado moderno, que visava agasalhar uma razão universal e uma vontade geral. Da mesma forma, quando Descartes afirma que não pode "compreender" em seus juízos nada mais do que aquilo que se apresente com clareza e distinção, que não desperte dúvidas, utiliza-se da expressão como sua época a utilizava, significando "conter" e não "entender".

CONTRA QUEM. Para os discursos essencialmente persuasivos, essa pré-investigação é essencial, pois, em verdade, são muito raros os textos persuasivos que não sejam de fato dissuasivos. O Discurso do Método de Descartes, por exemplo, é apreendido com muito mais argúcia quando se tem em conta que escreve contra Aristóteles, contra todos aqueles que aceitam que o discurso seja composto por argumentos meramente verossímeis.

POR QUÊ? Todo texto persuasivo quer provar algo, seja ele simples ou múltiplo. Ter em mente o fim de cada texto ajuda-nos sobremaneira a compreender cada passo do discurso, bem como a coligar as ideias apresentadas, a memorizá-las e a perceber eventuais fraquezas do percurso.

COMO SE REVELA O AUTOR. O autor às vezes se manifesta, às vezes oculta-se. Quando assume o discurso, pelo "eu", revela sua posição com franqueza (por exemplo: Tenho o dever de apontar que esse raciocínio leva a um erro imperdoável...). Quando se oculta, para tornar o texto mais objetivo, quer tornar o seu posicionamento de todos (por exemplo: É certo que esse raciocínio leva a um erro imperdoável...).

COMO ESTILÍSTICO. De outra forma, o estilo literário do discurso comanda estritamente o conteúdo do texto. O gênero circunscreve o pensamento. Não se diz a mesma coisa, por exemplo, quando se trata um assunto em um ensaio ou em um panfleto, quando se trata um assunto de maneira poética ou em prosa... O estilo epidíctico, por exemplo, que visa persuadir de um valor fundamental, une uma argumentação mais ou menos rigorosa a um testemunho que engaja o autor. É o testemunho o seu ponto forte. A argumentação é quase irrelevante.

A apologia repousa na antítese de nossa miséria e grandeza. A fábula simplesmente ilustra uma verdade moral, sem precisar fundamentar racionalmente. A escolha de um estilo é também uma escolha ideológica, de uma visão do mundo e do homem, por isso apologia e fábula não chegam às mesmas conclusões. A apologia protesta contra a visão acostumada que se tem do homem, mostra que o homem é coisa diferente do que acha que é, leva o ouvinte a superar o seu ponto de vista, saindo de si mesmo. Em consequência, é categórica ao dizer o que está certo e o que está errado. A fábula, por sua vez, não se preocupa em contradizer, apenas lança um olhar resignado ou brincalhão, não se preocupa em ironizar, apenas descreve com humor o que ocorre, sem dizer o que está certo ou errado. Deixa esses julgamentos para o leitor.

COMO ARGUMENTATIVO. Há dois caminhos argumentativos centrais que também dão contornos diversos aos textos: o exemplo e o entimema (silogismo com premissas verossímeis). Os textos amparados nos exemplos não ilustrativos, nos exemplos argumentativos (exemplos dos quais se extraem ideias) têm um grau de persuasão muito marcante, embora sejam, em geral, frágeis logicamente. Um exemplo não permite provar logicamente que uma proposição é universal, não permite utilizar-se do "sempre", do "nunca". A função lógica do exemplo é realmente absoluta somente em um caso, como prova negativa: basta um exemplo contraditório para demonstrar de modo absoluto que uma proposição não é verdadeira. Se os casos, no entanto, são "realmente" limitados e se considerou "todos" os casos, a proposição conclusiva será incontestável. Ao revés, os textos ancorados em entimemas "aparentam" solidez incontestável. Podem sofrer, no entanto, um embate: o questionamento das próprias premissas (sejam elas expressas, sejam elas implícitas). A subversão das premissas do entimema é justamente o que caracteriza o sofisma: técnica que apresenta argumentos e extrai deles mais do que eles podem provar.

COMO INTRATEXTUAL. Há discursos, por sua vez, que são estruturados com outros discursos (outro discurso no discurso), seja porque são feitas citações para amparar o orador (como argumento de autoridade, ou como prova contra o adversário), seja porque se utilizam de fórmulas (adágios, máximas, slogans, provérbios). A leitura retórica tem de cuidar para analisar separadamente os discursos.

A QUEM. É preciso compreender o discurso segundo o auditório real a que se dirige. O auditório distingue-se segundo o seu tamanho (uma única pessoa e até toda a humanidade), suas características psicológicas (decorrentes da idade, sexo, profissão, cultura etc.), suas competências (leigos ou especialistas) e ideologias (seja política, religiosa ou outra). De acordo com o auditório, o texto deve ser compreendido, sob pena de desvirtuar o real intento do discurso.

Por outro lado, é difícil que um discurso seja construído sem um acordo prévio com o auditório real, e esses acordos prévios explicam o texto. Há acordos não revelados pelo próprio texto, mas que podem ser extraídos pelo não dito, pela ausência de provas que seriam de se esperar. Há, no entanto, fórmulas estereotipadas que revelam esses acordos prévios: "é certo que", "todos sabem", "deve-se admitir" etc. Nesses casos, o texto explica o texto.

De qualquer forma, o acordo prévio pode repousar sobre os seguintes elementos: fatos, presunções, valores, preferências...

Os fatos (verificações que todos podem fazer), embora possam ser admitidos, podem ser contestados pelos seguintes procedimentos: mostrando-se que são aparentes (sol não gira em torno da terra), que são incompatíveis com outros fatos comprovados, que não têm o valor argumentativo que se lhes deu.

As presunções, por sua vez, são variáveis segundo o auditório a que se dirige. Para um auditório conservador, *verbi gratia*, não é preciso justificar o costume, mas a mudança. Para um liberal, a coerção precisa, a liberdade não. Para um socialista, a igualdade é presumível, a desigualdade, não.

Os valores, que podem servir de base ou constituir um dos termos da argumentação, também podem ser presumidos ou insuflados, mas também dependem do auditório. É certo que há valores abstratos (como a justiça e a verdade) que são de difícil impugnação. Mas há valores que são concretos, de um auditório, pois dependem de certa obediência ou fidelidade a uma idiossincrasia: a humildade, por exemplo, é valor perseguido pelos cristãos, mas, de certa forma, desprezado pelo mundo empresarial.

O reino da preferência (como acordo prévio que dispensa a demonstração), por sua volta, conduz de maneira quase imperceptível o discurso: é simplesmente preferível o que proporcione mais bens, o bem maior, o mais durável, o que proporcione o mal menor; o único, diante do banal ou do intercambiável; o raro, o insubstituível, o único.

CONTEXTO INTERNO, INTERTEXTUAL E EXTERNO

José Luiz Fiorin e Francisco Platão Savioli nos alertam, em sua obra *Para Entender o Texto* (2007) que a compreensão de um texto pode depender do contexto interno (lição 1), do contexto intertextual (lição 2) e externo (lição 3).

A necessidade de observar o contexto interno é decorrência lógica de os textos não serem um apanhado de frases, mas sim um discurso em que todas as partes são solidárias, todas as partes interferem "umas nas outras". O texto é um tecido, um emaranhado, e uma boa leitura não pode se basear em fragmentos isolados. Para entender qualquer passagem é preciso confrontá-la com todas as partes, assim como é preciso verificar seu significado com relação ao todo do texto.

O contexto intertextual, que também modifica o significado do dito e por isso também precisa ser observado, refere-se a um conjunto de ideias ou informações, a um universo cultural que está dentro do texto de modo explícito ou implícito. Se a intertextualidade é explícita (via citações ou referências), não costuma haver dificuldades interpretativas. No entanto, a percepção de intertextualidades implícitas (o universo condicionante do pensar e falar do autor que foi adquirido de outros, os pressupostos que o autor segue, não os próprios) depende do repertório do leitor, do seu acervo maior ou menor de conhecimentos semelhantes ao do escritor. É preciso, por exemplo, conhecer quem foram Os Mutantes e quem foi Narciso, para compreender a referência feita a eles na música *Sampa*, de Caetano Veloso.

O contexto externo é o entorno histórico e cultural que condiciona o significado de um texto, pois todo texto assimila as ideias da sociedade em que está inserido, da época em que foi produzido, do clima em que veio à lume. Na maioria das vezes, o contexto histórico é revelador de um significado que pode se perder sem essa lente.

O texto apresentado como exemplo por José Luiz Fiorin e Francisco Platão Savioli é insuperável:

> O funcionário público, acima de tudo, deve desfazer-se da roupagem antiga e abandonar a polidez forçada, tão inconsistente com a postura de homens livres, e que é uma relíquia do tempo em que alguns homens eram ministros e outros, seus escravos. Sabemos que as velhas formas de governo já desapareceram: devemos até esquecer como eram. As maneiras simples e naturais devem substituir a dignidade artificial que frequentemente constituía a única virtude de um chefe de departamento ou outro funcionário graduado. Decência e genuína seriedade são os requisitos exigidos de homens dedicados à coisa pública. A qualidade essencial do Homem na Natureza consiste em ficar de pé. O jargão ininteligível dos velhos ministérios deve dar lugar ao estilo claro, conciso, isento de expressões de servilismo, de formas obsequiosas, indiretas e pedantes, ou de qualquer insinuação no sentido de que existe autoridade superior à razão e à ordem estabelecida pelas leis – um estilo que adote atitude natural em relação às autoridades subalternas. Não deve haver frases convencionais, nem desperdício de palavras. (circular dirigida aos funcionários públicos franceses, em 1794, apresentada na obra: Lasswell Kaplan, *A linguagem da política*, 1979, p. 43)

Somente o contexto histórico revolucionário nos permite perceber o significado tão forte da frase "A qualidade essencial do Homem na Natureza consiste em ficar de pé". O homem não nasceu para se curvar, para dobrar os joelhos diante dos reis.

3.3.1.2 Identificar os argumentos

Os primeiros passos de um treinamento em pesquisa costumam estar voltados para que o aluno aprenda a identificar, a analisar e a diferenciar as ideias alheias sobre determinado assunto. Para tanto, indicaremos alguns passos.

Em primeiro lugar, parece-nos que o pesquisador pode aprender a identificar os argumentos do que lê se **habituar-se a reformular** ou reproduzir o sentido de uma ideia lida não usando (ao máximo) os termos de seu autor. Não há melhor modo de se saber se uma ideia foi compreendida. Assim como não há melhor maneira de se identificar quais os argumentos centrais e decisivos (reescrever a ideia). Trata-se, no entanto, de uma habilidade que exige o esforço da objetividade. É preciso isolar-se dos sentimentos favoráveis ou desfavoráveis com relação à tese apresentada. É necessário que a reformulação da ideia seja uma reprodução diferente da ideia e não uma nova ideia sobre o tema.

Habituado à reformulação, parece-nos que o pesquisador está habilitado ao próximo passo: identificar os argumentos.

Para Perelman-Tyteca (na obra *Tratado da Argumentação*, 1996) há quatro tipos de argumentos: 1) os quase-lógicos, 2) os que se fundam na estrutura do real, 3) os que fundam a estrutura real, e 4) os que dissociam uma noção.

3.3.1.3 Argumentos quase-lógicos

Simulam um argumento lógico, mas são, em verdade, lógicos apenas na aparência ou apenas quando matizados. Por quê? Porque escondem sua potencial contradição, ou uma incompatibilidade intrínseca, ou uma identidade falsa.

Por exemplo, ensinamos às crianças que não se deve mentir, da mesma forma, que se deve obedecer aos pais. Os argumentos são aparentemente claros e absolutos. Ademais, estão amparados em acordo prévio de nossa cultura. Porém, o que fazer se o pai mandar mentir?

Há contradição pela forma que o argumento foi apresentado. **Encobre a matização** do "nunca" ou do "sempre". Não é "sempre" que se deve obedecer, especialmente se a ordem é injusta. Do mesmo modo, não é "nunca" que não se deve mentir, notadamente quando a verdade possa provocar um prejuízo maior.

Incompatibilidade intrínseca se dá, por exemplo, na seguinte afirmação: "Toda regra tem uma exceção". Ora, esta também terá? Então, há regra sem exceção.

Diante dos **argumentos de identidade**, difícil é a refutação. Por exemplo: negócios são negócios, mulher é mulher. Essas **pseudotautologias** não são tão simples, pois o atributo (ser frágil, belo, manipulador etc.) não tem o mesmo sentido do sujeito mulher (ser feminino). Talvez o único caminho de reflexão seja demonstrar a falsa identidade. E muitos argumentos no Direito amparam-se na identidade: tratar igualmente aos semelhantes, a invocação de um precedente, a lógica de que autorizar um ato implica em autorizar os futuros semelhantes...

Quintiliano afirma, por exemplo, que "O que é honroso aprender também é honroso ensinar". Podemos achar honroso aprender com a dor, mas será honroso ensinar pela dor? Quando afirmamos que os amigos de meus amigos são meus amigos, será que podemos aceitar esse argumento quase-matemático? Não poderei eu ter ciúmes do amigo de meu amigo? Quando se divide um problema em várias partes (como recomenda Descartes) e prova-se cada parte, está provado o todo?

Se amparar o raciocínio no adágio "quem pode o mais pode o menos", serei lógico? Se os poderes são de mesma natureza, sim; se não possuem essa identidade natural, não. Por exemplo: a médica, apesar de aparentemente poder fazer mais do que a enfermeira, não deve atuar no campo dela, pois a especialidade é diversa, a preparação é diferente, seus afazeres exigem outros poderes.

De outra forma, se uma conclusão é provada somente pela exclusão das demais, será que a conclusão restante está ancorada na lógica ou apenas na necessidade do momento ou em nossa limitada capacidade?

Se ampararmos um discurso em uma definição apresentada, poderemos estar à margem da lógica?

Veja bem, há **quatro tipos de definição**: 1) normativa – a que impõe um significado, 2) descritiva – a que enuncia um uso ou sentido corrente, 3) condensada – a que enuncia apenas as características essenciais, 4) oratória – o que define e o que é definido não são realmente permutáveis, embora seja bastante ilustrativa (por exemplo, Karl Popper define a Democracia como o regime em que um povo consegue trocar de governante sem derramar sangue).

O uso das definições é necessário para muitos discursos. No entanto, se uma definição normativa pretender ser descritiva, se uma definição condensada ou oratória pretender ser completa, a lógica verdadeira estará escamoteada.

3.3.1.3.1 Argumentos fundados na estrutura do real

São argumentos que não se apoiam na lógica, mas na experiência, nos elos reconhecidos ou presumidos entre os fatos. Por exemplo, se alguém costuma honrar seus pagamentos com pontualidade, presume-se que sempre honrará. O contrário também. Muitas inverdades, no entanto, podem estar ancoradas nessas pressuposições!

Assim apresenta-se o **"argumento do desperdício"**. Já que perdemos tanto tempo lendo uma obra, seria um desperdício não terminá-la. Curioso, nesse sentido, que Daniel Penac, em ensaio genial intitulado *Como um Romance* (1993), tenha redigido os dez mandamentos do leitor, apresentando o seguinte: O leitor tem o direito de parar de ler uma obra. Sob essa mesma lógica, continuam-se guerras, continuam-se a emprestar a países que não mudam...

Apresenta-se, nessa ótica também, o **"argumento de direção"**. Rejeita-se algo, mesmo que seja bom, porque serviria de meio para um fim não desejado. Por exemplo: Se ceder essa vez aos terroristas... Os oficiais ganham pouco, mas se aumentar os seus vencimentos, as outras categorias...

De forma igual, o **"argumento da superação"**, onde sempre é possível imaginar que o ideal nunca é atingido: ninguém é totalmente justo, absolutamente desinteressado... Assim se relativiza qualquer acontecimento, apontando o que poderia ser melhor.

Diversa é a técnica de argumentar reduzindo a realidade a uma essência criada, o **"argumento da essência"**. Desta forma apresentam-se argumentos capitaneados pela seguinte lógica: Todos os funcionários públicos... As modelos... Embora não exista o funcionário público ou a modelo em estado puro, destaca-se uma característica comum de uma classe de pessoas e passa a identificar tal característica como a essência dessa classe.

De modo muito semelhante, faz-se a identificação de determinadas pessoas com os seus atos, **"argumento de pessoa"**. Nós mesmos somos vítimas continuadas desse tipo de argumento: Eu sou mesmo assim... Matemática não é comigo... Parte-se do raciocínio de que determinados atos são típicos de determinada pessoa e que ela não vai mudar (fatalidade).

O **"argumento de autoridade"** puro parte da mesma ótica, suplanta qualquer afirmação no valor de quem a emitiu e não no seu valor intrínseco. O **"argumento *ad hominem*"**, que é o argumento de autoridade invertido, faz o mesmo: suporta a afirmação no ódio que se tem, na imagem negativa que se construiu de alguém. Recentemente, presenciei debate sobre a *coisa julgada inconstitucional* onde um jurista que prefiro manter o anonimato sacou desse tipo de argumento (*ad hominem*): "Este instituto é uma criação nazista!". Esse tipo de argumento é diametralmente oposto à argumentação, obsta, em verdade, qualquer raciocínio posterior.

A **"dupla hierarquia"** é uma técnica de argumentação que visa, amparada em uma escala de valores já admitida pelo auditório, estabelecer uma escala paralela. Assim Antígona apresenta seu argumento fatal, se os deuses são mais do que os homens, as leis divinas também são melhores que as humanas: "Não acreditei que teus editos pudessem suplantar as leis não escritas e imutáveis dos deuses, pois não passas de um mortal". Ocorre, no entanto, que tanto a hierarquia pode ser falsa, como o paralelismo estabelecido (o nexo estabelecido) pode não ser verdadeiro.

O **"argumento *a fortiori*"** estabelece paralelismo muito semelhante: "Tendo cuidado dos pássaros, Deus não negligenciará as criaturas racionais que lhe são infinitamente mais caras..."

3.3.1.3.2 Argumentos que fundamentam a estrutura real

Não amparados na lógica, nem na experiência, são os argumentos que criam a realidade. Trata-se de retirar de um exemplo, de um acontecimento uma inferência universal. Embora não possa provar, do ponto de vista lógico, dá-lhe presença na consciência e reforça a adesão à inferência.

Forte é a apresentação de um **modelo** (João Paulo II, por exemplo) ou de um **antimodelo** (Mengele, por exemplo). Cria-se, automaticamente, uma realidade a todos os seus atos, uma realidade valorativa. Os atos do modelo são automaticamente bons, os atos do antimodelo, péssimos. A mesma operação lógica se faz (cria-se uma realidade), quando se comparam **entidades heterogêneas**, que não poderiam ser medidas. Assim, quando a filosofia cristã diz que o pensamento de Tomás de Aquino é muito superior ao de Agostinho, cria uma realidade que não se apresenta no mundo fenomênico, nem mesmo que poderia ser medida.

O **"argumento do sacrifício"** faz o mesmo (cria uma realidade), julga um ato, uma coisa não pelo que vale, mas pelo que exige de sacrifícios externos. Assim dizia Pascal: "Só acredito nas histórias cujas testemunhas dariam o pescoço". Transporta-se a veracidade: deixa de ser intrínseca ao que se diz e passa a depender do sacrifício externo que se disponha a fazer por ela.

A **analogia** (que estritamente compara apenas realidades heterogêneas) traz uma verdade conhecida para a relação comparada. Assim Aristóteles pontuou: a inteligência de nossa alma é ofuscada pelas coisas naturalmente evidentes, como os olhos dos morcegos pela luz do dia. Esse tipo de argumentação, apesar de bela e profunda, não deixa de ser redutora, pois a inteligência não é ofuscada somente pela verdade.

3.3.1.3.3 Argumentos por dissociação

Consistem em dissociar as noções apresentadas como unas e que, de fato, são diversas: meio e fim, aparência e realidade, letra e espírito, consequência e princípio, acidente e essência, ocasião e causa, relativo e absoluto, teoria e prática... Trata-se da via argumentativa que enraíza os procedimentos filosóficos.

Às vezes, basta inverter o polo (positivo/negativo) para se perceber o argumento. Exemplificamos:

A) deve-se comer (meio) para viver, e não viver para comer (fim)! Inverte-se a hierarquia de valores se a comida vira fim e não meio;

B) é generoso (meio/artifício) para que os outros elogiem (fim/artifício)! Não há generosidade, em verdade, se há interesse, se não é sinceramente gratuita.

3.4

Plano Argumentativo

UMA vez identificadas as ideias (independentemente dos propósitos persuasivos, nossos ou do emissor do discurso), convém dirigirmos o olhar para a organização da explicitação pelo pesquisador dessas ideias: o que serve, de um lado, para aperfeiçoar formas estratégicas de relatar as ideias identificadas (resultados); de outro, para atingir uma apresentação eficaz do debate que as pesquisas visam estabelecer (discussão).

3.4.1 Orientação argumentativa

Em primeiro plano, tendo em vista que o pesquisador irá construir o seu discurso, deve-se assumir uma "orientação argumentativa". Ou seja, é preciso que o comunicador tenha diante de seus olhos, agora sim, qual é o objetivo de sua argumentação, o que quer explicitar ou demonstrar (os propósitos persuasivos afastados na primeira etapa podem agora se apresentar).

Somente diante da clara percepção de seus objetivos parciais e globais, o comunicador/autor poderá definitivamente: a) escolher os argumentos que utilizará, hierarquizá-los e classificá-los; b) identificar os argumentos contrários (antíteses ou refutações); c) construir o encadeamento lógico do diálogo.

A "orientação argumentativa" constitui, portanto, uma fase seletiva e preparatória que permite a transição entre a identificação das ideias e sua organização lógica concreta para a construção do discurso do pesquisador.

3.4.2 Estrutura ou do plano lógico

A compreensão das possíveis estruturas ou planos lógicos de um texto não é apenas instrumento para a construção de um discurso; pode ser também instrumental muito eficaz da desconstrução do discurso que se nos apresente.

De qualquer forma, apresenta as seguintes funções essenciais: revelar o essencial de um discurso com mais facilidade e amarrar ou encadear melhor a sequência das ideias (principal vantagem do plano – garantir coerência e destacar nexos lógicos).

Em consequência, o plano torna possível o acompanhamento das ideias (o simples ato de lançar desorganizadamente as ideias faz qualquer receptor distrair-se), dá clareza a tudo o que é apresentado (a sequência permite que o receptor compreenda gradativamente os raciocínios complexos), permite a memorização das ideias principais e de seu encadeamento (principal objetivo de qualquer discurso eficaz).

De outra forma, obrigar-se a planejar o discurso obriga-nos a: a) organizar as ideias; e a b) ater-nos ao essencial.

Muitas vezes, para organizar as ideias, somos obrigados a aprofundar mais o problema, compreendê-lo melhor para melhor apresentá-lo. A confusão e profusão de ideias, por outro lado, começa a se distanciar com o planejamento.

Sabendo o essencial e obrigando-se ao essencial, afastamos as divagações inúteis. Assim, diante de uma ideia, ou percebemos sua relevância na estrutura lógica (a diferença de ela se apresentar ou não) e a inserimos; ou não conseguimos identificar sua utilidade e a descartamos.

Ademais, a existência do plano libera a mente do emissor do discurso ou do redator, pois pode concentrar toda sua atenção ao que faz no momento, desligando-se provisoriamente do plano geral. Esse efeito prático é muito salutar: o discurso (de qualquer espécie) pode ser construído em blocos (que não serão desconexos, pois o plano os previu).

Não existe uma estrutura lógica genérica e perfeita (um tipo de plano ideal) que se adapte a todo e qualquer discurso, é preciso utilizar cada estrutura (nos seus variados tipos) de acordo com o raciocínio que vai ser exarado, de acordo com a própria personalidade do emissor ou com a eficácia que se quer produzir diante dos receptores.

Apresentaremos a seguir um breve resumo dos principais métodos de planejamento indicados por Bernard Meyer em sua obra *A Arte de Argumentar* (2008).

> Antes, no capítulo 3.2. *Retórica e Argumentação*, apresentamos o sistema retórico, uma forma eficaz de se estabelecer um plano argumentativo.

3.4.2.1 Plano enumerativo

Embora pouco argumentativo, é muito útil e até inevitável para alguns momentos do discurso científico. É constituído por uma lista ordenada de noções/ideias/efeitos...

Para não se tornar monótono (vício a ser repelido de qualquer discurso que almeja a persuasão) ou mesmo improdutivo (não produzir nenhum resultado lógico de interesse), é preciso que sejam tomados alguns cuidados.

A monotonia pode ser afastada pela habilidade linguística. Se a lista é apresentada sempre com a mesma estrutura (exemplo: existe... existe também...; senão... senão... senão...) cairemos no sono mental. É preciso surpreender com variações criativas (exemplo: em primeiro lugar... em seguida... além disso... por fim...).

A improdutividade pode ser afastada pela habilidade de dar significado ao conjunto ou a miniconjuntos, ressaltando pontos comuns ou destacando pontos de divergência.

3.4.2.2 Plano cronológico

São raros os discursos científicos que não precisam passar pela apresentação histórica de uma situação ou de um problema, quiçá de uma tese. Isto porque não são raras as vezes em que a existência de um problema derive justamente da evolução de determinada situação.

Ocorre que a apresentação sequencial, segundo a ocorrência histórica, também pode recair nos vícios da monotonia e da improdutividade. Uma possível solução é subverter a sequência natural: apresentar de imediato a situação presente, que em geral está mais próxima do ouvinte-receptor--leitor. Somente depois de despertar os olhares é possível apresentar com utilidade o passado remoto e o passado recente. Compreendida a situação, apresenta-se o futuro. Do ponto de vista lógico, essa subversão não tem nada de subversivo. Em verdade revela a equação: Fato (presente) – Causa (passado) – Consequência (futuro).

De qualquer forma, outras cautelas podem ser tomadas: a) Se os passos históricos são muitos, é possível sintetizá-los em quatro ou cinco etapas (mais do que isso, provavelmente não será memorizado pelo receptor); b) Em cada etapa, destaque-se a tendência dominante que a caracteriza (o que estagnou, o que melhorou, o que degradou); c) Indique com clareza os momentos de ruptura, de transição, seja ela revolucionária, ou apenas uma sensível guinada de direção.

3.4.2.3 Plano dialético

Não são poucos os casos, especialmente nas ciências humanas, sociais e jurídicas, em que o discurso pode ser construído através do embate de pensamentos opostos; onde o raciocínio binário, dialético e dialógico pode ser o fio condutor.

Diversas são as variantes estruturais: a) tese => objeções => refutação das objeções => reforço da tese; b) antítese => refutação total ou parcial (com alguma concessão) da antítese => nova tese => justificação; c) argumento 1 da tese => argumento 1 da antítese => conclusão 1.

3.4.2.4 Planos analíticos

Se a intenção é enfocar problema determinado ou solução específica sob os mais variados ângulos, é preciso utilizar-se de instrumental analítico que decompõe o que se analisa. Dois modelos são usuais: o **jornalístico**, especialmente voltado para a questão, e o **técnico**, voltado para a solução.

3.4.2.4.1 Plano jornalístico

O plano jornalístico é o que almeja apresentar a questão de forma gradativa, informativa e, ao mesmo tempo, que enfrenta objetivamente as soluções (sempre diante do problema: se o resolve ou não). Pode ser construído, resumidamente, seguindo o seguinte roteiro:

(1) Apresentação da situação concreta ou de uma ideia abstrata.
(2) Confirmação com exemplo(s), contraexemplo(s) ou caso(s).
(3) Análise das principais causas (distantes e próximas, diretas e indiretas).
(4) Consequências da situação concreta ou da ideia abstrata.
(5) Solução ou soluções possíveis.
(6) Consideração crítica das soluções (pontos fortes e fracos, efeitos positivos e negativos).
(7) Discussão da solução:
   a. *confirmação* – se as críticas forem refutadas ou minimizados os seus efeitos negativos;
   b. *invalidação* – se as críticas ou os efeitos negativos são graves, é preciso orientar-se para nova indagação;
   c. *nova solução* – se é possível integrar as críticas à solução, e então apresenta-se uma solução um pouco diversa das anteriormente apresentadas.

3.4.2.4.2 Plano técnico

O plano técnico é o voltado especialmente para a prática: apresenta de maneira singela o problema (dados e histórico da situação) e detém-se na análise prática da solução (meios existentes ou por criar, aspectos operacionais, pessoas afetadas, procedimento e cronograma adequados, objetivos que serão alcançados a curto e a longo prazo).

3.4.2.5 Plano SPRI

Desenvolvido por Louis Timbal-Duclaux, decompõe o plano argumentativo em quatro etapas: **S**ituação, **P**roblema, **R**esolução de princípio, **I**nformação.

Quando os destinatários do discurso não são passivos, ao contrário irão julgar os argumentos ou as soluções construídas, convém apresentar as ideias de forma gradativa. Assim, os receptores são preparados para aceitar uma nova ideia.

Na primeira etapa, **Situação**, apresenta-se meramente o contexto no qual se inserirá a argumentação. A fim de evitar qualquer bloqueio inicial,

3.4 | Plano Argumentativo

não se deve apresentar qualquer problema. Por outro lado, a explicitação do contexto tem de ser construída segundo os referenciais do receptor. Somente assim alcança-se a adesão, o envolvimento inicial.

No segundo momento (deve-se, segundo o autor, separar bem os dois momentos iniciais), o do **Problema**, apresenta-se uma dificuldade que ocorre na situação exposta anteriormente. Dependendo do caso, é preciso nessa fase explicitar que algumas soluções já foram propostas, mas que essas se revelaram parcial ou totalmente ineficazes.

A **Resolução de princípio** (momento chave do procedimento), para ser aceita, deve ser apresentada da forma mais geral possível (o que lhe dará a firmeza de uma lei geral) e concomitante ao princípio que orientou a sua elaboração (para que o receptor crítico também conclua da mesma forma).

Por fim, a **Informação** constitui o momento em que se apresentam os detalhes da solução: elementos técnicos, modalidades de funcionamento ou de aplicação.

Apresenta-se o problema após o receptor estar envolvido, o que permite conduzi-lo para o que se quer. Apresenta-se a Resolução junto do Princípio, para que a adesão se torne mais próxima. Deixam-se os detalhes da solução para depois da aceitação da Resolução, porque com menos ideias é mais fácil gerar a compreensão e a adesão.

Talvez os atuais leitores desse descritivo estejam enxergando esse método como um mecanismo de alienação do ouvinte-receptor.

O presente plano não se propõe a isso, embora o seu usuário possa disso se beneficiar. Tanto pode ser um método que produz o amortecimento da vigilância do receptor, como pode ser uma técnica que lógica e inteligentemente informa e convence as outras pessoas.

A manipulação não advém, em outras palavras, do método, mas de eventual escamotear de informações, de eventual falsificação de argumentos...

3.4.2.6 Plano SOSRA

Partindo de uma situação e almejando a uma decisão, uma ação, esse plano é estruturado logicamente com as seguintes etapas: Situação, Observação, Sentimentos, Reflexão, Ação.

Na **Situação**: apresenta-se de maneira clara e objetiva o contexto do problema.

Na **Observação**: o emissor chama a atenção para algum ou para alguns pontos ou dados que julga pertinente aprofundar.

Na fase **Sentimentos**: o emissor apresenta suas reações afetivas diante da situação (com a pretensão de sensibilizar aos demais), invoca a dimensão humana do problema.

Na **Reflexão**: deixando a emoção, retorna-se para a razão, indicando os principais pensamentos que a situação sugere.

Na **Ação**: busca-se a aceitação das respostas concretas construídas para a situação problemática.

Sem agredir aos destinatários, levando em conta as suas referências, esse plano (que não almeja profundidade reflexiva, mas objetiva mobilização, ação) pode ser muito eficaz.

3.4.3 A importância das transições

Uma vez construído o plano, instrumental que agrega força especial para o conjunto das ideias apresentadas, é preciso cuidar para que as partes dele (seja qual plano for) não fiquem desconectadas, não se mostrem excessivamente independentes. Uma única parte, um único tópico desconjuntado, em verdade, fragiliza todo o conjunto argumentativo.

Na construção do plano, portanto, há que prestar muito cuidado para que ele revele as transições. Ou, pelo menos, para que, na redação de cada parte estrutural, apresentem-se as conexões. Não é eficaz o discurso que as deixam ocultas.

Para tanto, é necessário saber interligar as diferentes fases da reflexão, criando os elos necessários para conferir logicidade ao conjunto.

Não pode, o leitor, ver-se surpreendido pela brusca mudança de ideias ou de temas sem que saiba o porquê disso. A leitura deve escoar, fluir, deslizar progressivamente de um tópico para o outro. Para que isso ocorra, o emissor deve se preocupar, desde o planejamento, em revelar as conexões entre as partes do discurso, mesmo que para tanto tenha de resumidamente retomar (de maneira sintética) algum discurso já percorrido.

3.4.4 Relatório como plano argumentativo

Alguns leitores podem estar pensando que o apresentado até o momento (a identificação livre das ideias e o planejamento argumentativo) é muito

3.4 | Plano Argumentativo

útil para os momentos em que temos de apresentar alguma tese, convencer alguém de algo, ou mesmo para estudar os textos e os discursos alheios. Certas são essas percepções.

Ocorre, no entanto, que há diversos trabalhos diários que imaginamos distantes das técnicas argumentativas (pretensamente os vemos como objetivos) e estão verdadeiramente imersos na argumentação. Como exemplo significativo dessa ilusão que queremos desmitificar, apresentamos a figura do "relatório".

Planejar e elaborar um relatório talvez constitua a tarefa mais corriqueira para os mais diversos profissionais. Na área jurídica, mais concretamente, não se pode pensar em uma única peça processual sem esta tarefa.

Todo e qualquer relatório (mesmo em áreas não jurídicas) tem um propósito, um objetivo concreto. Não é apenas um instrumental mecanicista de acumulação de dados. Exige, no mínimo, que se apresente uma síntese dos dados, uma análise global das principais ideias. Ora, toda síntese ou análise carreia uma argumentação.

Dessa forma, nenhum relatório é apenas relatório, é também um plano argumentativo. A apresentação inicial dos fatos, da situação, pode até ser objetiva, não argumentativa. No entanto, ao selecionar os fatos ou as ideias *úteis* e *pertinentes*, ao se apresentar o *contexto em sua globalidade*, o relatório deixa a seara da objetividade, ingressa, queira-se ou não, na análise pessoal dos fatos e das ideias. Aplicam-se, portanto, a todo e qualquer relatório também os planos anteriormente descritos.

3.4.5 Desenvolvimento dos argumentos

Seja na introdução, seja na conclusão, seja no desenvolvimento de um discurso, o que dá eficácia à argumentação pode ser apresentado sob a seguinte estrutura: a) saber apresentar ou enunciar uma ideia; b) saber justificar esta ideia (pelo raciocínio ou pelos exemplos); ou então c) saber refutá-la.

Nesse momento, interessa-nos o "saber enunciar uma tese própria ou alheia". Os demais aspectos serão vistos nos próximos capítulos.

Seja nossa ou alheia, ou mesmo o reflexo de um sentimento generalizado, concordando ou não com o que será apresentado, é preciso aprender a enunciar com clareza e rigor uma ideia ou uma tese.

De imediato, é pela enunciação "precisa" que o emissor do discurso se posicionará claramente com relação às ideias emitidas e que o receptor saberá, sem ambiguidades, se as assumirá ou não.

Se o emissor, por exemplo, utiliza-se da primeira pessoa, do plural majestático ou da forma impessoal, pode indicar referência clara à sua própria opinião. Da mesma forma, se se utiliza do indicativo pode indicar adesão à ideia; ao contrário, ao utilizar o futuro do pretérito pode estar a advertir de imediato que indicará ressalvas futuras.

Sem mostrar absoluta clareza quanto ao posicionamento do emissor, o receptor corre o risco de simplesmente perder-se na profusão de ideias. Corre-se o risco de que o receptor não caminhe ao lado do emissor, que se disperse pensando em ideias paralelas ou mesmo construindo seu posicionamento independentemente do discurso.

Contribui para a clareza, portanto, a indicação precisa do posicionamento do emissor: seja de certeza positiva ou negativa, seja de dúvida relativa ou absoluta.

3.4.5.1 Certeza positiva ou negativa

Se estivermos certos do que afirmamos (certeza positiva) ou da inaceitabilidade de determinada ideia (certeza negativa), é preciso marcar esse juízo com total segurança (assim se dá clareza à exposição e pode-se gerar o convencimento).

A certeza positiva pode ser demarcada com diversas expressões: é certo..., é inquestionável..., é incontestável..., é irrefutável..., é evidente..., estou seguro... de que, tenho o convencimento firme de que..., não há menor dúvida...

A certeza negativa, por diversas formas também: é impossível que..., está excluído, fora de cogitação..., não se pode admitir...

Essas expressões são, por natureza, antiargumentativas, pois consolidam afirmações categóricas e, em geral, não são acompanhadas de justificativas.

A honestidade argumentativa (sempre prudente), no entanto, requer que se utilizem essas expressões apenas diante das certezas demonstradas. Na seara argumentativa, são legítimas apenas as ideias que forem demonstradas.

3.4.5.2 Dúvida relativa ou absoluta

De qualquer forma, perante qualquer abalo, a opção correta é expressar a dúvida, seja ela relativa a determinado aspecto (dúvida relativa), seja ela concernente a toda uma ideia (dúvida absoluta).

A dúvida relativa, verdadeira ressalva a uma ideia, pode ser expressa de diversas formas: parece que..., é provável ou pouco provável..., é verossímil..., há fortes indícios de que..., há pouquíssimas probabilidades de que...

A dúvida absoluta é a que o emissor fica neutro diante de uma ideia, simplesmente a indica, sem julgar, pois não é possível, no momento, fazer a balança pender para qualquer lado. Deve se apresentar de forma mais elaborada: não se pode excluir..., pode ser que..., é possível..., não é impossível...

3.4.5.3 Destaque do essencial

É muito relevante para a eficácia da argumentação que a ideia seja apresentada em sua essência. Ou seja, que o emissor tenha a clara distinção entre o que importa destacar (as ideias chave e não os comentários paralelos) e aja em consequência.

Há duas formas usuais de se destacar uma ideia no discurso: pela demarcação precisa do relevante e pela reformulação da ideia.

A **demarcação** se dá de diversas formas. Por locuções adverbiais: sobretudo, essencialmente, principalmente, primordialmente... Por certas estruturas textuais: é crucial notar que... Com adjetivos: o importante, o primordial é que...

A **reformulação** é uma técnica de reiteração de uma ideia chave já expressa de outra forma, com outras palavras. Torna, portanto, mais compreensível, memorizável e identificável a ideia que importa destacar. Frequentemente, com essa técnica, é possível expressar a ideia chave de um modo mais geral e abstrato, o que contribui para o aspecto intelectual do texto e para a persuasão (a ideia de quase uma lei lógica dá mais credibilidade à afirmação). Embora retome a ideia, nas reformulações podem ser apresentadas matizes suplementares e reforçar seus efeitos persuasivos também.

3.4.6 Argumentação científica

É natural para a maioria dos pesquisadores que, concomitantemente aos estudos empreendidos, vá se escrevendo quase definitivamente sobre os conteúdos assimilados. Tal posicionamento prático é razoável e coaduna-se com a realidade de quase todos os investigadores: a falta de um tempo exclusivo apenas para escrever sobre o que se estuda. As preconizadas "fichas de leitura", objeto corriqueiro de recomendação de praticamente todas as obras de metodologia, de fato, não se adaptam à realidade de muitos dos investigadores. Parecem, em razão disso, indicações para um mundo utópico. Da mesma forma, há verdadeiro descompasso entre a indicação de que os investigadores escrevem primeiramente um rascunho, para em momento posterior, redigir o texto definitivo, como uma segunda obra, de um segundo momento. Diante dessa realidade, há que se apontar apenas algumas recomendações que visam evitar os vícios da supressão do modelo ideal de investigação e de apresentação dos resultados.

3.4.6.1 Fio condutor do texto

Em primeiro lugar, há que se tomar cuidado para que o texto produzido não seja reflexo somente das ideias consultadas em outros textos, das ideias dos outros; para que o texto não se transforme em mero resumo.

Qualquer investigação bem conduzida (identificável pela árdua reflexão sobre os temas) atinge descobertas pessoais sobre o objeto de estudo. São essas descobertas que devem ser apresentadas no texto.

De outra forma, o texto deve apresentar as perguntas às quais se propôs responder e as respostas que conseguiu construir. O pensamento alheio, encontrado nas diversas obras que consultamos, é mero instrumento para sustentar ou desenvolver a resposta que queremos apresentar. O fio condutor do texto é o argumento de pesquisa, é a descoberta a ser revelada e não simplesmente o dito pelos demais sobre o tema de investigação.

3.4.6.2 Natureza dialógica

Por outro lado, não se trata de fazer com que o leitor do texto engula nossas constatações ou concepções. É preciso fazer que o leitor percorra o mesmo caminho de reflexão que o investigador empreendeu.

3.4 | Plano Argumentativo

Espera-se que se apresentem ideias novas e importantes sobre determinado problema. Mas anseia-se, de maneira especial, que o apresentado seja acompanhado da contextualização (discussão travada pelos diversos investigadores sobre o problema), da identificação das falhas ou lacunas ainda não supridas pelos estudiosos do tema, bem como das explicações ou razões que justificam o posicionamento adotado pelo pesquisador e autor do texto.

Em determinadas pesquisas, naquelas que o resultado a ser apresentado desmitifica a cultura vigente, naturalmente incapaz de enxergar outras realidades, há que se reforçar os argumentos fundantes da nova ótica, bem como deter-se mais longamente no caminho, no iter intelectual.

3.4.6.3 Necessário encantamento

Há que se ter. diante dos olhos, um fato inconteste: qualquer texto, acadêmico ou não, é valorizado quando gera encantamento, envolvimento do leitor. Não basta apresentar ideias de forma precisa, fundadas e dialogadas com as demais autoridades. É preciso encantar.

3.4.6.4 A quem se dirige

Um trabalho de pesquisa é escrito, em primeiro lugar, aos pares, a outros investigadores ou pensadores. Mas, presume-se que possa ser lido e consultado por qualquer interessado no tema. Escrever é um ato social.

Em consequência, é preciso tomar o seguinte cuidado: definir o significado dos termos utilizados. Somente diante de termos consagrados e indiscutíveis afasta-se tal necessidade. Ao contrário, ao empregar expressões que apresentam conteúdo mesmo que ligeiramente diferenciado nos autores que consultamos, é preciso apurar o discurso, sob pena do mesmo não ser compreendido como se imagina.

O mesmo se diga quando citamos determinado pensador chave para nosso percurso dialógico. Há que contextualizar quem é o pensador. Eventual banca avaliativa provavelmente conhecerá o autor referido, mas como o trabalho dirige-se a todos os públicos, é preciso indicar quem é quem.

Sabedores de quem a se dirige o texto decorrente de um trabalho de pesquisa, é preciso pensar em "como" se escreve. Nesse ponto, não há receitas prontas.

Umberto Eco nos apresenta uma série de dicas no capítulo 5 de sua obra *Como se faz uma tese*. Destacamos as que nos parecem mais relevantes: Não use períodos longos e entrecortados (com excessivas observações paralelas); Evite radicalmente a linguagem poética, a ciência tem de ser precisa; Elimine as divagações, a finalidade do trabalho escrito é provar algo e não mostrar erudição; Verifique se qualquer pessoa (de preferência alguém de outra área) entende o que escreveu; Use com parcimônia reticências, pontos de exclamação, ironias e metáforas, podem prejudicar a cientificidade, pois não se apresenta justificativa desse tipo de argumento; Não aportuguese os nomes próprios (terrível ver citado Tomás Morus, ao invés do original Thomas Moore; imaginem referências de brasileiros assim construídas: Giuseppe de Alencar, John Guimarães Rose).

3.4.6.5 Citações, paráfrases, notas de rodapé

São raras as argumentações que podem se dar ao luxo de não apresentar ou mesmo transcrever ideias alheias ou lugares-comuns, concordem ou discordem delas. Nesse ponto, importa demarcar com precisão a ideia do emissor e a ideia "emprestada" como apoio ou para ser refutada. Para tanto, é necessário deixar consignado claramente o pensamento alheio com expressões precisas: alega fulano..., afirma sicrano..., considera beltrano..., acredita fulano...

Se o pensamento expresso não pode ser atribuído a determinada pessoa ou a determinado grupo, podem ser utilizadas expressões genéricas, tais como: alguns..., certos autores..., há quem afirme... Do ponto de vista acadêmico, no entanto, essa alternativa é rechaçada (até proibida), pois não apresenta o rigor necessário, a indicação da fonte.

De qualquer forma, duas são as situações em que se recorrerá sempre à citação ou à paráfrase: quando o discurso for estruturado da forma tese-antítese, quando se fizer concessão pontual a alguma concepção contrária.

Nossa língua é estruturalmente habilitada a trazer o discurso alheio para o discurso próprio de duas formas: pelo **discurso direto ou citação literal** – trecho de texto alheio é inserido dentro do texto próprio (para a gramática, é necessário o anúncio da fala e a pontuação adequada – dois pontos ou travessão; mas para a ciência e por isso para a ABNT, é necessário colocar o texto entre aspas ou com recuo e indicar a fonte), que possui um efeito de veracidade, de preservação da integridade da ideia sem igual, além de poder acompanhar-se do efeito autoridade de quem é citado; e pelo **discurso indireto ou paráfrase** – afirmações alheias são inseridas dentro do texto próprio, misturadas com ou substituídas por palavras do autor do texto próprio (para a gramática, é necessário o anúncio, a tradução para ou a mescla com as palavras do narrador e, em regra, uma partícula de transição para afirmação alheia, em geral a conjunção que ou a conjunção se; mas para a ciência, e por isso para a ABNT, é necessário indicar a fonte), que possui um conatural efeito racional e analítico, da ideia, do conteúdo intrínseco da ideia, assim como possui um conatural distanciamento do autor anunciado, permitindo, mais facilmente os exercícios críticos (Fiorin & Platão Savioli, 2007, pp. 181-185).

O discurso indireto, pelo seu efeito analítico, é o mais indicado para a redação dos produtos da pesquisa, pois naturalmente conduz a características valorizadas pela ciência: o distanciamento, a reflexão, a crítica. Quando o pesquisador usa ou precisa usar o discurso direto, pois depende da integridade ou da autoridade, precisa agregar ao seu discurso algum comentário pessoal sobre o texto citado. Assim retorna aos matizes científicos.

Observe-se, ainda, que há dois tipos de discursos indiretos ou paráfrases: um voltado para a análise do conteúdo das ideias, outro voltado para a análise das expressões. O discurso indireto voltado para o conteúdo, narra as ideias de alguém, não importando as formas como ele disse. O discurso indireto voltado para as expressões, para o modo de dizer dos outros, tem de destacar as expressões utilizadas pelo outro, em geral, entre aspas. Ocorre que essas aspas não são aspas de citação (da ABNT), são aspas linguísticas. Do ponto de vista linguístico não são citações, são falas do personagem inserido no texto e não do autor referido.

É difícil dizer qual a quantidade ideal de citações que deve integrar o texto definitivo. A natureza do trabalho e a finalidade de cada citação apresentarão, no entanto, balizas concretas. É certo que um trabalho sobre o pensamento de determinado autor apresentará muitas citações dele, para que possamos as analisar. Da mesma forma, haverá mais presença de trechos originais de pensadores relevantes para nosso trabalho do que de outros.

De qualquer forma, a citação não é o caminho mais cômodo: para o autor do texto não ter de pensar como escrever sobre determinado assunto.

Ao contrário, toda e qualquer citação apresentada deve ser interpretada pelo pesquisador, até mesmo aquelas citações que se apresentem para reforçar nossa interpretação.

Nesse ponto, Umberto Eco vem novamente em nosso socorro, apresentando algumas regras de ouro que ora adaptamos: a) Ou a citação diz algo de novo ou confirma o que fora dito com precisão ou com autoridade; b) É preciso que se apresente com absoluta precisão a fonte original do texto transcrito (autor, obra, editora, ano, página), dando-se preferência à edição de maior qualidade, agregando, se tradução, o texto na língua original em rodapé; c) As citações devem ser fiéis – se suprimido algum trecho, indique-se com o seguinte símbolo [...], se intercalado algum comentário pessoal, indique-se graficamente assim [comentário], se destacado algum trecho ou palavra não destacado no original, ao final da citação é preciso indicar (sem destaques no original), se há algum erro no trecho citado, não se pode corrigir o erro, mas deve-se apontá-lo com o seguinte [sic].

Em grande parte do trabalho, serão utilizadas mais paráfrases do que citações. Ou seja, explicitaremos com as nossas palavras as ideias que outros autores apresentaram. Nesse momento, também é preciso cuidado. É necessário diferenciar a nossa compreensão sobre qualquer tópico (para não colocar na boca alheia as nossas ideias) e a ideia reproduzida de outrem. Quando traduzimos ideias alheias, há que se indicar a fonte de tais pensamentos, da mesma forma que damos a origem dos trechos transcritos.

Em termos técnicos e práticos, se adotarmos o sistema de notação em rodapé, apresenta-se, nesse momento, o símbolo "Cf." (conforme). Quando há "Cf.", estamos diante de paráfrases ou comentários pessoais sobre ideias apresentadas por outrem; quando se suprime o "Cf.", estamos diante de citações.

As notas de rodapé, como apontado, servem para indicar a fonte das citações ou das paráfrases, para apresentar as referências. Salvo se adotado o método de notação conhecido como Autor-Data, em que no próprio corpo do texto indica-se, entre parênteses, o autor, a data da obra e as páginas, exemplo (Eco, 1999, p. 121-127). As notas de rodapé, no entanto (em qualquer sistema de notação), podem cumprir outras funções: Acrescentar outras referências para aprofundar o estudo de um ponto concreto; fazer remissões internas, indicando outras partes do próprio trabalho que devem ser

3.4 | Plano Argumentativo

consultadas; ampliar as ideias apresentadas no corpo do texto, mas que se inseridas no mesmo atrapalhariam o roteiro lógico; indicar com precisão o significado que determinado termo está sendo utilizado; anexar os originais de textos traduzidos no corpo do trabalho.

3.4.6.6 Introdução

Do ponto de vista prático, a falta de tempo a que se veem assolados os profissionais de hoje reduz, muitas vezes, a leitura ou o estudo de determinado texto a suas conclusões e, no máximo, as apresentações introdutórias dos argumentos, a suas introduções. Tal constatação seria suficiente para que nos preocupássemos em demasia com essas partes do discurso. Mas essas partes desempenham também outros papéis relevantes.

A introdução dá o tom para a argumentação, de imediato impressiona favorável ou desfavoravelmente, conquista de plano ao leitor ou o perde. Influencia, portanto, como o texto será apreendido e memorizado. A conclusão, por sua vez, indica o que deve ressoar na mente do receptor, depois de terminado o percurso lógico. Por ela conquista-se ou não a percepção global da argumentação.

A introdução deve buscar dois objetivos nitidamente diferentes.

Em primeiro lugar, tem de **despertar o interesse** do receptor. É preciso que o destinatário do discurso se sinta realmente motivado, sinta necessidade de percorrer a trilha argumentativa do emissor. Em segundo lugar, tem de **dirigir o olhar** do receptor, apontando **"o que"** será abordado exatamente e **"de que forma"** (etapas do plano reflexivo) isso será feito. Assim, se conseguirá que o receptor ingresse no mundo do emissor, prepare-se para enxergar exatamente o que se quer demonstrar em cada momento do caminho reflexivo.

Para despertar o interesse, é preciso que o texto seja apresentado com **vivacidade**. Para dirigir o olhar, é necessário que o texto seja **claro** e **preciso** no que diz respeito ao "que" e ao "como" será abordado.

Mas essas finalidades não precisam ser traduzidas em etapas estanques. Devem, ao contrário, ser atingidas de maneira **fluida**, quase imperceptível, pelo **envolvimento**.

Para despertar o interesse, finalidade primordial (sem ela nenhum receptor será conduzido a compreender nada, mas poderá abandonar física ou mentalmente ao discurso), o receptor precisa ser convencido da necessidade da própria reflexão. De outra forma, o emissor precisa justificar a própria existência da reflexão.

Para tanto, vários "**ganchos**" (verdadeiras iscas) podem ser utilizados. Pode ser lançada uma situação real conhecida pelo receptor, ou uma série de situações de seu contexto relacionadas ao assunto (e que mostram a relevância do tema). Pode-se iniciar com uma afirmação de efeito (técnica em geral estimulante e provocadora); ou com uma tese geralmente aceita, sob a qual se lança dúvida; ou com as linhas gerais de opiniões opostas; ou até mesmo com uma pergunta retórica.

Explicitar, na introdução, um esboço geral do plano argumentativo a ser empreendido, por sua vez, não é uma simples exigência acadêmica, é instrumento necessário para que o receptor acompanhe o raciocínio futuro ou mesmo para que adquira confiança em que percorrer o caminho será útil (a clareza do plano demonstra indiretamente a maturidade do emissor, o que desperta mais confiança no receptor).

3.4.6.7 Conclusão

Depois de percorrida a trilha argumentativa, a tarefa sem dúvida mais árida para o autor do discurso é o encerramento. Muitos são os emissores, em consequência, que descuram do fechamento do percurso, seja porque acreditam que os receptores já compreenderam, seja porque estão efetivamente cansados. É comum que a conclusão seja muitas vezes peça formal e insípida.

Ocorre que a conclusão é o momento precípuo para a tomada de decisão, para a conquista de um entendimento definitivo sobre um assunto (mesmo que essa conquista seja a admissão da dúvida).

Somente depois de conquistado ao receptor (papel da introdução) e de percorridos os argumentos (papel do desenvolvimento) é que se pode fincar a bandeira definitiva que consolida um entendimento.

Muitos são os emissores de discursos que concluem antes da conclusão (nos últimos passos argumentativos) e deixam ao fechamento questões futurísticas ou paralelas. Muitos também são os que constroem as conclusões como sendo um mero resumo de todo o percurso (o que soe acontecer e é curiosamente valorizado nos trabalhos acadêmicos).

3.4 | Plano Argumentativo

A conclusão, no entanto, redigida com os seus legítimos propósitos (e por isso mais eficazes) é a que **fecha o debate e destaca os problemas eventualmente criados por sua conclusão.**

É natural e razoável que a conclusão seja a parte do discurso que retoma os pontos essenciais de todo o raciocínio anteriormente expressado, mas não pode ficar nisso. Deve retomar o percurso essencial para concluir, para efetivamente fechar a tese defendida.

Em função do que temos visto em diversas conclusões, indicamos ainda que se deve tomar um cuidado extremado para não abrir na conclusão "novas" indagações. Se essas indagações são pertinentes, deveriam ter sido trabalhadas no desenvolvimento, o que fragiliza a própria conclusão.

Ressalva legítima se faça aos problemas derivados da conclusão defendida. Esses podem, nesse momento, ser levantados legitimamente (tais como: limitações de generalização da conclusão, dificuldades para a execução). Essas ressalvas podem fazer parte da conclusão, mas não podem atingir o seu ponto fulcral, pois assim a desbaratariam.

Em essência, a preocupação da conclusão deve ser a de apresentar a **tese central** construída, para assim fazer ressoar na mente do receptor o que interessa.

Nesse sentido, novamente do ponto de vista prático, muito cuidado se tome com a redação final, com a última frase, as últimas palavras, o último termo. Esses elementos são, psicologicamente, os que podem gerar mais efeito.

3.5

Fundamentação das Ideias

PARA a argumentação não basta, embora seja muito relevante, aprender a enunciar as ideias, é preciso dominar técnicas de justificá-las. Em verdade, esse é objeto central da argumentação: saber apresentar adequadamente (com logicidade) os fundamentos das premissas que apresenta e os embasamentos das inferências, das conclusões extraídas das premissas.

Duas formas ou dois caminhos podem ser trilhados para tanto: a seara do raciocínio bem estruturado e a senda da apresentação de exemplos contundentes.

3.5.1 Eixos do raciocínio lógico

O emissor do discurso certamente tem toda liberdade para estabelecer o seu caminho argumentativo. Alguns conhecimentos, algumas espécies de raciocínio, no entanto, precisam ser apreendidos para que os seus argumentos atinjam maior eficácia, maior solidez e maior segurança. A isso nos propomos: a simplesmente apresentar algumas formas sob as quais o raciocínio pode ser estruturado com mais perfeição.

3.5.1.1 Raciocínio dedutivo

O raciocínio dedutivo é aquele que se propõe a **extrair uma ideia de outras anteriores**. De forma que, uma vez aceitas as anteriores, a posterior ou as posteriores serão automaticamente aceitas, ficarão automaticamente demonstradas.

Trata-se do silogismo aristotélico, arquétipo desse tipo de raciocínio: Se A é B, se todo B é C, então todo A é C. Ou como apresentou Aristóteles:

3.5 | Fundamentação das Ideias

"Todos os homens são mortais, Sócrates é homem, logo Sócrates é mortal".

Esse tipo de raciocínio pode, no entanto, sofrer três embates sérios, que o desbaratam.

Em primeiro lugar, se as **premissas** (primeiras ideias) não forem efetivamente demonstradas, verificadas ou comprovadas, ou não forem aceitas pelo olhar comum, podem resultar em uma inferência falsa. Nesse ponto, há que se lembrar do anteriormente referido com relação aos argumentos implícitos. Se os argumentos (ideias) implícitos forem desvelados e apontar-se sua falsidade, falsa será também a consequência.

Em segundo, se as premissas colocadas no jogo argumentativo não possuírem verdadeiro **nexo**, ou se a ligação entre elas for muito frágil, também podem conduzir a uma conclusão falsa.

Em terceiro lugar, deve se verificar se realmente a inferência foi construída dentro dos **limites que as premissas e suas ligações permitem**: ou seja, se a conclusão efetivamente é decorrência da conjugação das premissas, ou se as premissas simplesmente serviram de instrumento para maquiar uma conclusão maior ou diferente do que elas potencialmente podiam revelar.

Ao se construir uma argumentação dedutiva, portanto, é necessário ser bastante rigoroso quanto à verdadeira condição de premissas, ao verdadeiro elo entre elas, à sua potencialidade.

Por outro lado, ao se analisar um discurso dedutivo (uma das formas mais comuns de discurso), nosso olhar deve dirigir-se aos mesmos pontos. Assim podemos desbaratar mais facilmente os raciocínios equivocados de eventuais antíteses que nos incomodem ou de eventuais teses que queremos nos aliar.

De forma geral, mesclando os ensinamentos de Anthony Weston (2009, cap. 1), de José Luiz Fiorin (2007, lições 23 e 24) e a experiência pessoal, podemos afirmar que a composição dos argumentos lógicos (do raciocínio dedutivo e dos demais) deve seguir algumas regras gerais: a) distinguir as premissas da conclusão; b) respeitar a ordem natural de apresentação e de assimilação das ideias; c) amparar-se em premissas confiáveis, evitando também pressupostos falsos; d) utilizar argumentos concretos e concisos, fugindo de divagações; e) nunca utilizar linguagem apelativa; f) seguir repertório unificado e coeso de termos; g) repelir termos ambíguos, palavras com extensões muito amplas de significado.

3.5.1.2 Raciocínio indutivo

A outra forma de juízo mais comum nos discursos é a do raciocínio indutivo. Consiste, tal mecanismo lógico, em **sintetizar uma ideia a partir de uma repetição de situações**. Em outras palavras, porque se verifica que algo ocorreu em uma, duas... quinze vezes, extrai-se a ideia geral sobre tais ocorrências.

O problema desse tipo de raciocínio, de estrutura radicalmente diversa do anterior, é a precipitação. A pressa em concluir, em chegar a um resultado, leva-nos a não verificar se há **veracidade** nas situações que se repetem (pode nosso olhar não ter interpretado bem as situações), a não verificar se o número de repetições, se a **amostragem** (a parte do mundo que foi observada) é suficiente para atingir a conclusão.

3.5.1.3 Raciocínio por oposição, contradição

Diante de uma realidade complexa em que nada é totalmente isso ou somente aquilo (totalmente negativo ou absolutamente negativo), o melhor caminho argumentativo é o **dialético**, o que apresenta os diversos pontos de vista sobre um tema e os analisa um a um, moldando uma conclusão de certo modo compromissória (que integra ideias aparentemente opostas, que admite concessões ou relativizações de alguns posicionamentos).

Esse tipo de raciocínio, que tem a coragem de **encarar as críticas, refutando-as ou aceitando parte delas**, que tem a galhardia de reconhecer as limitações de suas próprias afirmações, soe despertar a completa adesão alheia, pois se apresenta mais realista e honesta.

É o raciocínio mais "reflexivo", pois coloca as ideias em uma sala de espelhos (objeto que apresenta sempre e unicamente reflexos) onde podemos enxergar os mais diversos ângulos delas. É por excelência, no sentido imagético, o tipo de raciocínio que nos ensina a "refletir".

3.5.1.4 Raciocínio por eliminação

Trata-se do caminho argumentativo policialesco. Diante de diversas possibilidades, vai-se eliminando uma a uma, até ficarmos com a única que se nos apresente possível.

Se não conseguimos demonstrar diretamente a correção de alguma ideia, de algum ponto de vista, esse é um caminho alternativo. Talvez

3.5 | Fundamentação das Ideias

seja uma trilha mais manipulativa do que argumentativa, mas é uma trilha.

É frágil, no entanto, pois a qualquer momento pode-se apresentar o seguinte contraponto, o seguinte obstáculo metodológico: como ter certeza de que a lista do que foi descartado é realmente exaustiva?

3.5.1.5 Raciocínio por alternativa

Uma espécie muito utilizada de raciocínio é a que põe na mesa do discurso dois e apenas dois elementos de reflexão e que os apresenta necessariamente como incompatíveis. No direito, por exemplo, é comum o debate sobre a "segurança jurídica" e a "justiça" nesses termos.

Apresenta-se com uma solidez, uma firmeza aparente que parece indevassável. Praticamente coage à que cheguemos a mesma escolha.

O seu fundamento persuasivo é essa coação, mas seu tropeço lógico é muito superficial (está bem abaixo da pele): em geral não se demonstra que somente os dois pontos podem ser levados em conta, em regra não se demonstra que os dois pontos são realmente incompatíveis.

Diante de uma pergunta: — O que vocês preferem, justiça ou segurança jurídica? É muito fácil desbaratar esse raciocínio. Três são as possibilidades: — Nenhum dos dois; — Os dois; — Eu formularia o problema de outra maneira.

A recusa na escolha, aceitar os dois lados ou demonstrar que a oposição é falsa, coloca em risco esse método tão usual para os discursos.

3.5.1.6 Apresentação das causas

A análise ou a demonstração sólida de uma ideia ou de uma solução consiste, antes de tudo, em apresentar um diagnóstico preciso de suas origens, causas, causas das causas, princípios. Uma vez percorrida essa trilha, a conclusão que viermos a extrair, por qualquer tipo de raciocínio, será a mais confiável, mais aceitável. Somente a investigação profunda dá-nos segurança, enquanto receptores, para aceitar as ideias alheias.

Forma prática de identificar ou formular ideias sobre um tema qualquer é utilizar-se do instrumental dos 5 Quês (na versão em latim) ou das 4 Causas.

Todos os entes, ou realidades, ou assuntos podem ser estudados seguindo as seguintes perguntas: a) O quê? Qual é exatamente o problema? b) Quem? Quem está implicado nesse problema? c) Quando? Quando o problema se manifesta especialmente? Quando ou desde quando apareceu? d) Em que lugar? Onde podem ser verificadas as manifestações desse problema? e) Por quê? Quais as origens do problema?

Da mesma forma: a) Qual a causa material? (elemento estruturante do ser, matéria de que são constituídos os seres); b) Qual a causa formal? (que lhe dá determinada configuração, aquilo que faz cada coisa ser o que é); c) Qual a causa eficiente? (causa motora, agente, que torna a potência ato); d) Qual a causa final? (fim ou o escopo ao qual tende).

Se todas essas perguntas são feitas com a mente aberta e independentemente de nossas pré-compreensões, elas podem nos ajudar a desvelar uma série de aspectos não pensados ou a identificar de que exatamente está a se falar em determinado discurso.

A causa final, a finalidade, na operação de fundamentação, ganha sempre destaque especial. Das quatro causas (material, formal, eficiente e final), a causa final é sempre a que marca mais o nosso olhar, na maioria dos discursos.

De qualquer forma, a fundamentação pela causa exige alguns cuidados relevantes, como nos ensina Anthony Weston, na obra *A Construção do Argumento*. Quem fundamenta com causas tem de: 1) explicar de que modo a causa leva ao efeito (não basta saber que tal causa leva a tal efeito, há que se dizer por que faz sentido que tal causa leve a tal efeito); 2) explicar por que tal causa é a mais provável (as correlações não determinam uma relação de causa e efeito, apenas de coincidência; inclusive, eventos correlacionados podem ter outras causas, comuns ou diversificadas; além de que, se o âmbito da percepção é a de mera correlação, não é possível dizer o que é causa ou o que é efeito, o que se imagina causa pode ser efeito); 3) explicar que tipos de causas foram identificadas (causas isoladas, causas conjuntas, causas sequenciais, causas antecedentes, causas intervenientes etc.)

3.5.2 Gestão dos exemplos

Os exemplos podem ser utilizados de duas formas principais em um discurso.

3.5 | Fundamentação das Ideias

Podem constituir o fundamento de nossas convicções, quando extraímos deles, por indução, as nossas ideias. São, portanto, a **justificativa da origem de nossas ideias**, precedem as próprias ideias (que são apresentadas depois do exemplo, com diversas expressões, tais como: "esse exemplo demonstra, prova, ilustra que...").

Podem constituir a **prova do que anteriormente construímos em raciocínios abstratos** (usando expressões assim: "é o que ocorre, por exemplo, com..."). São, nesse caso, o termo final, a confirmação de nossas ideias, sucedem as ideias.

No primeiro caso (**fundamentos para a indução**), os exemplos não podem ser particulares demais. Precisam ser generalizáveis, e especialmente "representativos" do que se quer inferir. Não se pode extrair legitimamente uma ideia de um exemplo se ele efetivamente não é representativo, se ele não representa a amostragem necessária para tal inferência. É comum que os discursos se utilizem de um único exemplo, dramatizem-no e assim justifiquem suas inferências. Esse procedimento, embora comum, não é adequado, pois mascara se esse exemplo é realmente representativo do que se quer inferir.

É lógico que é impossível dispor de uma lista exaustiva de casos e somente assim extrair a inferência. Tal realidade não produziria qualquer discurso eficaz, salvo o tédio. Mas é possível apresentar uma seleção de exemplos representativos (cada um deles representativo de um conjunto de situações semelhantes) e a partir deles extrair com mais legitimidade a inferência.

No segundo caso (**comprovar a ideia já exposta**), os exemplos precisam adaptar-se perfeitamente à ideia já exposta, mas não são menos relevantes. O exemplo penetra muito mais facilmente na mente do receptor do que as ideias. Se o receptor concordava com a ideia, terá o exemplo como um coringa para sempre utilizar. Se o receptor vacila diante da ideia, pode ver-se vencido (porque agora compreendeu) ou convencido (porque agora se sente seguro para aderir definitivamente à ideia).

Há um papel, no entanto, que não pode deixar de ser apontado para o exemplo. Embora o exemplo não seja uma forma cabal e absoluta de se induzir algo ou mesmo de se comprovar uma ideia já exarada, há um papel que o exemplo desempenha na lógica que é incontestável: o **papel de contraexemplo**.

Um exemplo não pode ser o caminho para uma inferência indutiva absoluta. Um exemplo não pode ser o instrumento de provar de modo absoluto uma ideia. Mas um único exemplo pode ser a derrocada definitiva de uma ideia que se quer contrapor. Um único exemplo pode demonstrar cabalmente que uma ideia era falsa.

O exemplo tem eficácia incontestável, é muito mais poderoso, muito mais pedagógico do que um raciocino rigoroso (sempre mais difícil de ser acompanhado). É preciso apenas aprender a usá-lo e a saber "dosar" sua utilização, pois o discurso, em verdade, almeja a adesão à ideia e não ao exemplo. Seu emprego exagerado prejudica a argumentação, por isso que seu emprego regular nos leva a enxergar essa atitude como falta de profundidade.

Em qualquer forma que o utilizemos, é preciso cuidar para que o exemplo seja aceitável ou compreensível pelo receptor, que seja adaptado às referências, ao olhar cultural do receptor.

É preciso aprender, nesse campo argumentativo, o campo dos exemplos, a ser um contador de histórias mais do que um orador. Somente o exemplo que envolve produz o efeito persuasivo e a argumentação não se preocupa apenas com a lógica, mas também com o convencimento.

3.6

Refutação de Ideias

A REFUTAÇÃO constitui uma atividade essencial da argumentação, pois atinge as duas finalidades das quais ela persegue: **racionalidade** e **persuasão**.

Por um lado, a refutação de teses contraditórias ou contrárias constitui aprofundamento lógico da reflexão (racionalidade). Por outro, enfrentar as eventuais objeções tem efeitos persuasivos imediatos: dissuadir eventuais detratores, bem como manter o debate intelectual nas mãos do emissor. As objeções não enfrentadas podem facilmente aparecer em discurso seguinte; mas, nessa situação, não será mais o primeiro emissor quem conduzirá o raciocínio e o convencimento alheio.

É técnica útil também para melhorar a própria forma de fundamentar, de justificar as próprias ideias.

A eficácia da refutação depende do emissor ser capaz de concretizar os seguintes passos: 1) Assimilar profundamente, como quem entra em um mundo alheio, a tese contraditória ou contrária; 2) Julgar a validade dos exemplos e das opiniões alheias; 3) Escolher a estratégia argumentativa mais adequada ou eficaz – rejeição total, concessão parcial, atenuação; 4) Executar com técnica o discurso que concretiza a estratégia argumentativa escolhida.

3.6.1 Rejeição total

A rejeição total é a técnica que nega qualquer valor a uma ideia alheia, devendo ser utilizada com muito cuidado, somente quando o emissor tem certeza de seu julgamento. Pode ser enunciada de diversas formas: não é verdade que..., não se pode aceitar..., não é razoável que...

A rejeição de uma tese pode se dar pela simples refutação de sua validade ou pela apresentação de outra tese contraditória, uma antítese. Anuncia-se, após a tese contestada, algo como: na realidade..., na verdade.... E, em seguida, a antítese é defendida.

Deve-se tomar cuidado, no entanto, para não se adotar o raciocínio binário (ou é ou não é) quando o pensamento puder ser matizado, quando a situação apresentar diversos aspectos. Isto, se percebido, pode enfraquecer a eficácia do juízo de rejeição total.

A rejeição dos argumentos centrais (real ou hipotético) enfraquece a tese do emissor. Por sua vez, a defesa de uma antítese (argumento que invalida a tese do emissor e ainda apresenta solução) realmente é mais eficaz em produzir a rejeição total.

3.6.2 Concessão parcial

A concessão é uma trilha argumentativa diversa, consiste em aceitar em parte uma ideia. Não é sintoma de fraqueza. Ao contrário, é nota característica do discurso que tem presente sua verdadeira potencialidade, sua real dimensão.

Comparando com a rejeição, a concessão apresenta muito mais vantagens no campo do convencimento, pois estabelece diálogo com os que pensavam de modo diferente. A rejeição de plano afasta os que não pensam como o emissor. A concessão mantém tais receptores ainda próximos. Há, portanto, muito mais vantagens psicológicas em se adotar a técnica da concessão.

De certo modo, no entanto, essa técnica permite a manipulação. Quando o emissor aceita algo do pensamento alheio, é natural que o receptor que se enquadre no pensamento diverso baixe muito de sua guarda e passe a considerar o que se está falando.

Poderíamos pensar da seguinte forma: Há melhor caminho para induzir outrem a te fazer algo do que o de você fazer, antes, por ele, o mesmo? A reciprocidade, elemento típico e marcante de nossa sociedade, produz esse fenômeno. Quando se aceita algo do "inimigo" é muito mais fácil convencê-lo a aceitar algo de nossas ideias.

A concessão, por outro lado, pode ser uma estratégia; mas, em muitos casos, é uma necessidade. Se há argumentos contrários que gozam de certo grau de aceitabilidade diante do público receptor, não é possível produzir um discurso racional e persuasivo diverso se não se enfrentarem esses argumentos.

De qualquer forma, no âmbito racional, o que a concessão parcial acaba por produzir é uma exceção à tese ou uma diminuição de sua abrangência.

3.6.3 Modulação ou ponderação

Há casos em que a rejeição total ou mesmo a concessão parcial não constituem o caminho argumentativo mais eficaz. Às vezes, é oportuno apontar apenas que determinado argumento é desmedido, que determinado argumento não tem, verdadeiramente, toda a dimensão que aparenta ter.

Essa forma de contrapor o argumento contrário produz (como a concessão parcial) um campo de diálogo, de conciliação. Desta forma, permite fincar o juízo em um terreno de acordo.

Diversas formas literárias podem ser utilizadas, tais como:

a. em primeiro plano, tal raciocínio parece muito razoável, seria exagero, no entanto, afirmar que...;
b. a situação apresentada não é tão definida quanto se pode crer...;
c. tal afirmação simplifica demais a realidade...

Por esse mecanismo é possível, portanto, minimizar ou atenuar os efeitos de números apresentados, de determinados acontecimentos ou exemplos relatados ou mesmo de ideias expostas. Enquanto a concessão parcial é muito eficaz em consolidar exceções ou em alterar a abrangência de certas teses, a modulação é mecanismo eficiente para temperar os efeitos, a aplicabilidade de certas teses.

3.6.4 Qualidade dos raciocínios de refutação

Qualquer rejeição, modulação, ponderação ou atenuação apresentada, no entanto, para que tenha efetiva eficácia, deve ser impreterivelmente justificada com provas concretas ou raciocínios irrepreensíveis. Ao contrário, conduzirá o discurso ao mero digladiar de opiniões, campo em que sempre a maior autoridade vencerá.

Para que se estabeleça verdadeira refutação, é necessário que se enuncie com clareza e firmeza um contra-argumento e que se atente, de modo especial, para a justificativa do ponto de vista apresentado.

Uma técnica bastante eficaz para desbaratar o argumento contrário é a de **revidar a argumentação contrária com os seus próprios fundamentos**. Partindo de seus próprios fundamentos lógicos, de seus próprios exemplos, demonstrar que eles permitem concluir o contrário do que o emissor concluiu. Basta, para tanto, utilizar-se das inferências que não foram extraídas pelo emissor contrário.

Outra forma é **desvelar a natureza dos argumentos** antes de refutar, identificando e separando os Fatos, das Ideias, das Opiniões e das Crenças. **Fatos** são elementos concretos pertencentes à esfera da realidade, são acontecimentos precisos concretos isolados ou habituais. Podem ser invocados para justificar uma ideia, mas não se confundem com ela. Duas leis sobre os fatos podem ser muito úteis: 1) Um fato não basta para justificar uma ideia ou um conceito, somente a reunião de todos os fatos poderia justificar tal inferência (conclusão lógica); 2) Um único fato, no entanto, pode ser suficiente para desmentir um conceito ou, pelo menos, para excepcioná-lo. **Ideias** são noções abstratas (independentes da realização concreta, fenomênica), de alcance geral. As **opiniões**, embora abstratas, condicionam-se à subjetividade (dependem da apreciação do sujeito emitente). As **crenças**, embora próximas das opiniões, distinguem-se destas por caírem na esfera do indemonstrável, do absolutamente pressuposto. Quando um discurso apresenta uma ideia como uma crença, dispensa a demonstração. Mas essa artimanha é falsa, não resiste à argumentação. Uma crença, uma opinião podem ser pressupostos, mas não são ideias, não gozam do alcance geral.

Em verdade, para aprender a refutar, é preciso aprender antes a **identificar as ideias alheias com maior precisão**, é importante aprender antes a **classificá-las** segundo as categorias ou propriedades que se apresentam: a) noções prévias ou pressupostos que estruturam os raciocínios, as ideias, as opiniões ou as crenças que antecedem ao texto (que podem estar explicitadas, mas, em geral, não são reveladas); b) fatos que ilustram ou exemplificam; c) fatos que provam algo; d) ideias relacionadas com fatos concretos; e) ideias que se vinculam a questões abstratas; f) ideias e fatos mencionados que se relacionam com uma situação individual; g) ideias e fatos mencionados que se relacionam com situações sociais.

3.6 | Refutação de Ideias

Ocorre com frequência que a enunciação de uma tese esteja acompanhada de argumentos não explicitados. Embora não abertamente formulados, muitas de nossas argumentações recorrem a pressupostos compartilhados, são carreadas de ideias intrinsecamente inscritas. Tal realidade, em verdade, atrapalha a própria argumentação, pois escamoteia os passos lógicos, trapaceia a reflexão. O pesquisador que não percebe os pressupostos fica impossibilitado de contestar: razão pela qual perturba a análise lógica. A identificação e consequente contestação dos pressupostos (especialmente se equivocados), ao contrário, pode ser o caminho mais forte para se destruir uma argumentação anterior.

Muitos são os exemplos de argumentações apresentadas como base em elemento não dito, mas tacitamente aceito. Exemplificamos com algo muito singelo: "quero continuar jovem e sedutor; logo, preciso emagrecer". Há, nesse exemplo, um pressuposto implícito, o de que nossa sociedade pressupõe que o jovem e o sedutor são necessariamente esbeltos.

Outra técnica muito eficaz para a refutação, especialmente para o oral, é a que se utiliza de **perguntas retóricas** (pergunta que não é feita para o receptor responder, mas para o próprio emissor a contestar) e provocativas. Em verdade, são perguntas que têm em si mesmas o argumento da resposta, mas que geram a impressão psicológica de que o receptor participa do raciocínio, de que o receptor encontra a resposta que lhe foi introjetada.

Para que o discurso adquira efetivamente todas as suas potencialidades lógicas e persuasivas, é preciso, após o exercício de refutação, que o emissor atente para uma questão essencial: é necessário que o receptor, ao final, perceba claramente qual é a ideia mais adequada e que a memorize. Para tanto, após a refutação, o emissor deve **resumir** e reformular sua ideia básica, de modo claro e sintético, pondo um ponto final na questão. Esse procedimento aumenta exponencialmente a comunicação, pois aquilo que talvez tenha ficado claro apenas para o emissor, ou apenas para aqueles poucos que conseguiram acompanhar todo o raciocínio dialético, pode tornar-se transparente para todos os receptores.

Não caia o exercício da refutação nas artimanhas do discurso hermético ou do discurso vazio. O embate teatral pode ser feito assim, mas não o científico.

Como **contraexemplo** do que fazer, citamos a pesquisa relatada por Carlos Alberto Moysés com o mesmo espírito, em sua obra *Metodologia do Trabalho Científico* (p. 18-19):

A revista Newsweek publicou, em 6 de maio de 1963, uma nota interessante: funcionário americano, Philip Broughton, observou, durante anos seguidos, que só fazia carreira em Washington, quem falasse frases desconexas. O funcionário, de qualquer categoria, que optasse pela simplicidade, era e é – segundo a revista – sumariamente relegado a uma posição inferior. Não merece consideração. Daí teve a ideia de criar uma relação com palavras-chaves a serem usadas na conversação, de maneira a converter frustrados em indivíduos vitoriosos. São 30 palavras-chaves, agrupadas em três colunas, com a numeração de 0 a 9. [...] Para montar expressões "cultas", de indiscutível autoridade, escolha ao acaso um número de três algarismos e busque a palavra correspondente a cada algarismo em cada uma das três colunas. [...] Segundo o gaiato e humorado inventor desta fórmula, ninguém fará a mais remota ideia do que foi dito, mas não admitirá tal fato, e, o que é mais importante, as frases soam maravilhosamente bem.

COLUNA 1	COLUNA 2	COLUNA 3
0- Programação	0- Funcional	0- Sistemática
1- Estratégica	1- Operacional	1- Integrada
2- Mobilidade	2- Dimensional	2- Equilibrada
3- Planificação	3- Transicional	3- Totalizada
4- Dinâmica	4- Estrutural	4- Presumida
5- Flexibilidade	5- Global	5- Balanceada
6- Implementação	6- Direcional	6- Coordenada
7- Instrumentação	7- Opcional	7- Combinada
8- Retroação	8- Central	8- Estabilizada
9- Projeção	9- Logística	9- Paralela

3.7

Estilos Argumentativos

Para preparar uma boa argumentação, também é preciso dirigir os olhares ao estilo, ao aprender exprimir melhor as ideias, os raciocínios, para que assim os outros, os receptores, entendam melhor o nosso discurso.

Esse trecho da via da argumentação é formado por diversos elementos: começa pela estrutura das frases, passa pelo encadeamento linguístico das ideias e encerra-se em algumas técnicas estilísticas.

3.7.1 Coordenação e subordinação das ideias

FRASE

Frase é todo enunciado que reúne palavras de forma a transmitir ao receptor o que pensamos, queremos ou sentimos pontualmente.

Podem ser:
- *Declarativas*, explicitando um juízo sobre alguém ou algo.
  Exemplo: Não pensei mais nas dificuldades.
- *Interrogativas*, explicitando uma indagação
  Exemplo: Não sabes, ao menos, em que direção seguir?
- *Imperativas*, desvelando uma ordem, proibição, ordem ou pedido
  Exemplo: Acompanhem meu raciocínio.
- *Exclamativas*, traduzindo admiração, surpresa ou arrependimento
  Exemplo: Um senhor instruído meter-se nessas trapaças!
- *Optativas*, que exprimem desejos
  Exemplo: Quem me dera escrever como eles!
- *Imprecativas*, que desvelam súplicas, pragas ou maldições
  Exemplo: Oxalá encontres o que sofregamente buscas!

É nesse conjunto de opções que podemos transmitir nossas ideias pontuais.

ORAÇÃO

A **oração**, por sua vez, é a estrutura linguística que apresenta as palavras relacionadas entre si, como sujeito (de quem se diz algo) e predicado (aquilo que se afirma do sujeito).

O **sujeito**, normalmente constituído por um substantivo (p. ex. a lei...), pronome (p. ex. todos...) ou por uma expressão substantivada (p. ex. o normatizar...), pode ser simples, composto, claro, oculto, agente, paciente, agente e paciente, ou indeterminado.

Para o discurso escrito, a norma culta indica a **indeterminação do sujeito**. Há, para tanto, três caminhos: 1) usar o verbo na 3ª pessoa do plural, sem fazer referência a qualquer sujeito expresso (p. ex. Olhavam-no com admiração.); 2) utilizar o verbo ativo na 3ª pessoa do singular, acompanhado do pronome "se" (p. ex. Quando se é estudante...); 3) deixar o verbo no infinitivo impessoal (p. ex. É penoso, mas necessário assistir a tais cenas.).

PERÍODO

Período é a frase organizada em uma ou mais orações. O período simples é o formado de uma oração (p. ex. "A ignorância do bem é a causa do mal" – Demócrito). O período composto é o constituído de mais de uma oração (p. ex. "O gato não nos afaga, afaga-se em nós" – Machado de Assis).

Os períodos compostos podem ser formados por dois processos sintáticos: pela coordenação (mera sucessão ou justaposição de orações que possuem sentido completo, sem qualquer dependência entre elas) ou pela subordinação (uma oração carece de sentido completo e depende sintaticamente da outra, como sujeito, como predicado ou como complemento).

ORAÇÕES COORDENADAS

Na coordenação, as orações são independentes, por isso podem ser simplesmente justapostas, separadas por pausas (vírgula, ponto e vírgula, dois pontos). Podem, no entanto, ser unidas por conjunções coordenativas, segundo o significado que queiram destacar:

3.7 | Estilos Argumentativos

1. **Aditivas** – as orações têm o mesmo sentido.
   Podem ser unidas pelas seguintes conjunções: **e**, nem [com o sentido de "e não"], também, que [com sentido de "e"], mas [com sentido de "e"]. Ou pelas seguintes locuções conjuntivas: não só... mas ainda, não somente... como também, não só... senão que).
   Exemplos: Não fez nem deixou que outros fizessem. Sabia todos os pontos, também seria reprovado se não os dominasse. Dize-me com quem andas, que eu te direi quem és. Não só é preciso constância no estudo, senão que é necessário perseverança.

2. **Adversativas** – as orações têm sentido adverso, contrário.
   Podem ser unidas pelas seguintes conjunções: **mas**, contudo, entretanto, todavia, porém, senão [no sentido de "do contrário" ou de "mas sim" ou de "a não ser, mais do que"], aliás [no sentido de "de outro modo"], no entanto, ainda assim.
   Exemplos: Lia, lia, lia, mas não entendia. Podes continuar a duvidar, chegarás, porém, a admitir que tenho razão. Não insista, senão perderá tempo. Ao professor cabe um vaticínio: escrevas, senão perecerás.

3. **Alternativas** – expressam ideias incompatíveis ou alternadas, não revelam a oposição definida das adversativas, mas uma separação vaga ou alternação.
   Podem ser unidas pelas seguintes conjunções singulares ou repetidas: ou, ora, já, quer, seja.
   Exemplos: Ora admites a incapacidade, ora tentas superá-la. Diga sim, ou diga não... Quer você queira, quer não queira...

4. **Conclusivas** – apresentam uma oração como conclusão, ilação da outra.
   Podem ser unidas pelas seguintes conjunções: logo, pois, então, portanto, assim, por isso, enfim, por fim, por conseguinte, consequentemente.
   Exemplos: Há poucos dias sofremos esse embate; não temos, pois, como agir com o mesmo entusiasmo [*pois conclusivo* deve ser intercalado]. Não temos que dar conta dessa tarefa, pois não se insere em nossas atribuições [*pois causal* deve aparecer no rosto da oração]. Fomos alertados, devemos então agir em consequência.

5. *Explicativas* – uma oração contínua, explana o sentido da primeira. Podem ser unidas pelas seguintes conjunções: ou seja, isto é, por exemplo, a saber, que, pois bem, porque, porquanto, além disso, ademais, ao demais, com efeito, outrossim, na verdade.

Exemplos: Ele adquiriu dois alqueires, ou seja, conquistou 48 mil metros quadrados. Acredito que não darei conta dessa tarefa a tempo; não quero, outrossim, aborrecer aos meus colegas de trabalho.

ORAÇÕES SUBORDINADAS

Na subordinação, as orações podem desempenhar a função de **substantivos** (sujeitos, objetos, predicativos do sujeito, complementos nominais, apostos – iniciando, em geral, pelas conjunções integrantes *que* e *se*, pelos pronomes indefinidos *quem, quanto, qual, que*, pelos advérbios *como, quando, onde, porque, quanto, quão*); de **adjetivos** (adjunto adnominal explicativo ou restritivo – iniciando, em geral, com os pronomes relativos *que, quem, cujo*); ou de **advérbios** (adjunto adverbial).

O domínio de todas essas formas é certamente a trilha segura para bem escrever; mais ainda, para escrever em formas variadas: o que torna qualquer texto mais agradável e palatável.

ORAÇÕES SUBORDINADAS ADVERBIAIS

No domínio da argumentação, entretanto, ganha destaque a necessidade de se dominar as **orações subordinadas adverbiais**, senda mais afeita à conexão de ideias.

Podem revestir-se das seguintes modalidades, segundo as conjunções que as introduzam, de acordo com o significado que precisem explicitar:

1. **Causais** (exprimem um motivo, uma razão, a causa de um efeito): porque, que [no sentido causal], visto que, uma vez que, desde que, por isso, tanto que, porquanto, como.
   Exemplos: Porque não me ouviam, repreendi-os veementemente. Não pode disfarçar os sentimentos, porque vinham de um coração arrebatado. Como choveu demasiado, o trânsito sofreu a consequência.

2. **Comparativas** (desvendam uma analogia): como, que, do que, tal qual.

Exemplos: Os funcionários efetivos não foram prejudicados como nós, os temporários. O escritor não só se deleita ao escrever, como se regozija ao ser lido. A jurisprudência reconheceu a tese jurídica, tal qual a doutrina apontava há muito como necessária.

3. **Concessivas** (desvelam um fato que se concede, que se admite): embora, conquanto, posto que, se bem que, por mais que, mesmo que, ainda que, por muito que, em que, com [na afirmativa] ou sem [na negativa] seguidos do verbo no infinitivo, sem que [seguido do subjuntivo].
Exemplos: Admirava-o muito, se bem que não o conhecesse profundamente. Embora quase todos assim tenham concluído, continuo a pensar diversamente. Pedro não têm condições, e mesmo que tivesse, não se meteria em tal empreitada. Sem ser obrigado a tanto, obedecia cegamente. Sem que fosse escravo, agia como tal.

4. **Condicionais** (expõem uma condição, uma hipótese): se, caso, contanto que, salvo se, exceto se, a menos que, caso, a não ser que, sem que.
Exemplos: Se o conhecessem, não o condenariam. A não ser que proíbam, nossa confraternização será no saguão de entrada. Acompanharei vossa reunião, contanto que me deixem opinar. Sem que consideremos as razões apresentadas não respeitaremos ao contraditório.
Nesse ponto, é interessante conhecer o seguinte: nossa língua apresenta três formas de se construir uma condição, seja ela real, irreal ou impossível.
A hipótese **real** é mais bem apresentada com o verbo no indicativo (p. ex., Podes perder tempo, contanto que possa adiar o que tem de fazer.).
A condição **possível**, com o verbo no subjuntivo imperfeito (p. ex., Se nós pudéssemos, adiaríamos a tarefa) ou no subjuntivo futuro (p. ex., Se eles permitirem, poderemos faltar no sábado).
A suposição **impossível**, com o verbo no subjuntivo imperfeito (p. ex., Se eu pudesse falar, não estaria reclamando) ou mais-que-perfeito (p. ex., Se eu tivesse podido falar, o resultado teria sido outro).

5. **Conformativas** (demonstram acordo ou conformidade, semelhança ou paralelismo de um fato com outro): como, conforme, segundo, consoante, da mesma maneira que.
   Exemplos: Consoante opina a maioria, a história é cíclica, sempre se repete. Todos se vestem consoante veem nas propagandas de seu tempo.

6. **Consecutivas** (revelam consequência, resultado): [tão] que, de maneira que, de sorte que, de modo que, sem que, tanto... que, tal... que.
   Exemplos: Os resultados do treinamento eram satisfatórios, de sorte que valia a pena continuar. Tamanha era sua sorte, que todos os dias era o primeiro a ser dispensado. A doença avançava sem controle, de maneira que se entregou a morte.

7. **Finais** (apresentam uma finalidade, um objetivo): para que, a fim de que, porque, que [no sentido de "para que"].
   Exemplos: Volto a explicar a fim de que entendam melhor. Tudo fizemos para que ele se emendasse.

8. **Proporcionais** (desnudam uma relação de proporcionalidade ou paridade, de aumento ou de diminuição de uma ideia, traduzem harmonia ou desarmonia em certa simetria): à medida que, à proporção que, quanto mais... mais, quanto menos... menos.
   Exemplos: Quanto mais se compreendem as técnicas, mais natural se torna a arte. À proporção que diminui a vigilância, menor torna-se a dependência.

9. **Temporais** (indicam o tempo do fato expresso na oração principal): quando, enquanto, sempre que, agora, nem bem, desde que, apenas, ao passo que, ao tempo que, até que.
   Exemplos: Nem bem terminou a leitura, ansioso estava por praticar. Insista na divulgação até que não dê mais resultados. Recitava belos sonetos ao passo que todos nos deleitávamos com sua veia artística.

10. **Modais** (sugerem modo ou maneira peculiar de uma ação): como se, sem que.
    Exemplo: Saiu da sala sem que se despedisse.

3.7 | Estilos Argumentativos

Todas essas formas apresentadas precisam ser treinadas e compreendidas. Há, de fato, situação para cada uma delas. Ademais, utilizando-as adequadamente nossas ideias tornam-se efetivamente mais compreensíveis e agradáveis.

Um caminho alternativo é portar a tabela a seguir ao escrever (construída a partir das indicações de Bernard Meyer, em sua obra *A Arte de Argumentar* (2008), e aqui adaptada):

EXPRESSÕES DE ADIÇÃO OU DE JUSTAPOSIÇÃO
• Advérbios e locuções adverbiais: *antes de tudo, acima de tudo, primeiramente, em primeiro lugar, do mesmo modo, ademais, além disso, aliás, também, em segundo lugar, em terceiro lugar, por um lado... por outro lado, não só... mas também, quanto a, no que se refere a, finalmente.* • Conjunções: *assim como, e, sem contar que, nem.* • Proposições e locuções prepositivas: *além de, ademais de.* • Verbos: *acresce que.*
EXPRESSÕES DE CAUSA OU DE EXPLICAÇÃO
• Advérbios e locuções adverbiais: *de fato, com efeito, realmente.* • Conjunções: *porque, uma vez que, pois, visto que, porquanto, por isso, como, mesmo porque.* • Proposições e locuções prepositivas: *por causa de, em razão de, devido a, em virtude de, em consequência de, sob o efeito de, por força de, graças a, por falta de.* • Verbos: *resultar de, ser devido a, depender de, decorrer de, provir de, proceder de, redundar em.*
EXPRESSÕES DE CONSEQUÊNCIA OU DE CONCLUSÃO
• Advérbios e locuções adverbiais: *por conseguinte, consequentemente, por isso, assim.* • Conjunções: *de (tal) modo que, de (tal) maneira que, de sorte que, a ponto de, tão... que, tanto... que, suficiente... para que, demais... para que, por isso, portanto, por conseguinte, assim.* • Proposições e locuções prepositivas: *a ponto de.* • Verbos: *implicar, ensejar, provocar, carrear, causar, produzir, suscitar, redundar, incitar a, levar a.*
EXPRESSÕES DE FINALIDADE
• Conjunções: *para (que), a fim de (que).* • Proposições e locuções prepositivas: *em vista de, no intuito de, com a intenção de.* • Verbos: *visar a, tender a, objetivar a.*
EXPRESSÕES DE OPOSIÇÃO OU DE CONCESSÃO
• Advérbios e locuções adverbiais: *em compensação, em contrapartida, inversamente, ao contrário.* • Conjunções: *mas, porém, todavia, contudo, entretanto, não obstante (adversativas), embora, ainda que, se bem que, mesmo que, a menos que (subordinativas).* • Proposições e locuções prepositivas: *apesar de, a despeito de, em vez de, ao invés de.* • Verbos: *não impedir que, opor-se a, contradizer.*
EXPRESSÕES DE HIPÓTESES OU DE CONDIÇÃO
• Advérbios e locuções adverbiais: *acaso, por acaso, porventura.* • Conjunções: *caso, desde que, contanto que.* • Proposições e locuções prepositivas: *em caso de, com a condição de, sem.* • Verbos: *supondo-se que, admitindo-se que.*

3.7.2 Encadeamento das ideias

O segundo desafio para bem escrever é saber efetivamente encadear as ideias apresentadas no desenrolar de todo o discurso. Para tanto, sugerimos o caminho a seguir.

Todo argumento apresentado pode ser desdobrado em duas partes: o tema e o comentário. Tema é o que o receptor já conhece. Comentário é o que o emissor apresenta de novo, o cerne da mensagem que se quer transmitir.

Embora essa equação não seja nem absoluta, nem obrigatória, tal desdobramento é muito útil para a construção de nexos, de elos, de ligações.

Por outro lado, quanto mais se compartilhe com o receptor de pontos de vista por ele admitidos (quanto mais rico o tema), mais próximo de acompanhar o comentário o receptor estará. Trata-se, de fato, de forma fluida de aliarem-se o emissor e o receptor.

Quanto ao encadeamento, objeto que ora nos interessa, diante do tema e do comentário podem ser construídos os seguintes percursos:

A) o tema da frase seguinte *retoma o tema* da frase anterior (evitando as repetições, usando substitutos, possibilita enriquecer com novos detalhes um tema já tratado);

B) o tema da frase seguinte *retoma um subtema* da frase anterior (procedimento que possibilita pormenorizar ou desenvolver e aprofundar algum aspecto);

C) o tema da frase seguinte *retoma um comentário* da frase anterior (é o uso mais rentável para a argumentação, exige apenas o domínio da *nominalização* – encontrar um termo que, sem criar repetições, resuma a noção anterior);

D) o tema da frase seguinte *não retoma nada* da frase anterior (como é muitas vezes impossível ligar tudo a tudo, há ocasiões em que essa forma tem de se apresentar, o cuidado deve recair apenas no evitar uma mudança muito abrupta).

3.7.3 Técnicas estilísticas

Saindo do raciocino absolutamente lógico, enfrentado nos dois itens anteriores, a língua também deve ser usada como estratégia, como um conjunto de procedimentos persuasivos não pelo seu conteúdo, mas pela sua forma.

Três são as possibilidades:
1. Estilos que envolvem os interlocutores.
2. Procedimentos que recorrem às normas.
3. Técnicas simplesmente estilísticas.

3.7.3.1 Envolver o interlocutor

No primeiro conjunto, podemos utilizar os seguintes artifícios:

Apelo ao interlocutor: chamar o receptor para dentro do discurso, nomeando-o ou associando-o ao fluxo das ideias. Por exemplo: Os brasileiros sabem muito bem que...; Vocês têm consciência de que...; Todos queremos isso...

Pergunta retórica: utilizando-se do apelo dialógico, faz-se uma pergunta (para que o receptor pense junto com o emissor) e o próprio emissor responde (como se fosse o receptor que estivesse respondendo). Essa técnica dá vida ao texto oral e escrito e deixa o emissor e o receptor coligados. Por exemplo: Algum de nós quer, conscientemente, esse resultado? É claro que não...

Demonstrar boa-fé: uma vez gozando de certo prestígio no auditório, é possível apelar, diante da ausência de novos argumentos lógicos, para o referido prestígio aliado à boa-fé. Por exemplo: Estou absolutamente convicto de que...; Em sã consciência, afirmo que...; de todo o coração, meu sentimento diz que...

3.7.3.2 Recurso às normas

No segundo conjunto, apresentam-se as seguintes formas:

Apresentar uma Definição: trata-se de apresentar uma definição que valorize o que se quer ressaltar, pois, em nossos tempos, não há nada que mais convença do que um "pretenso" dicionário. Os dicionários gozam de tal prestígio atual que utilizar suas técnicas (sua maneira de dizer o que as coisas são) torna o discurso absolutamente convincente.

Recorrer a um Valor: como existem valores aceitos em praticamente todas as sociedades, aliar-se aos mesmos pode ser o caminho mais curto para confirmar uma ideia ou mesmo para repelir uma argumentação que se queira refutar. Apostando na força intrínseca dos valores e na sua implícita e automática aceitação pelos receptores, é possível construir discursos bastante persuasivos. Quanto que se pode dizer em nome da coragem, da liberdade, da democracia...

Recurso à Autoridade: diante de nomes ou de personalidades sacralizadas pela opinião geral, é possível deixar qualquer discurso de um desconhecido absolutamente persuasivo. Basta que a autoridade invocada seja realmente conhecida ou reconhecida como tal pelos receptores. De outra forma, basta que o emissor apresente os qualificativos que tornem o citado uma autoridade.

Relevante, no entanto, é não se utilizar dos procedimentos falaciosos da idolatria, pois isto não é compatível com a argumentação. Ou seja, deve haver um mínimo de pertinência entre a autoridade e o tema. Somente na publicidade é que se admite (pois as pessoas não percebem a falsidade) que um campeão esportivo possa nos dizer qual a melhor marca de celular, que uma artista de novela nos diga qual carro devemos adquirir.

3.7.3.3 Técnicas de estilo

O terceiro grupo apresenta um conjunto de formas que atingem impacto imediato:

Palavras com Forte Conotação: influenciam de imediato ao ânimo do receptor, pois buscam ressonância imediata no espírito, o choque sem meias palavras. Por exemplo: covarde, infame, repugnante, heroico...

Frase Feita: mediante expressões facilmente memorizáveis (o que de imediato é vantajoso para a argumentação), sintéticas, densas e firmes, soem causar impacto profundo na argumentação. Não se trata de inserir provérbios ou fórmulas banais, mas sim de criar expressões próprias. Por exemplo: "Vivemos cercados de religiões sem qualquer religiosidade".

Gradação de Ritmo: apresenta-se uma primeira ideia de maneira rápida, desenvolve-se a mesma de maneira um pouco mais demorada, aperfeiçoa-se a mesma de maneira delongada. Trata-se de uma técnica bastante envolvente e muito adequada para a argumentação, pois faz com que o receptor gradativamente aprofunde-se no objeto de discussão.

Gradação de Sentidos: com o mesmo propósito anterior, a gradação pode ser construída com a escolha de palavras que apresentem uma ordem crescente de força ou de ênfase.

3.7 | Estilos Argumentativos

Paralelismo: trata-se de repetir uma estrutura em mais de uma ocasião, de forma que o receptor perceba que as ideias são paralelas, reforçando a coerência, impressionando pela lógica (mesmo que aparente). São formas usuais desse estilo os conectores "quanto mais... mais", ou "quanto menos... menos".

Oposição: com os mesmos propósitos anteriores (associar as ideias), demonstra o movimento oposto, que pode levar até mesmo ao paradoxo. Por exemplo: "quanto mais... menos".

Ironia: para criar distância entre uma realidade e as palavras a que se referem e, ao mesmo tempo, uma cumplicidade entre o emissor e o receptor, é possível apresentar uma tese contrária de modo irônico, desvalorizando-a, ridicularizando-a. Importa, no entanto, saber fazê-la com elegância. Por exemplo:

> A guerra tem a seu favor a antiguidade; existiu em todos os séculos: sempre foi vista a encher o mundo de viúvas e órfãos, a esgotar as famílias de herdeiros, a matar irmãos numa mesma batalha... Desde todos os tempos, os homens, por algum pedaço de terra a mais ou a menos, convencionaram pilhar-se, queimar-se, matar-se, massacrar-se mutuamente; e, para fazer isso com mais engenho e segurança, inventaram lindas regras que são chamadas de arte militar; à prática dessas regras atribuíram glória ou a mais sólida reputação; e desde então foram esperando, de século em século, a maneira de se destruírem reciprocamente. (La Bruyère, Caracteres X; 9)

Analogia: para expressar algumas ideias é possível, às vezes, recorrer à situação que tenha proximidade, à comparação, à metáfora. Efetivamente, quando bem construídas, são extremamente didáticas, demonstram sutileza e originalidade na abordagem. São, por si mesmas, bastantes sedutoras e dispensam muita justificativa.

Petição de Princípio: técnica que apresenta ao receptor uma ideia não muito confiável, nem muito fundamentável, sem demonstrá-la verdadeiramente, apresentando-a como absurdamente clara, utilizando-se da artimanha de inserir a conclusão na própria premissa (por isso, também é conhecido como argumento circular). Exemplo: A guerra é uma das formas da agressividade natural; portanto, a guerra é natural.

Se o receptor não prestar atenção, seguirá o discurso, mesmo que inverossímil, sem ousar contestar. É inserido, em geral, com tais expressões: "é normal que...", "todos sabem que...", "é evidente que...".

Referências[4]

Adler, M. J., Van Doren, C. (2010). *Como ler livros:* O guia clássico para a leitura inteligente. Trad. Edward Horst Wolff, Pedro Sette-Câmara. São Paulo: É Realizações.

Eco, U. (1999). *Como se faz uma tese* (15ª ed.). Trad. Gilson Cesar Cardoso de Souza. São Paulo: Perspectiva.

Fiorin, J. L., Platão Savioli, F. (2007). *Para entender o texto:* Leitura e redação. São Paulo: Ática.

Lasswell, H., Kaplan, A. (1979). *A linguagem da política* (p. 43). Brasília: EUB.

Lauand, L. J. (2000). *Filosofia, linguagem, arte e educação*: 20 conferências sobre Tomás de Aquino. São Paulo: Factash.

Meyer, B. (2008). *A arte de argumentar*. São Paulo: Martins Fontes.

Moysés, C. A. (2004). *Metodologia do trabalho científico*. São Paulo: ESDC.

Nougué, C. Prefácio. Em Joseph, I. M. (2014). *O Trivium*: As artes liberais da lógica, da gramática e da retórica (p. 7). Trad. Henrique Paul Dmyterko. São Paulo: É Realizações.

Penac, D. (1993). *Como um romance*. Rio de Janeiro: Rocco.

Perelman, C., Olbrechts-Tyteca, L. (1996). *Tratado da argumentação*: A nova retórica. Trad. Maria Ermantina Galvão G. Pereira. São Paulo: Martins Fontes.

Platão. (2004). *A República*. Trad. Enrico Corvisieri. São Paulo: Nova Cultural.

Reboul, O. (2000). *Introdução à retórica*. Trad. Ivone Castilho Benedetti. São Paulo: Martins Fontes.

Weston, A. (2009). *A construção do argumento*. Trad. Alexandre Feitosa Rosas. São Paulo: Martins Fontes.

Leitura complementar

Alexy, R. (2001). *Teoria da argumentação jurídica:* A teoria do discurso racional como teoria da justificação jurídica. Trad. Zilda Hutchinson Schild Silva. São Paulo: Landy.

Alves, R. (2003). *Lições de feitiçaria*: Meditações sobre a poesia. São Paulo: Loyola.

---

4. As referências da Parte 3 do livro estão padronizadas de acordo com as Normas APA.

Leitura complementar

Alves, R. (2004). *Aprendiz de mim*: Um bairro que virou escola. Campinas: Papirus.

Bachelard, G. (2008). *O novo espírito científico*. Lisboa: Edições 70.

Binenbojm, G. (2006). *Uma teoria do direito administrativo*. Rio de Janeiro: Renovar.

Boétie, Éttiene de La (2016). *Discurso da servidão voluntária*. Trad. Gabriel Perissé. São Paulo: Editora Nós.

Booth, W. C., Colomb, G. G., Williams, J. M. (2000). *A arte da pesquisa*. Trad. Henrique A. Rego Monteiro. São Paulo: Martins Fontes.

Castilho, A. (Org.). (2000). *Como atirar vacas no precipício:* Parábolas para ler, pensar, refletir, motivar e emocionar. São Paulo: Panda.

Chalita, G. (1999). *O poder*. (2ª ed.). São Paulo: Saraiva.

Constant, B. (1992). *Sobre la libertad en los antiguos y en los modernos*. (2ª ed.). Trad. Marcial Antonio Lopez y M. Magdalena Truyol Wintrich. Madrid: Tecnos.

Copi, I. M. (1981). *Introdução à lógica*. (3ª ed.). Trad. Álvaro Cabral. São Paulo: Mestre Jou.

Correia, J. M. S. (1987). *Legalidade e autonomia contratual nos contratos administrativos*. Coimbra: Almedina.

Cruz e Souza, J. P. (1975). Em Silveira, T. (Org.). *Coleção nossos clássicos*. (5ª ed.). Rio de Janeiro: Livraria Agir Editora.

Cunha, P. F. da. (1998). *Res Pública:* Ensaios constitucionais. Coimbra: Almedina.

Demo, P. (1985). *Introdução à metodologia da ciência*. São Paulo: Atlas.

Demo, P. (2009). *Metodologia científica em ciências sociais*. (3ª ed. rev. e amp.). São Paulo: Atlas.

Descartes, R. (2000). *O discurso do método*. Trad. Enrico Corvisieri. São Paulo: Nova Cultural.

Dewey, J. (1953). *Liberdade e cultura*. Trad. Eustáquio Duarte. Rio de Janeiro: Revista Branca.

Feyerabend, P. (2007). *Contra o método*. Trad. Cezar Augusto Mortari. São Paulo: Unesp.

Fielding, H. (1987). *Tom Jones*. Trad. Octavio Mendes Cajado. São Paulo: Globo.

Gil, A. C. (1995). *Métodos e técnicas de pesquisa social*. (4ª ed.). São Paulo: Atlas.

Gros, F. (Org.). (2004). *Foucault:* A coragem da verdade. Trad. Marcus Marcionilo. São Paulo: Parábola.

Grün, A. (2005). *Caminhos para a liberdade*. São Paulo: Vozes.

Grün, A. (2005). *Perdoa a ti mesmo*. São Paulo: Vozes.

Guimarães Rosa, J. (1985). *Tutaméia*. Rio de Janeiro: Nova Fronteira.

Gunther, K. (2004). *Teoria da argumentação no direito e na moral*: Justificação e aplicação. Trad. Claudio Molz. São Paulo: Landy.

Huxley, A. (1927). *Sobre a democracia e outros estudos*. Trad. Luís Vianna de Sousa Ribeiro. Lisboa: Livros do Brasil.

Huxley, A. (2004). *Regresso ao admirável mundo novo*. Trad. Rogério Fernandes. Lisboa: Livros do Brasil.

International Committee of Medical Journal Editors. (2018). Recommendations for the conduct, reporting, editing, and publication of scholarly work in medical journals. Disponível a partir de http://www.icmje.org/recommendations/

Junger, E. (1998). *Heliópolis:* Visión retrospectiva de una ciudad. Traducción del alemán por Marciano Villanueva. Barcelona: Editorial Seix Barral.

Kirsten, J. T. (2011). Apresentação dos resultados e relatório – II. Em Perdigão, D. M., Herlinger, M., White, O. M. (Orgs.). *Teoria e prática da pesquisa aplicada*. Rio de Janeiro: Elsevier.

Kuhn, T. S. (2001). *A estrutura das revoluções científicas*. (6ª ed.). Trad. Beatriz Vianna Boeira e Nelson Boeira. São Paulo: Perspectiva.

Lakatos, E. M., Marconi, M. A. (2017). *Fundamentos da metodologia científica*. (8ª ed.). São Paulo: Atlas.

Lamy, M. (2011). *Metodologia da pesquisa jurídica*: Técnicas de investigação, argumentação e redação. Rio de Janeiro: Elsevier.

Lauand, L. J. (1987). *O que é uma universidade?:* introdução à filosofia da educação de Josef Pieper. São Paulo: Perspectiva, Editora da Universidade de São Paulo.

López Quintás, A. (1999). A formação adequada à configuração de um novo humanismo. (Conferência proferida na Faculdade de Educação da Universidade de São Paulo, em 26-11-99). Trad. Ana Lúcia Carvalho Fujikura. Disponível a partir de http://www.alfredo-braga.pro.br/discussoes/humanismo.html

López Quintás, A. (1999). *El conocimiento de los valores*. Madrid: Editorial Verbo Divino.

López Quintás, A. (1999). *Inteligencia creativa*: El descubrimiento personal de los valores Madrid: BAC.

López Quintás, A. (2000). *El espíritu de Europa*. Madrid: Unión Editorial.

López Quintás, A. (2001). *La tolerancia y la manipulación*. Madrid: Rialp.

López Quintás, A. (2004). *Inteligência criativa: descoberta pessoal dos valores*. São Paulo: Paulinas.

López Quintás, A. (2004). *O Livro dos Grandes Valores*. Madrid: Biblioteca de Autores Cristianos.

López Quintás, A. (2005). *Descobrir a grandeza da vida*: Introdução à pedagogia do encontro. Trad. Gabriel Perissé. São Paulo: ESDC.

Machado de Assis, J. M. (1994). *Crônicas escolhidas*. São Paulo: Ática.

Marañon, G. (1963). *Tibério*: Historia de un resentimiento. Madrid: Espasa-Calpe.

Marconi, M. A., Lakatos, E. M. (2017). *Fundamentos de metodologia científica*. (8ª ed.). São Paulo: Atlas.

Mattar, F. N., Oliveira, B., Motta, S. L. S. (2014). *Pesquisa de marketing*: Metodologia, planejamento, execução e análise. (7ª ed.). Rio de Janeiro: Elsevier.

Meyer, B. (2008). *A arte de argumentar*. São Paulo: Martins Fontes.

Mill, J. S. (1963). *Da liberdade*. Trad. Jacy Monteiro. São Paulo: Ibrasa.

Mirandolla, Pico della (2005). *Discurso sobre a dignidade do homem*. Trad. Maria Isabel Aguiar. Porto: Areal Editores.

Moysés, C. A. (2004). *Metodologia do trabalho científico*. São Paulo: ESDC.

Oliveira, S. E de. (2006). *Cidadania*: história e política de uma palavra. Campinas: Pontes editores, RG editores.

Perelman, C. (1999). *Retóricas*. Trad. Maria Ermantina Galvão G. Pereira. São Paulo: Martins Fontes.

Perelman, C. (2000). *Lógica jurídica:* Nova retórica. Trad. Vergínia K. Pupi. São Paulo: Martins Fontes.

Perissé, G. (2002). *O professor do futuro*. Rio de Janeiro: Thex.

Perissé, G. (2006). *Método lúdico-ambital:* A leitura das entrelinhas. São Paulo: ESDC.

Popper, K. (1972). *A lógica da pesquisa científica*. Trad. Leonidas Hegenberg e Octanny Silveira da Mota. São Paulo: Cultrix.

Popper, K. R. (1999). *A vida é aprendizagem*. Trad. Paula Taipas. Lisboa: Edições 70.

Rodrigues, A. M. (1988). *As utopias gregas*. São Paulo: Brasiliense.

Rousseau, J. J. (1999). *Discurso sobre a origem e os fundamentos da desigualdade dos homens*. Trad. Maria Ermantina Galvão. São Paulo: Martins Fontes.

Russel, B. (1977). *Da educação*. Trad. Monteiro Lobato. São Paulo: Companhia Editora Nacional.

Santos, B. S. (2002) *Um discurso sobre as ciências*. (13ª ed.). Porto: Afrontamento.

Sertillanges, A. D. (2014). *A vida intelectual*. Seu espírito, suas condições, seus métodos. Trad. Lilia Ledon da Silva. São Paulo: É Realizações.

Severino, A. J. (2007). *Metodologia do trabalho científico*. (23ª ed. rev. e atual.). São Paulo: Cortez.

Severino, A. J. (2010). *Metodologia do trabalho científico*. (23ª ed.). São Paulo: Cortez.

Tognolli, D. (2011). Apresentação dos resultados e relatório – I. Em Perdigão, D. M., Herlinger, M., White, O. M. (Orgs.). *Teoria e prática da pesquisa aplicada*. Rio de Janeiro: Elsevier.

Tolstói, L. N. (2002). *Ana Karênina*. Trad. Mirtes Ugeda. São Paulo: Nova Cultural.

Vasconcelos, M. J. E. (2002). *Pensamento sistêmico:* O novo paradigma da ciência. (2ª ed. rev.). Campinas: Papirus.

Volpato, G. L. (2010). *Dicas para redação científica*. (3ª ed.). São Paulo: Cultura Acadêmicas.

Weber, M. (2008). *Ciência e política*: Duas vocações. (17ª ed.). Trad. Leonidas Hegenberg e Octany Silveira da Mota. São Paulo: Cultrix.

PARTE 4

PRODUTOS DA PESQUISA

Introdução[1]

PEÇO desculpas a maioria dos meus leitores, mas sinto-me na obrigação de fazer uma ressalva inicial óbvia: Não haverá produto de pesquisa (dissertações e teses) de qualidade sem um prévio e árido trabalho de pesquisa.

Sei que muitos leitores podem consultar diretamente essa parte da obra sem terem visto as anteriores. Por isso, sinto-me na obrigação de avisar. Embora essa parte tenha seu valor independente, tudo o que afirmaremos ser necessário fazer nos produtos depende da pesquisa empreendida antes.

Por outro lado, para aqueles que querem fazer, já iniciaram ou estão desenvolvendo pesquisas, saber como devem ser relatados os resultados de pesquisa ajuda em muito a apurar o planejamento e o próprio desenvolvimento das investigações.

Uma ressalva é necessária: chamamos de produtos da pesquisa as formas tradicionais de relatar os resultados e discutir as descobertas da investigação (trabalhos de conclusão de curso, dissertações, teses, relatórios de pesquisa, artigos científicos). O universo do registro de patentes, de invenções, nem tudo o que diz respeito ao universo mercadológico será abordado nessa obra.

---

1. Os capítulos que compõem a Parte 4 do livro estão padronizados de acordo com as normas ABNT (vide Nota ao Leitor).

4.1

Trabalhos de Conclusão de Curso, Dissertações e Teses

O OBJETIVO primário deste capítulo é apresentar, de maneira sistematizada e desveladora, as recomendações para a elaboração e para a formatação de trabalhos de conclusão de curso, dissertações e teses segundo os parâmetros indicados pela Associação Brasileira de Normas Técnicas (ABNT).

Para isso, foram tomadas como referência as seguintes normas editadas pela ABNT: NBR 6023:2018 (Referências), NBR 6024:2012 (Numeração das Seções), NBR 6027:2012 (Sumário), NBR 6028:2003 (Resumo), NBR 6034:2004 (Índice), NBR 10520:2002 (Citações), NBR 12225:2004 (Lombada) e NBR 14724:2011 (Trabalhos Acadêmicos), NBR 15287:2011 (Projetos de Pesquisa).

Em complemento às recomendações da ABNT que deixam uma margem de possibilidades alargada e geram certas perplexidades nos discentes, levando em conta padrões usualmente estabelecidos em programas de pós-graduação *stricto sensu* e a lógica subjacente a essas normas, apontam-se algumas recomendações complementares.

Apesar de o autor ser avesso aos grilhões da excessiva formalidade, há que se reconhecer o valor para a comunidade acadêmica e para a comunidade científica das recomendações e formalidades adiante explicitadas. A utilização de uma única gramática permite o diálogo, essência da academia. O rigor exigido para a indicação das fontes e dos métodos assegura os limites das ilações e a possibilidade de verificação, essências da ciência.

4.1 | Trabalhos de Conclusão de Curso, Dissertações e Teses

4.1.1 Elementos estruturais

Segundo a NBR 14724:2011, a estrutura dos trabalhos acadêmicos deve e pode contar com os seguintes elementos (Quadro 3):

Quadro 3 – Elementos estruturais dos trabalhos acadêmicos, segundo a ABNT

Parte Externa	Capa (obrigatório)	
	Lombada	
Parte Interna	Elementos pré-textuais	Folha de rosto (obrigatório) / Ficha catalográfica (obrigatório)
		Errata
		Folha de Aprovação (obrigatório)
		Dedicatória
		Agradecimentos
		Epígrafe
		Resumo na língua vernácula (obrigatório) / Palavras-chave (obrigatório)
		Resumo em língua estrangeira (obrigatório) / Palavras-chave em língua estrangeira (obrigatório)
		Lista de ilustrações
		Lista de tabelas
		Lista de abreviaturas / Lista de siglas
		Lista de símbolos
		Sumário (obrigatório)
	Elementos textuais	Introdução (obrigatório)
		Desenvolvimento (obrigatório)
		Conclusão (obrigatório)
	Elementos pós-textuais	Referências (obrigatório)
		Glossário
		Apêndice
		Anexo
		Índice

Em cinza indicam-se graficamente os elementos obrigatórios.
Fonte: Elaboração do próprio autor.

Segundo essa normativa, qualquer trabalho acadêmico deve contar com todos os elementos obrigatórios. Os elementos facultativos, por sua vez, não podem ser compreendidos como absolutamente livres, pois devem estar presentes se necessários para a pesquisa concreta ou para compreender os resultados relatados pela pesquisa desenvolvida.

De qualquer forma, a composição dos elementos internos há de se apresentar da seguinte forma (Figura 2):

Figura 2 – Composição dos Elementos Internos do Trabalho Acadêmico.

ÍNDICES
ANEXOS
APÊNDICES
GLOSSÁRIO
REFERÊNCIAS
CONCLUSÃO
DESENVOLVIMENTO
INTRODUÇÃO
SUMÁRIO
LISTA DE SÍMBOLOS
LISTA DE SIGLAS
LISTA DE ABREVIATURAS
LISTA DE TABELAS
LISTA DE ILUSTRAÇÕES
ABSTRACT
RESUMO
AGRADECIMENTOS
DEDICATÓRIA
FOLHA DE APROVAÇÃO
FOLHA DE ROSTO

Os elementos optativos estão destacados em **cinza escuro**.
Fonte: Elaboração do próprio autor.

4.1 | *Trabalhos de Conclusão de Curso, Dissertações e Teses*

Na sequência, serão observadas as recomendações relacionadas a cada um desses tópicos estruturantes, sejam eles obrigatórios, sejam eles opcionais.

4.1.2 Parte externa

As dissertações e teses, assim como os trabalhos de conclusão de curso, quando levadas à banca examinadora, em algumas instituições, costumam ser apresentadas revestidas de capas de plástico (transparentes no início e opacas ao final) e agregadas por espiral. É comum, após a aprovação da banca, os discentes, nessas instituições, terem de depositar a versão final encadernada em capa dura, com as páginas coladas ou costuradas. Para boa parte dos mestrados e doutorados, no entanto, o depósito para a banca costuma ser de vias encadernadas em capa dura.

De qualquer forma, há de se depositar tantas vias quantos são os membros da banca e geralmente mais duas vias para as bibliotecas. No mestrado, cuja banca é composta de três titulares (dois do próprio programa e um externo) e dois suplentes, entregam-se geralmente sete vias. No doutorado, cuja banca é composta de cinco titulares (três do próprio programa e dois externos) e geralmente dois suplentes, entregam-se geralmente nove vias. Além disso, atualmente todas as instituições exigem também a entrega de versão digital da dissertação ou tese, visto que a Coordenação de Aperfeiçoamento de Pessoal de Nível Superior (CAPES), entidade reguladora e fiscalizadora da pós-graduação *stricto sensu*, exigiu de todas, há algum tempo, o carregamento das dissertações e teses no sistema Sucupira.

4.1.2.1 Capa (obrigatório)

Segundo a NBR 14724:2011, capa é a "proteção externa do trabalho" que deve conter os seguintes elementos de identificação do trabalho: a) nome da instituição (opcional); b) nome do autor; c) título do trabalho; d) subtítulo do trabalho; e) número do volume, se houver mais de um; f) local (cidade) da instituição onde deve ser apresentado o trabalho; g) ano do depósito.

Com relação a esses elementos identificadores, a NBR 14724:2011 recomenda também o seguinte:

A) título: deve ser claro e preciso, identificando o conteúdo do trabalho e possibilitando a indexação e recuperação da informação;

B) subtítulo: se houver, deve ser precedido de dois pontos, evidenciando a sua subordinação ao título.

Uma orientação geral e útil seguida por muitos é a de utilizar o título para explicitar a tese central do trabalho e o subtítulo para explicitar alguma peculiaridade relevante, como a abordagem metodológica ou o universo amostral. Para Gilson Volpato (2010, p. 66) o título deve ressaltar o objetivo e a conclusão e, de forma especial, ressaltar e valorizar a novidade do estudo.

Tendo em conta o estabelecido em alguns programas de pós-graduação *stricto sensu*, vê-se que é comum agregar ao conjunto de elementos identificadores da capa o nome da unidade (faculdade, instituto etc.) e o nome do programa.

Uma boa maneira de formatar a capa é utilizar tamanho de fonte 12pt, caixa alta (exceto subtítulo, se houver) e negrito para todos os elementos, alinhando todos ao centro. Recomenda-se, ainda, distribuir os elementos identificadores no seguinte *layout*: instituição, unidade e programa no topo; autor, equidistante dos elementos do topo e do elemento central; título ao centro; local (cidade) e data (ano) na base da página.

4.1.2.2 Lombada (opcional)

A NBR 12225:2004 recomenda que a lombada (parte da capa que reúne as margens internas ou dobras das páginas, sejam elas costuradas, grampeadas ou coladas) contenha os seguintes elementos: a) nome dos autores; b) título; c) identificação alfanumérica do volume, quando houver mais de um; d) data. A base da lombada deve contar com 30mm sem qualquer elemento gráfico. Esse espaço em branco justifica-se para que a etiqueta usualmente colocada pelas bibliotecas não fique sobreposta aos elementos identificadores.

Em alguns programas de pós-graduação *stricto sensu* em Direito, recomenda-se também a inserção também do nome abreviado da instituição, do nome do programa ou curso, assim como do local da publicação.

4.1 | *Trabalhos de Conclusão de Curso, Dissertações e Teses*

Exemplificamos:

INSTITUIÇÃO	CURSO TAL	TÍTULO DO TRABALHO: subtítulo do trabalho NOME COMPLETO DO AUTOR	CIDADE ANO

Quando apresentada em espiral, logicamente, a dissertação ou a tese não contará com o elemento estrutural "externo" capa, nem com a lombada. A capa, nessas vias espiraladas, costuma ser apresentada não propriamente como capa externa, mas como primeira página após a capa externa de plástico. Em nosso ver, nesses casos, a capa é e deveria ser dispensada, mas a praxe não segue, infelizmente, a lógica conceitual.

4.1.3 Elementos pré-textuais

Embora pareçam à primeira vista bastante enfadonhos, os elementos pré-textuais estão voltados àquilo que nos referimos na introdução dessa obra, a explicitar um conjunto de informações que preparam os leitores e os avaliadores a compreender o trabalho científico realizado, habilitando-os ao diálogo e à verificação.

À guisa de exemplo, observe-se que pelo resumo é possível compreender a amplitude e a cientificidade do que se desenvolveu; pelo sumário é possível entender a sistematização adotada pelo autor do trabalho; pela lista de siglas e abreviaturas prepara-se o leitor para compreender o discurso.

4.1.3.1 Folha de rosto (obrigatória)

Segundo a NBR 14724:2011 e a NBR 15.287:2011, folha de rosto, primeiro elemento estrutural da parte interna, é a página que contém os elementos essenciais à identificação do trabalho, **na seguinte ordem**:

A) **no anverso**: a) nome do autor; b) título do trabalho e subtítulo do trabalho, se houver, seguido do número do volume, se houver mais de um; c) texto descritivo da natureza do trabalho, composto pelos seguintes pontos: tipo de trabalho (tese, dissertação, trabalho de conclusão de curso, monografia entre outros), objetivo (aprovação na disciplina tal, requisito parcial para obtenção do título de... etc.), nome da instituição e área de concentração, seguido do nome do orientador e, se houver, do coorientador; d) local (cidade) da instituição onde deve ser apresentado o trabalho; e) ano do depósito;

B) no verso: ficha catalográfica.

Uma boa maneira de construir o *layout* da folha de rosto é a seguinte: no topo, nome do autor; no centro, título do trabalho; na base, local e ano; entre o elemento central e os elementos da base, texto explicativo que apresenta a natureza do trabalho.

A **apresentação da natureza do trabalho** (o tipo do trabalho, o objetivo, o nome da instituição e a área de concentração), segundo a ABNT, deve ser inserida do meio da mancha gráfica para a margem direita (ou seja, com **recuo esquerdo de 8 cm**).

Exemplificamos:

> Dissertação apresentada como requisito parcial para a obtenção do título de mestre no programa de pós-graduação *stricto sensu* da Universidade Santa Cecília. Área de concentração: Direito da saúde: dimensões individuais e coletivas. Orientador: Prof. Dr. Luciano Pereira de Souza.

No verso, acima da ficha catalográfica, recomenda-se inserir texto que autorize (se houver essa intenção) a reprodução do trabalho. Por exemplo: "Autorizo a reprodução total ou parcial deste trabalho, por qualquer que seja o processo, exclusivamente para fins acadêmicos e científicos, desde que citada a fonte".

Embora exista um padrão de ficha catalográfica definido pela segunda edição do Código de Catalogação Anglo-Americano (AACR2) e recomendado pela ABNT, as instituições costumam seguir modelos semelhantes e, ao mesmo tempo, diversificados. Razão pela qual recomendamos buscar a bibliotecária de sua instituição para a elaboração da sua ficha catalográfica. De qualquer forma, oferecemos um exemplo inspirado em diversos moldes conhecidos e que procura ser fiel ao propugnado pela AACR2:

4.1 | *Trabalhos de Conclusão de Curso, Dissertações e Teses*

CDD   Sobrenome, Nome do autor.
Cutter

            Título: subtítulo / Nome e Sobrenome do autor. _ 1 ed. _ Cidade: [s.n.], ano da defesa.

            xxx p.

            Dissertação (Mestrado, Programa de Pós-Graduação Stricto Sensu em..., Área de concentração: ...). Instituição de Ensino, Unidade. Orientador: Dr. Fulano de Tal. Depósito: data, Defesa: data.

            1. Palavra-chave. 2. Palavra-chave. 3. Palavra-chave 4. Palavra-chave. I. Orientador: Dr. Fulano de Tal. II. Instituição, Programa. III. Título.

Sugerimos, em função das alterações recentes da ABNT, que estabeleceram a indicação da data do depósito e da data da defesa, a inserção dessas informações que não pertencem aos modelos referidos. Cutter é o código que classifica o autor do trabalho na tabela criada por Charles Ammi Cutter em 1880; CDD é a abreviação de Classificação Decimal de Dewey, tabela de códigos criada por Melvil Dewey, em 1876, que identifica o assunto principal do trabalho.

4.1.3.2 Errata (opcional)

Se a errata se fizer necessária (apontar erros identificados após a impressão do trabalho), deve apresentar com precisão a localização do erro e o texto a ser considerado.

Exemplo:

Página	Linha	Onde se lê	Leia-se
Xx	xx	"......"	"......"

Não há muita lógica que esse elemento seja realmente encadernado com todo o material. Se identificados erros antes da impressão, que se corrija.

Normalmente, portanto, esse elemento é entregue no dia da banca ou dias antes, portanto, separadamente. Se contar com muitos elementos, por outro lado, pode denotar pouco cuidado com a revisão o trabalho.

4.1.3.3 Folha de aprovação (obrigatório)

É o elemento formal que identifica efetivamente o que será avaliado e colocado para aprovação pela banca examinadora.

A ABNT recomenda conter os seguintes elementos impressos: a) nome do autor do trabalho; b) título e subtítulo do trabalho; c) natureza (tipo do trabalho, objetivo, nome da instituição a que é submetido, área de concentração); d) espaço para a inserção da data de aprovação, e) nome, titulação e instituições a que pertencem os componentes da banca examinadora.

A data de aprovação e as assinaturas dos membros componentes da banca examinadora devem ser agregadas à folha de rosto manualmente, após a efetiva aprovação do trabalho pela banca examinadora, cuidado que dá mais credibilidade à veracidade do que será justaposto.

A apresentação da natureza do trabalho (o tipo do trabalho, o objetivo, o nome da instituição e a área de concentração) deve ser alinhada do meio da mancha gráfica para a margem direita (ou seja, com recuo esquerdo de 8 cm). Esse elemento possui nítida finalidade documental, de registrar a avaliação feita pela banca examinadora dos trabalhos acadêmicos.

Na época em que os documentos demoravam a ser elaborados, gerava-se, no momento da banca, tal documentação. Atualmente, no entanto, parece-nos que essa exigência se torna desarrazoada, visto que ordinariamente, ao final da banca, elabora-se a ata de avaliação, inclusive com mais informações, tais como "aprovado com louvor, aprovado com indicações de correção etc.".

4.1.3.4 Dedicatória (opcional)

Elemento opcional que não foi regrado em sua estrutura interna pela ABNT, que apenas preocupou-se em indicar tratar-se de texto em que o autor presta homenagem ou dedica seu trabalho.

A praxe consolidou seu perfil: texto pequeno e objetivo, impresso no quarto inferior da folha, com recuo de 8 cm da esquerda.

4.1.3.5 Agradecimentos (opcional)

Elemento opcional que também não foi regrado em sua estrutura interna pela ABNT, que apenas indica tratar-se de texto em que o autor faz agradecimento ou agradecimentos dirigidos àqueles que contribuíram de maneira relevante à elaboração do trabalho.

Deve-se evitar textos longos. Deve pautar-se pela sobriedade, pela veracidade e pela pertinência.

A praxe de fazer agradecimentos como estratégia política duvidosa (agradar parte dos que avaliarão o trabalho, ou eventuais superiores hierárquicos para ser agraciado por suas benesses) precisa ser abolida. Há que se fazer trabalhos acadêmicos e científicos bem feitos, e esses trabalhos não precisam desse tipo de expediente. Os agradecimentos devem ser comedidos e verdadeiros, especialmente se dirigidos ao orientador ou algum membro da banca.

Os agradecimentos devem ser dirigidos, repetimos, a quem contribuiu para o trabalho. Em nosso ver, não são pertinentes os agradecimentos ao nosso entorno: Deus, família, parceiros etc. Todos eles merecem sempre nossos agradecimentos e sempre que possível, pois a gratidão é uma das qualidades mais admiráveis do ser humano. Esse elemento estrutural, no entanto, volta-se a explicitar agradecimentos somente a quem realmente participou, interviu, colaborou com o trabalho científico concreto: eventual colega que leu o texto e deu sugestões de aperfeiçoamento, eventual profissional que fez alguma análise técnica, eventuais assistentes que conduziram experimentos ou que colaboraram em levantamento de dados etc.

Pertinente e necessário é indicar, nesse momento, eventual apoio financeiro recebido de algum órgão de fomento (cuidado especial que devem tomar os bolsistas de iniciação, de mestrado ou de doutorado).

Nos projetos, não aparecem como elemento estrutural. Nos relatórios de pesquisa e nos trabalhos acadêmicos, é elemento pré-textual. Nos artigos, é o último elemento pós-textual.

4.1.3.6 Epígrafe (opcional)

A epígrafe é uma citação direta (pequenas sentenças ou pequenos trechos literais de outros autores), seguida da indicação da fonte (seguindo as regras de citação da NBR 10520:2002 e de referência da NBR 6023:2002), relacionada com a matéria tratada, que serve de abertura e chamariz ao trabalho ou a uma parte relevante do trabalho.

É possível, portanto, inserir epígrafe em todo o trabalho (nesse momento estrutural) e epígrafes como abertura de cada uma das seções primárias do trabalho. Geralmente as epígrafes seguem a mesma diagramação da dedicatória.

Um cuidado especial deve ser tomado: todo trecho utilizado como epígrafe desperta naturalmente uma reflexão com um sentido preciso, o sentido do trecho. Esse sentido tem de ser o mesmo que o trecho possui no amplo contexto da obra original. Às vezes, um trecho mal escolhido pode transparecer algo que contraria o que o autor referenciado pensa ou que a obra de origem consolidou. A má escolha de um trecho pode consolidar um erro acadêmico ou científico. A boa escolha, por outro lado, pode demonstrar domínio do autor referenciado e maturidade intelectual.

4.1.3.7 Resumo e palavras-chave na língua vernácula (obrigatório)

A NBR 6028:2003 estabelece recomendações mínimas para a redação e apresentação de resumos. Trata-se de texto de 150 a 500 palavras que – redigido em único parágrafo composto de frases concisas, afirmativas e conectadas, na voz ativa e em terceira pessoa – apresenta os seguintes pontos da dissertação ou tese: a) tema principal (primeira frase); b) categoria do tratamento – memória, estudo de caso, análise da situação etc. (segunda frase); c) o objetivo; d) o método; e) os resultados; f) as conclusões. Dos itens "c" ao "f", a ABNT não indica a sequência.

Deve ser sucedido por um conjunto de três a cinco palavras-chave, separadas e finalizadas por ponto. Palavras-chave são palavras representativas do conteúdo do trabalho (por isso chamadas também de descritores), escolhidas, preferentemente, em vocabulário controlado.

A escolha das palavras-chave de vocabulários controlados permite, efetivamente, que o trabalho acadêmico atinja mais visibilidade. As pesquisas em portais de periódicos, como é o caso do portal Scielo, partem, em regra, de vocabulários controlados.

No âmbito do Direito da Saúde, recomenda-se verificar se as palavras escolhidas integram os Descritores em Ciência da Saúde da Biblioteca Virtual da Saúde, como também do vocabulário controlado da Scielo.

4.1 | Trabalhos de Conclusão de Curso, Dissertações e Teses

Deve-se tomar especial cuidado na redação e definição do título do trabalho, do resumo e das palavras-chave, pois são eles os elementos que integram a base de dados de trabalhos científicos, inclusive da CAPES. Ou seja, será por eles que o trabalho será divulgado e poderá ser conhecido.

Por serem esses três elementos as bases (título, resumo e palavras-chave), não tem muita utilidade ou sentido estabelecer palavras-chave que já apareçam no título ou no resumo. Pode impactar, por outro lado, indicar como palavras-chave sinonímias das palavras inseridas nos outros dois elementos, ou escolher palavras-chave que desvelem pontos essenciais dos argumentos, dos resultados ou da discussão, palavras da estrutura lógica do trabalho.

A ABNT, em trabalhos acadêmicos, exige o resumo antes indicado, o resumo não estruturado. Resumo estruturado é aquele que explicita as partes que o compõem antes do texto respectivo e que geralmente são: Introdução, Objetivos, Métodos, Resultados, Discussão e Conclusões. Geralmente é esse tipo de resumo que é exigido em eventos científicos, tanto para comunicações orais como para apresentação de pôsteres. Algumas publicações científicas também exigem esse tipo de resumo para artigos científicos.

Na **Introdução** do resumo deve-se informar, em poucas palavras, o contexto do trabalho e a problemática estudada (tema principal do documento). No item **Objetivos**, deve-se explicitar sinteticamente os propósitos exploratórios, descritivos ou explicativos do trabalho, notadamente os objetivos gerais. No item **Métodos** devem ser apontados sinteticamente as abordagens e os procedimentos metodológicos adotados, especialmente os utilizados para a coleta de informações e para a análise. No item **Resultados**, deve-se apontar o que se descobriu de mais relevante com relação aos objetivos (nos trabalhos de perfil quantitativo, aqui devem ser apresentados resultados numéricos, assim como seu significado estatístico). No item **Discussão** pode-se indicar o diálogo que será percorrido em todo o trabalho científico com outras pesquisas ou outros autores. Por último, no item **Conclusões**, há que se destacar as conclusões mais relevantes, podendo-se indicar também os pontos positivos e negativos das ilações, especialmente suas limitações.

No elemento textual Introdução (descrito adiante), os objetivos e os métodos são tratados em detalhes. Os resultados e a discussão compõem e estruturam, geralmente, todo o elemento textual desenvolvimento dos trabalhos. As conclusões, logicamente, são detalhadas e aprofundadas no elemento textual Conclusão.

4.1.3.8 Resumo e palavras-chave em língua estrangeira (obrigatório)

A respeito da tradução do elemento anterior (resumo e palavras-chave) para uma língua estrangeira, a ABNT não indica qual deve ser a língua estrangeira.

Há programas de pós-graduação, visando a abertura de seus estudos para muitas paragens, que aceitam diversas línguas estrangeiras, tais como alemão, espanhol, francês, inglês e italiano. A preferência geral, no entanto, dos programas de pós-graduação *stricto* sensu é a língua inglesa, em razão de essa língua ser a de maior visibilidade em todas as ciências. Nos programas de mestrado, exige-se a tradução para uma língua estrangeira; nos de doutorado, para duas.

Há que se tomar um especial cuidado nesse ponto: a apresentação desses elementos em língua estrangeira tem de ser tão precisa quanto o texto original.

A utilização dos recursos disponibilizados pelo mundo conectado pela internet pode ser uma vantagem e ao mesmo tempo um perigo. A utilização, por exemplo, dos tradutores automáticos (tradutor do google, babylon etc.) pode ajudar muito aos que não dominam a língua estrangeira escolhida, aos que não sabem a melhor tradução de algum termo. Mas esses tradutores não são tão precisos como todos gostaríamos que fossem, nem na operação de substituição dos termos e muito menos nas estruturas gramaticais. O seguimento irrefletido dessas traduções pode inserir grandes imprecisões e até mesmo equívocos que podem prejudicar e muito a qualidade do trabalho apresentado.

Por outro lado, há recursos preciosos disponibilizados na web. Pode-se, por exemplo, pesquisar em portais como o Google acadêmico ou o Scielo artigos estrangeiros que se utilizaram da expressão que imaginamos ser a mais conveniente. *Sites* de pesquisa da expressão estrangeira como o

4.1 | Trabalhos de Conclusão de Curso, Dissertações e Teses

Linguee fazem isso, apontam trechos originais em que se utilizou determinada expressão. Assim, confirmamos ou corrigimos o uso da expressão que pensamos ser adequado.

Sempre que possível, no entanto, recomendamos que o discente busque assessoria especializada para essa tarefa, ou que ao menos busque olhar qualificado para rever a tradução que tenha empreendido.

> Para a elaboração dos elementos pré-textuais **Lista de Ilustrações** (opcional), **Lista de Tabelas** (opcional), **Lista de Abreviaturas** e **Lista de Siglas** (opcionais), **Lista de Símbolos** (opcional) e do **Sumário** (obrigatório) remetemos o leitor ao capítulo "*Elementos estruturais compartilhados*".

4.1.4 Elementos textuais

Nesta parte estrutural encontra-se, de fato, o trabalho científico. Muito poderia se dizer, portanto, com relação a cada um de seus elementos. Aqui, no entanto, reservamo-nos a indicar aquilo em que as normas da ABNT são determinantes, agregando apenas alguns comentários complementares que nos parecem imprescindíveis.

4.1.4.1 Introdução

A ABNT, quando se refere aos trabalhos acadêmicos (NBR 14724:2011), indica que nessa parte textual devem ser apresentados os **objetivos** do trabalho e as razões ou **justificativas** de sua elaboração. Por sua vez, ao definir a dissertação e a tese, afirma-se que se tratam respectivamente de:

> Dissertação
> "documento que apresenta o **resultado** de um trabalho experimental ou exposição de um estudo científico retrospectivo, de tema único e bem **delimitado** em sua extensão, com o **objetivo** de reunir, analisar e interpretar informações. Deve evidenciar o conhecimento de **literatura existente** sobre o assunto e a capacidade de **sistematização** do candidato." (sem destaques no original).

Tese

"documento que apresenta o **resultado** de um trabalho experimental ou exposição de um estudo científico de tema único e bem **delimitado**. Deve ser elaborado com base em investigação original, constituindo-se em real contribuição para a especialidade em questão." (sem destaques no original).

Na NBR 6022:2003, dirigida à elaboração de artigos científicos, aqui utilizada para estabelecermos raciocínio analógico, recomenda que devem constar a **delimitação** do assunto tratado, os **objetivos** da pesquisa e outros elementos necessários para situar ou **contextualizar** o tema do artigo.

Partindo do pressuposto que a Introdução é o elemento propício para a apresentação da pesquisa desenvolvida, parece adequado que seja nesse momento que se apresentem **todos os elementos que condicionaram a pesquisa**, razão pela qual, ancorados nos elementos estruturantes e textuais dos projetos de pesquisa, definidos pela NBR 15287:2011, parece adequado que a Introdução apresente o seguinte: o **tema** da pesquisa (integrando nesse item a contextualização e a delimitação); o **problema** concreto que foi estudado; as **hipóteses**, quando couberem; os **objetivos** (gerais e específicos); as **justificativas** (que revelam também a relevância do trabalho); o **referencial teórico** que a embasou; os **métodos** utilizados (de abordagem e procedimental; explicitando, se necessário, também as técnicas utilizadas).

Quanto ao **tema**, integrado pela contextualização e pela delimitação, recomenda-se que se explicite claramente o estado atual da ciência com relação ao tema, bem como a amplitude concreta do tema da pesquisa (nas dimensões tempo e espaço); indicando, se necessário, algum viés que não será abordado.

Quanto ao **problema** concreto que foi estudado, recomenda-se deixar evidenciada a lacuna, a controvérsia, o *gap* que a investigação buscou esclarecer. Efetivamente, qual a dúvida da ciência que a pesquisa visa esclarecer ou solucionar.

Quanto às **hipóteses**, quando couberem (nas pesquisas meramente exploratórias não são possíveis), recomenda-se deixar evidenciada a hipótese e que tipo de hipótese se trata: nula, alternativa etc.

Para Eva Maria Lakatos e Maria de Andrade Marconi (2017, p. 240) a formulação do problema e a apresentação das hipóteses representam a forma de explicitar o objeto da pesquisa: respondem à pergunta "o que

4.1 | Trabalhos de Conclusão de Curso, Dissertações e Teses

se pesquisa?". Sua apresentação na introdução, nesse olhar, é logicamente indispensável.

Quanto aos **objetivos** (gerais e específicos), ao propósito do trabalho, de modo geral, ajuda correlacioná-los com a natureza da investigação ser exploratória, descritiva ou explicativa, pois essa natureza permite indicar a amplitude dos resultados efetivamente esperados (GIL, 1994, p. 44-46).

As **justificativas** revelam a relevância do trabalho, portanto, não devem ser deixadas de lado. É o elemento que convencerá a banca e qualquer leitor a interessar-se pelo trabalho, pois nela revelam-se a magnitude do que se fez, os impactos de resolver determinado problema.

O **referencial teórico** que embasou a pesquisa é **um dos elementos essenciais e imprescindíveis** para a verificação da qualidade de um trabalho **acadêmico** (em essência, um mecanismo de diálogo). Nesse ponto, convém indicar os trabalhos pioneiros sobre o tema ou o problema da investigação, os trabalhos tidos como os mais importantes e os trabalhos mais recentes. Todas essas referências podem ser ou constituir o referencial teórico, ou seja, os pressupostos do pesquisador. Esse elemento pode ser traduzido também pela indicação de uma linha de pensamento ou por um conjunto delimitado de pensadores, ou até mesmo por um único pensador. Reflete de certa forma que teses serão refutadas, atualizadas ou refinadas.

Os **métodos** utilizados (de abordagem e procedimental; explicitando, se necessário, também as técnicas utilizadas), é o **outro dos elementos essenciais e imprescindíveis** para a verificação da qualidade de um trabalho acadêmico no quesito **cientificidade**. Importa, nesse ponto, evidenciar a adequação do método emprego. De modo geral, as investigações podem ser separadas nas abordagens qualitativas ou quantitativas. Também podem ser indicadas diversas outras abordagens gerais (formas de se observar o mundo): dialética, estruturalista, empirista, positivista, sistêmica, funcionalista, hermenêutica, fenomenológica, entre outras. De qualquer forma, nesse ponto, é importante revelar como foi, do ponto de vista prático (método procedimental), selecionado ou coletado o material para a investigação (quais foram os materiais utilizados, quem foram os participantes, quais foram os instrumentos de coleta, que variáveis foram observadas, qual foi a população ou a amostra), de que forma o material foi analisado ou sistematizado, de que maneira foram compendiados e transcritos os resultados encontrados.

A indicação dos métodos utilizados constitui o ponto de maior relevo para assegurar a cientificidade de todo trabalho de pesquisa. Sua precisão e detalhamento, por que extravasam o propósito do presente capítulo, são apresentadas na Parte 5 dessa obra.

Levando em conta, por fim, que a Introdução também é uma apresentação do corpo do trabalho, parece adequado que também explique a **estrutura**, as partes principais ou seções primárias do desenvolvimento. Em outras palavras a **sistematização**, **outro dos elementos essenciais e imprescindíveis**, este para a verificação da capacitação **intelectual** do discente. A explicação das seções escritas do trabalho pode ser o momento ideal para se apresentar de maneira sintética algum vislumbre sobre os **resultados** encontrados pela investigação, **como se estabeleceu a análise** destes resultados e o **diálogo** com os resultados ou ideias de outros autores, com a literatura existente.

Em síntese, recomenda-se que a Introdução seja redigida voltada para explicitar os seguintes elementos: tema, integrado pela contextualização e pela delimitação; problema; hipóteses; objetivos; justificativas; referencial teórico, apontando literatura existente; métodos, de coleta e de análise; e sistematização.

Os resultados, embora sejam a essência do documento; a discussão desses resultados formalizada inclusive pelo diálogo com resultados de outros ou com as ideias de outros autores; e as conclusões, que podem ser indicadas na introdução de alguma forma apenas perfunctória, genérica, sintética. Esses elementos que compõem o âmago e o propósito final do trabalho científico serão retomados e tratados com acuidade mais adiante.

Pela complexidade e amplitude do que deve conter a introdução, recomenda-se que seja uma das últimas partes a serem redigidas pelo autor do trabalho. Somente ao final o autor poderá ter efetivamente domínio de tudo o que deve ser apresentado na introdução.

De qualquer forma, se o autor do trabalho elaborou um projeto de pesquisa prévio, vários dos elementos necessários para a introdução já foram ao menos rascunhados pelo autor do projeto. É possível retomar a redação que tenha apresentado na ocasião e aperfeiçoá-la de acordo com as contingências vivenciadas em todo o processo da pesquisa.

4.1.4.2 Desenvolvimento

A ABNT, quando se refere aos trabalhos acadêmicos (NBR 14724:2011), indica apenas que nessa parte textual é detalhada a pesquisa ou o estudo realizado. Na NBR 6022:2003, dirigida à elaboração de artigos científicos, aqui utilizada para estabelecermos raciocínio analógico, recomenda-se também muito pouco, apenas que contenha exposição ordenada e pormenorizada do assunto tratado.

O que se espera, de qualquer forma, é que o desenvolvimento apresente, na base, uma estrutura lógica, concatenada; no âmago, todos os detalhes necessários para o sequenciamento e aprofundamento dos raciocínios. Logicamente, depende também de um significativo treinamento na escrita científica, que possui regras muito rigorosas. Não se pode, por exemplo, afirmar nada sem provas ou fundamentos, ou de forma generalizante. A precisão dos termos utilizados tem de ser a pauta do discurso. Deve-se evitar, por exemplo, expressões como todos, ninguém, alguém, a maioria etc. "Todos", por exemplo, há de ser substituído pelo universo observado.

4.1.4.3 Conclusão

A ABNT, quando se refere aos trabalhos acadêmicos (NBR 14724:2011), indica apenas que deve haver uma parte conclusiva. Na NBR 6022:2003, dirigida à elaboração de artigos científicos, aqui utilizada para estabelecermos raciocínio analógico, recomenda que, nessa parte final, devem ser apresentadas as **conclusões correspondentes aos objetivos e hipóteses**.

Do ponto de vista lógico, parece-nos que não pode haver uma boa conclusão ou parte conclusiva se não ficar absolutamente demonstrado que o **problema** foi respondido; que os **objetivos** da investigação foram atingidos; que as **hipóteses**, se houver, foram confirmadas, matizadas ou negadas.

Mas como se faz isso é o segredo. Não há que se retomar a explicação do problema, dos objetivos e das hipóteses, pois o elemento estrutural introdução a isso se dedicou.

Há que se sintetizar os resultados encontrados na investigação e a discussão empreendida no desenvolvimento, para assim revelar como e em que medida o **problema foi respondido**, como e em que medida os **objetivos foram atingidos**, como e em que medida as **hipóteses foram ratificadas**,

relativizadas ou refutadas. E esse exercício discursivo e lógico permite efetivamente construir as conclusões do trabalho.

Uma forma prática e recomendada por diversos programas de pós-graduação como vestimenta externa da redação da conclusão é apresentá-la sob a forma de argumentos ou teses articuladas. Redige-se um conjunto de conclusões ou teses que sintetizam ordenadamente as ilações construídas em cada seção do trabalho e depois deste conjunto, faz-se o raciocínio dedutivo global.

Trata-se, efetivamente, de prática muito salutar, pois explicita todos os passos lógicos percorridos. Apenas há que se cuidar para que essa vestimenta não prejudique a lógica central do elemento estrutural conclusão: **utilizar os resultados e as discussões como respostas aos problemas, hipóteses e objetivos; revelar, com esse exercício, as ilações globais do trabalho.**

4.1.5 Elementos pós-textuais

Assim como afirmamos que os elementos pré-textuais são de relevância singular para a comunidade acadêmica e para a comunidade científica, podemos afirmar que, sem os elementos pós-textuais, os trabalhos não estariam habilitados aos epítetos acadêmico e científico.

Sem os dados completos das fontes das informações explicitados no elemento referência, sem o significado exato de alguns termos utilizados pelo autor explicitados no elemento glossário, não poderíamos intitular as dissertações e teses de trabalhos acadêmicos ou científicos.

Para a elaboração do elemento pós-textual **Referências** (obrigatório), remetemos o leitor ao capítulo 4.7. *"Citações e Referências"*, para a elaboração dos elementos **Glossário** (opcional), **Apêndice** (opcional), **Anexo** (opcional), **Índices** (opcional) remetemos o leitor ao capítulo 4.4. *"Elementos estruturais compartilhados"*.

4.2

Relatório de Pesquisa

É USUAL que se solicite aos discentes de programas de pós-graduação, notadamente aos que contem com alguma forma de bolsa, a apresentação de relatórios periódicos que reflitam o estágio de desenvolvimento de seus projetos de pesquisa, que explicitem o trabalho feito (a parte do plano de atividades previstas que foram cumpridas), bem como os resultados atingidos.

O relatório de pesquisa pode ser utilizado como instrumento para consolidar uma pesquisa terminada. É esse tipo de relatório de pesquisa que normalmente é esperado em congressos científicos e em ambientes empresariais.

Usualmente, no entanto, as pesquisas acadêmicas terminadas não são consolidadas em relatórios, mas em trabalhos de conclusão, dissertações e teses. No âmbito acadêmico, os relatórios são utilizados como formas de se explicitar o andamento da pesquisa (a história do que se fez) e a projeção do que falta fazer. É nesse contexto que conduziremos o presente capítulo.

4.2.1 Estrutura do relatório

A ABNT regra os relatórios técnicos e científicos na NBR 10.719:2015, definindo-os como documentos que descrevem formalmente o progresso ou os resultados (provisórios ou finais) de uma pesquisa científica ou técnica, que devem ser constituídos de alguns elementos obrigatórios e podem ser integrados por alguns elementos opcionais (Quadro 4):

Quadro 4 – Elementos estruturais dos Relatórios de Pesquisa, segundo ABNT

Parte Externa	Capa	
	Lombada	
Parte Interna	Elementos pré-textuais	Folha de rosto
		Equipe técnica
		Ficha catalográfica
		Errata
		Agradecimentos
		Resumo na língua vernácula Palavras-chave
		Lista de ilustrações
		Lista de tabelas
		Lista de abreviaturas Lista de siglas
		Lista de símbolos
		Sumário
	Elementos textuais	Introdução
		Desenvolvimento
		Considerações finais
	Elementos pós-textuais	Referências [1]
		Glossário
		Apêndice
		Anexo
		Índice
		Formulário de identificação [2]

Fonte: Elaboração própria, adaptação das regras da ABNT NBR 10.719:2015.
Em **cinza** indicam-se graficamente os elementos obrigatórios.
(1) As Referências são obrigatórias se o relatório contiver citações.
(2) O Formulário de identificação é obrigatório quando não elaborada a Ficha catalográfica.

Diferentemente do percurso percorrido com relação aos projetos de pesquisa, navegaremos a partir daqui apenas pelos elementos considerados obrigatórios e, dentre esses, apenas pelos que diferem dos elementos que também são exigidos nos projetos de pesquisa (pois gerariam repetições enfadonhas). Simplificadamente, percorreremos os elementos internos obrigatórios (Figura 3):

Figura 3 – Elementos internos obrigatórios do relatório de pesquisa

- FORMULÁRIO DE IDENTIFICAÇÃO
- REFERÊNCIAS
- CONSIDERAÇÕES FINAIS
- DESENVOLVIMENTO
- INTRODUÇÃO
- SUMÁRIO
- RESUMO
- FOLHA DE ROSTO

Fonte: Elaboração do próprio autor.

Do ponto de vista das regras gerais de formatação, tudo o que é apontado para os trabalhos acadêmicos se aplica, exceto a recomendação de que o documento relatório de pesquisa adote o **espaçamento simples**.

Por outro lado, como o regramento da ABNT sobre os relatórios é muito simplificado e de certa forma lacunoso, recorreremos aqui, mais do que antes, às recomendações de alguns autores (referenciados) atinentes ao tema.

4.2.2 Folha de rosto

A folha de rosto, como a do projeto de pesquisa, é o elemento estrutural identificador do documento. Difere do projeto e dos trabalhos finais, no entanto, nos elementos exigidos ou permitidos e na sequência de apresentação destes.

No anverso, deve aparecer, nessa ordem: Nome da instituição; Título do projeto de pesquisa ao qual o relatório se relaciona; Título e subtítulo (se houver) do relatório, separados por dois pontos; Nome do autor (que pode ser acompanhado de titulação, qualificação ou função deste); Cidade da instituição solicitante; Ano.

No verso, pode aparecer, nessa ordem: o elemento opcional Equipe técnica (coordenação geral – acompanhado de titulação, qualificação ou função deste –, colaboradores, técnicos entre outros); seguido do elemento alternativo Ficha catalográfica. Alternativo, porque ao invés de inserir a Ficha catalográfica é possível inserir ao final do documento o elemento Formulário de identificação, que apresentaremos a seguir.

Parece-nos, devido ao relatório de pesquisa mais comumente exigido pelos programas de pós-graduação ser voltado a acompanhar a evolução da pesquisa (não a síntese final da pesquisa), que o Formulário de identificação proposto adiante é mais adequado do que a Ficha catalográfica.

4.2.3 Resumo na língua vernácula

A norma da ABNT sobre os relatórios (NBR 10.719:205) remete, nesse ponto, à NBR 6028:2003 voltada aos resumos. Segundo essa normativa, os resumos devem ressaltar o tema do documento, o objetivo, o método, os resultados e as conclusões do documento.

O tema e o objetivo do documento relatório tem de ser historiar uma pesquisa concreta. O método desse documento (parece-nos inexorável) há de ser o de relato de caso. Os resultados do documento relatório há de ser constituído pela síntese do que foi feito da pesquisa (esse é o elemento central do resumo). As conclusões do relatório são constituídas pelos prognósticos do que ainda é possível fazer.

Para sintetizar **o que foi feito** da pesquisa, convém indicar qual **etapa lógica já foi cumprida total ou parcialmente** (por exemplo: encerrado o mapeamento da literatura a ser analisada, terminado fichamento da literatura selecionada, cumpridos 2/3 das entrevistas previstas etc., criadas as categorias de análise e tabuladas as frequências dessas categorias nos discursos etc.), que **resultados foram obtidos e que análises foram empreendidas** até o momento do relatório. Em consequência, quais foram **as descobertas** (por exemplo, observou-se que 30% da amostra apresenta tal característica, verificou-se que em toda a literatura o tema é citado como relevante, mas que nenhuma o conceitua etc.)

Abaixo do resumo, a ABNT indica que devem ser inseridas de três a 5 cinco palavras-chave.

4.2.4 Introdução

Para a NBR 10.719:2015, a introdução do documento relatório tem de apresentar os **objetivos** do próprio relatório e as **razões** de sua elaboração. Quanto aos objetivos, já apontamos que há de ser o de historiar a pesquisa em desenvolvimento. Quanto às razões, em cada caso, deve-se explicitar o motivo de sua exigência institucional. Por exemplo, demonstrar que estão sendo cumpridos os compromissos assumidos, apresentar os sucessos ou as preocupações do pesquisador etc.

Parece-nos necessário, no entanto, ir além do que a ABNT recomendou.

A introdução tem de situar o leitor no **objeto da pesquisa** (antes descrito no projeto de pesquisa), ou seja, é necessário retomar os elementos tema, problema, hipótese, objetivos e justificativas do projeto de pesquisa e, ao fazer isso, aproveitar para explicitar esses elementos com mais precisão do que o fizera no projeto, pois nesse momento conta-se com a experiência auferida durante o percurso da investigação (MARCONI; LAKATOS, 2017, p. 251). Ademais, é preciso situar o leitor nos **métodos** adotados na investigação, apontando a abordagem que condicionou inicialmente a pesquisa, os caminhos previstos para a coleta e para a análise.

Nas pesquisas de perfil qualitativo, é possível indicar de maneira muito sintética os métodos adotados. Mas, nas pesquisas de perfil quantitativo, o método deve ser detalhado um pouco mais. É necessário, nas pesquisas quantitativas, apontar o universo amostral, sua representatividade, seus estratos ou segmentos, a significância, o erro e a variância, assim como a tipologia estatística seguida (KIRSTEN, 2011, p. 272).

Para que efetivamente revista-se da feição de relatório (história da pesquisa), é necessário também apresentar o **cronograma** de atividades previstas aos quais o pesquisador se comprometeu quando apresentou seu projeto de pesquisa.

4.2.5 Desenvolvimento

Para a NBR 10.719:2015, o desenvolvimento do documento relatório é a parte que detalha a pesquisa ou estudo realizado, em outras palavras, o que se fez.

Nesse elemento estrutural realiza-se o objetivo do relatório de pesquisa: historiar o desenvolvimento do projeto de pesquisa (SEVERINO, 2010, p. 207).

Em termos práticos, parece-nos adequado estruturar o texto do desenvolvimento utilizando-se dos seguintes componentes lógicos: a) Acertos, equívocos e ajustes empreendidos no cronograma, nos métodos e nas técnicas; b) Dados congregados e análises empreendidas; c) Ilações desenhadas ou consolidadas.

É esperado que se apresentem **preliminarmente** quais foram realmente os acertos, os equívocos e ajustes que se fizeram necessários com relação ao cronograma e especialmente com relação aos métodos e as técnicas. História honesta é aquela que desvela as idas e vindas, os acertos e desacertos. Percursos retilíneos de pesquisa raramente correspondem à verdade.

Feitas essas observações, é possível dizer com honestidade o que foi efetivamente cumprido do cronograma, assim como é possível dizer de forma hialina o que se vislumbra com relação à amplitude e à significação dos métodos e técnicas incorporados.

Passadas essas observações preliminares, deve ser apresentada uma síntese dos produtos obtidos pela investigação (dados congregados, análises empreendidas e ilações consolidadas), esse efetivamente é o coração do documento relatório (GIL, 1995, p. 193).

Com relação aos **dados congregados** até o momento do relatório, é preciso ter em conta que o documento relatório (o mesmo se diga com relação às verdadeiras pesquisas), não se volta a aliciar o leitor (MARCONI; LAKATOS, 2017, p. 252), mas a apresentar uma síntese dos dados pertinentes e significativos encontrados, sejam eles suficientes ou insuficientes, concordantes ou discordantes, conclusivos ou inconclusivos. Como se trata de uma síntese, é possível apresentá-los, dependendo de sua natureza, em tabelas, quadros ou gráficos. O documento relatório não é o espaço adequado para transcrever tudo o que se encontrou, apenas sua síntese. É preciso ser seletivo, informações interessantes, mas irrelevantes para os objetivos da pesquisa não devem ser apresentadas (MATTAR; OLIVEIRA; MOTTA, 2014, p. 409). Se o autor do relatório achar conveniente, no entanto, apresentar alguns dos dados encontrados com maior detalhe, pode valer-se do elemento apêndice. Alguns produtos parciais podem ali serem inseridos, tais como transcrições de entrevistas, dados registrados e tabulados, capítulos já escritos (SEVERINO, 2010, p. 208).

Como todo trabalho acadêmico, mesmo os experimentais passam pela necessária revisão da literatura. É necessário inserir nessa parte lógica (dados congregados) texto que sintetize a **revisão bibliográfica empreendida** (seja ela sistemática ou narrativa).

As pesquisas de perfil quantitativo dependem da prévia revisão da literatura. Não é possível empreender a coleta e a análise de dados quantitativos sem antes deixar consolidada a base teórica que sustenta esses procedimentos. Nas pesquisas quantitativas, portanto, o relato da revisão da literatura tem sempre de se apresentar antes da síntese do que fora coletado e das eventuais análises estatísticas.

Os resultados das pesquisas de perfil qualitativo, logicamente, são formados pela prévia descrição do que foi encontrado e pelas consequentes análises ou interpretações do coletado. Nessas investigações, as bases teóricas podem alterar ou não o procedimento de coleta ou o procedimento de análise. Pode ocorrer que a revisão da literatura sirva somente para discutir os frutos da análise e não condicionam esses procedimentos. Em cada caso, portanto, deve-se julgar o posicionamento da revisão da literatura: antes ou depois da coleta e da análise.

Por outro lado, se o desenvolvimento da pesquisa estiver mais adiantado, é natural que o pesquisador tenha chegado ao momento mais relevante de sua pesquisa, ao momento em que sua investigação confirmará, matizará ou refutará suas hipóteses, ao momento em que os dados congregados correlacionam-se com as hipóteses enunciadas e consolidam-se ou começam a ser consolidadas as ilações.

Há de se apresentar no desenvolvimento do relatório, se for o caso, portanto, as **ilações** que estão sendo desenhadas ou que já se consolidaram. O relatório, nessa parte lógica, apresentará as evidências que começam a confirmar ou já confirmaram a hipótese. Se os dados ainda são inconclusivos ou insuficientes, há de se apontar no relatório essa realidade. Se as evidências parecem refutar ou já refutaram a hipótese, o autor do relatório precisa ser honesto e apontar isso.

Ademais, quando possível, o relatório há de refletir a possibilidade de os resultados e as análises serem respostas inexoravelmente condicionadas pelo universo amostral ou serem respostas passíveis de generalização.

4.2.6 Considerações finais

A NBR 10.719:2015 nada diz sobre o que deve compor esse elemento textual. No entanto, é possível dizer que as considerações finais de relatórios de pesquisas em andamento voltam-se a apontar como será empreendido o **caminho que falta percorrer** (SEVERINO, 2010, p. 207). É esperado que se apresente nas considerações finais o que há de ser feito para tornar os resultados, as análises e as ilações estabelecidas mais significativos (GIL, 1995, p. 194).

Além disso, parece-nos importante que as considerações finais apontem as **conclusões provisórias** que se formaram até o momento do relatório (as ilações que se encontram fundadas ou que se demonstraram infundadas).

Observe-se que é nesse elemento estrutural do relatório que pode ser verificado com acurácia se os **objetivos da pesquisa estão ou não sendo atingidos** (MATTAR; OLIVEIRA; MOTTA, 2014, p. 408). Parece-nos, em razão disso, necessário tecer nas considerações finais alguns comentários sobre isso. É razoável que um relatório de pesquisa seja considerado satisfatório se e apenas se responde ao menos parcialmente (partindo do pressuposto de que é um relatório de andamento) aos objetivos da pesquisa, se amplia o universo das certezas, se apresenta com honestidade dúvidas e novas questões (TOGNOLLI, 2011, p. 170).

Pode ser o caso ou não, mas as considerações finais também podem ser o espaço adequado para apontar **recomendações**, decorrentes de novas percepções (adquiridas durante a investigação), sobre outras pesquisas que poderiam complementar as análises da pesquisa em desenvolvimento, apontado caminhos para outras investigações (MARCONI; LAKATOS, 2017, p. 253).

Nos relatórios de pesquisa que forem apresentados no universo empresarial, as recomendações podem adquirir outro perfil. Diante da compreensão mais radical do problema, das principais descobertas, das conclusões formadas, indicar recomendações práticas, o que parece adequado fazer ou não fazer, sugerir procedimentos futuros de ação (MATTAR; OLIVEIRA; MOTTA, 2014, p. 410). As pesquisas acadêmicas moldadas por esse perfil prático também podem incorporar esse perfil.

4.2.7 Formulário de identificação

Como os relatórios na maioria das vezes não são voltados para a publicação, mas sim para uma circulação restrita, recomendamos utilizar o Formulário de Identificação ao invés da Ficha Catalográfica.

Logicamente, esse formulário de identificação pode ser muito diferente em cada instituição solicitante. No entanto, ancorados nas indicações da ABNT, sugerimos como formulário de identificação de relatórios de pesquisas acadêmicas (nosso universo de atenção), o que desenhamos a seguir (Quadro 5):

Quadro 5 – Exemplo de Formulário de Identificação

Título e subtítulo do relatório	
Tipo de relatório	Data
Título do projeto de pesquisa	
Autores	
Instituição executora e endereço completo	
Instituição patrocinadora e endereço completo	
Resumo	
Palavras-chave	
Observações	

4.3

Artigos Científicos

4.3.1 Artigo técnico e científico

A NBR 6022:2003, norma da Associação Brasileira de Normas Técnicas (ABNT) voltada para regrar a elaboração e a apresentação de artigos em publicações científicas periódicas impressas, definia **artigo científico** como uma "publicação com autoria declarada, que apresenta e discute ideias, métodos, técnicas, processos e resultados nas diversas áreas do conhecimento", explicitando que podia revestir-se de duas naturezas: de revisão ou original. O de revisão "resume, analisa e discute informações já publicadas", o original "apresenta temas originais ou abordagens originais".

A NBR 6022:2018, ampliando o espectro da normativa, volta-se a regrar a elaboração e a apresentação em publicações periódicas impressas e eletrônicas de **artigos técnicos ou científicos**, definindo-os de maneira mais simples como "parte de uma publicação, com autoria declarada, de natureza técnica e/ou científica", incorporando a mesma tipologia e os mesmos significados para artigos de revisão e de artigos originais.

4.3.1.1 Artigo de revisão

O artigo de revisão é, segundo a NBR 6022:2018, parte de uma publicação que "resume, analisa e discute informações já publicadas". Ou seja, é um trabalho que sintetiza criticamente determinada literatura sobre um assunto; que sumariza o estágio do conhecimento científico sobre um assunto – o que se sabe e não se sabe, o patamar de amadurecimento –; que apresenta as controvérsias identificadas pela literatura sobre um assunto.

Ordinariamente, subdividem-se nos seguintes subtipos:

A) revisão não-sistemática ou narrativa (a mais comum, menos rigorosa): pode não ser tão compreensiva (não se analisam todos os trabalhos publicados sobre o assunto), mas avalia todos os estudos selecionados de acordo com algum critério qualitativo e preciso;

B) revisão sistemática: sumariza "todos" os estudos "relevantes", até mesmo eventuais trabalhos não publicados; segue uma rigorosa estratégia para incluir ou excluir os estudos que sumariza (delimitação do "relevantes"), apoiando-se na consulta de específicas bases de dados de referência (delimitação do "todos"); avalia cada estudo sumarizado utilizando-se de rigorosos critérios pré-definidos, geralmente relacionados com o universo amostral, com a possibilidade de universalização e com a metodologia empregada;

C) metanálise: é uma revisão sistemática que adiciona o uso de técnicas estatísticas para associar os dados dos estudos independentes.

Sob qualquer subespécie, há que se ter um objetivo para revisão (responder a uma particular questão ou controvérsia já discutida), assim como há que se ter certeza de que não é possível, necessário ou conveniente analisar toda a literatura disponível (sem as limitações do "todos" e do "relevantes").

4.3.1.2 Artigo original

O artigo original é, segundo o círculo tautológico da NBR 6022:2018, parte de uma publicação que apresenta temas ou abordagens originais.

Original é a qualidade de algo que não é cópia, não é imitação, não é reprodução. Ou seja, é a qualidade de algo que acaba de nascer, que está ligado a seu nascimento, a sua origem. Em termos práticos, artigo original é uma publicação que apresenta ideias construídas pelo próprio autor, que explicita ideias originadas do próprio autor, não de outrem: ou o tema específico do artigo tem sua origem no autor do artigo, pois ele viu algo, algum problema que ninguém antes vislumbrou, ou a abordagem para resolver o problema é própria, peculiar do autor, ninguém antes utilizou-se de sua abordagem teórica ou concreta.

A abordagem teórica pode ser original, se o autor constitui uma cosmovisão nova sobre um problema. A abordagem concreta também pode ser original, se o autor aplica uma abordagem teórica conhecida, de outrem, mas de uma forma concreta não pensada por ele (por exemplo: aplicando uma teoria da biologia para explicar um fenômeno social) ou em um universo não analisado pelo pensador original (aqui, a originalidade advém do universo amostral).

4.3.1.3 Comunicações curtas

Semelhante e diferentemente dos artigos científicos é a comunicação curta. Semelhante no que diz respeito à sua lógica estrutural. Diferente no que diz respeito ao detalhamento que extravasa no texto e, consequentemente, à extensão.

4.3.1.4 Pressupostos

Antes de avançar, parece-nos relevante fazer alguns esclarecimentos.

4.3.1.4.1 Por que escrever um artigo científico?
ENCONTREI ALGO

Somente há que se escrever um artigo ou uma comunicação científica se algo de novo foi encontrado. Diante de uma descoberta ou um achado é justificável escrever uma comunicação ou um artigo científico. Não se escreve um artigo ou uma comunicação científica como forma de repetir o já estabelecido.

E não se confunda essa firmação categórica com o quadro legítimo e rotineiro que afeta a muitos artigos científicos: o anteriormente estabelecido ser objeto de análise crítica e servir de base para novas descobertas. Nesses casos, o norte do texto que revive ideias ou descobertas já estabelecidas não será o já estabelecido, mas o que faltou, o que é incoerente desse universo; em outras palavras, o que é incompleto, insuficiente ou contraditório. Com esse olhar, pode estar presente sempre algo de novo, mesmo que o novo seja o nulo. Explico, mesmo que o novo seja dizer que o anterior é falso, sem apontar o verdadeiro.

De qualquer forma, não é necessário estar diante de uma grande e extraordinária descoberta, não se escreve ciência apenas e unicamente quando a revolução se estabelece. Basta que se tenha, pelo menos, uma percepção antes não pensada.

Um artigo científico ou uma comunicação científica, portanto, são escritos porque é preciso registrar um achado.

O ALGO ESTÁ MADURO

Mas ainda é preciso um cuidado: o achado não basta. Há que se pensar e repensar sobre o achado, há que se amadurecê-lo, fundar com lógica e clareza sua explicação. Relatar prematuramente qualquer achado pode ser o caminho seguro não do sucesso, mas de vergonhas, de repreensões, de negativas de publicação.

4.3.1.4.2 Para que escrever um artigo científico?
SAIBAM E TESTEM O QUE ENCONTREI

A publicação de artigos científicos tem duas finalidades imediatas. Em primeiro plano, é pela publicação de artigos ou comunicações que se explicitam as ideais ou as descobertas amadurecidas ou vivenciadas pelo pesquisador. Em segundo plano, é pela publicação que as ideias e descobertas podem ser colocadas à prova pelo outros especialistas. Somente assim é possível verificar, confirmar ou contestar o que fora relatado.

4.3.1.4.3 Que tipo de artigo é adequado para o que eu tenho a comunicar?

O tipo de artigo a ser escrito tem de estar relacionado com o tipo de achado a ser relatado, com a maturidade ou com o impacto das descobertas relatadas.

Por um lado, as pesquisas ainda não terminadas, mas que alçaram alguns resultados parciais significativos, bem como as pesquisas já terminadas cujos resultados têm pequena relevância prática ou teórica são adequadas a serem relatadas em comunicações curtas. Por outro lado, escrever um artigo pressupõe a maturidade das pesquisas desenvolvidas e alguma amplitude significativa das conclusões alcançadas, mas desses elementos não decorrem suas subespécies. O artigo ser original ou de revisão depende do caminho metodológico escolhido previamente à pesquisa e não dos resultados da pesquisa.

4.3.1.4.4 Que tipo de publicação é adequada para o que eu tenho a comunicar?

A escolha do meio a ser publicado o artigo ou a comunicação científica deve ser pautada pelos seguintes elementos:

A) há de se publicar no meio que permita a descoberta ser apresentada da forma mais adequada ao objeto ou ao tipo de informação que é preciso relatar (por exemplo, não se deve publicar uma pesquisa que depende da análise crítica, pormenorizada e estatística de dados, em um meio que não aceite a inserção de tabelas ou gráficos);

B) há de se publicar no meio mais adequado para que a descoberta possa ser conhecida e verificada pelos especialistas pertinentes, o que somente pode se dar se a publicação é direcionada a meio pertinente à especialidade da pesquisa (área temática da revista coincida com a área temática do artigo), a meio que seja reconhecido pela comunidade de especialistas (revistas indexadas em bases de dados científicos da área);

C) há e se buscar a publicação em meios adequados à relevância ou à qualidade da pesquisa relatada; ou seja, de acordo com a qualidade dos métodos, dos resultados, da discussão e das inferências, é preciso buscar o meio adequado.

O último elemento exige uma autocensura apurada. Se fizemos um artigo de média qualidade, não é conveniente encaminhá-lo para revistas altamente qualificadas. Se fizemos um artigo de alta qualidade, é um desperdício enviar o texto para um meio de qualidade inferior.

Uma forma prática de selecionar o universo de meios adequados para a publicação de um artigo científico é verificar as revistas indexadas no sistema Qualis-Periódicos da CAPES. Nessa base de dados, selecionando a última avaliação disponível, é possível indicar a área da investigação e consultar lista de periódicos classificados, segundo a qualidade, de A1, o mais elevado; A2; B1; B2; B3; B4; B5; até C.

4.3.1.4.5 Do ponto de vista lógico, como escrever um artigo científico?

Em outras palavras: Qual a lógica da escrita científica dos artigos científicos?

De acordo com o por que escrever (encontrei algo que está maduro) e o para que escrever (os outros avaliem) antes referidos, é óbvio que os artigos científicos têm de ser escritos de forma simples, compreensível e transparente (não se pode esconder o que se quer explicitar ou o que se quer colocar à prova). Para tanto, é preciso certo domínio técnico da lógica e da língua. Ademais pelo fato de os artigos voltarem-se a convencer os demais especialistas de que vale a pena considerar e verificar os achados e ideais relatados, convém que sejam escritos de forma elegante, envolvente, interessante e agradável, razão pela qual convém também conhecer as técnicas de argumentação e retórica. Esses foram os focos da Parte 3, *Ferramentas intelectuais da pesquisa*, para o qual remetemos o leitor.

O eixo estruturante da sequência desse capítulo é a "lógica estrutural" dos artigos científicos. Esse é o gonzo que optamos por explicitar daqui em diante, para que os artigos científicos redigidos não fiquem desengonçados.

4.3.1.4.6 Extensão

Os *artigos de revisão* geralmente são longos, pois têm de relatar diversos estudos anteriores (+ de 20 laudas). Os *artigos originais* geralmente são menos extensos (15 a 20 laudas), as *comunicações* curtas são, como o nome diz, geralmente pouco extensas (2 a 7 laudas)[2]. No entanto, esses quantitativos de extensão não podem ser vistos como camisas de força. Pode ocorrer que determinado trabalho, ao ser julgado, mesmo sem mudar de subespécie (original, de revisão ou comunicação) receba a indicação de que seja mais curto (se, por exemplo, o texto é muito repetitivo ou insiste em explicitar questões que a literatura já resolveu) ou de que seja mais longo (se, por exemplo, for relevante abranger a revisão de conjunto mais amplo da literatura ou de um conjunto de autores não utilizados).

---

2. Considerando como corpo da fonte do trabalho a de 12pt, que o espaçamento seja simples, as citações com mais de três linhas, as notas de rodapé e as tabelas utilizem fonte menor (como recomenda a NBR 6022:2018).

Acima dos padrões geralmente indicados de extensão, o que importa é o seguinte: a extensão que deve nos guiar deve ser a **necessária** e a **suficiente**.

4.3.2 Elementos estruturais do artigo científico

Os elementos estruturais do artigo científico estão descritos no Quadro 6:

Quadro 6 – Elementos Estruturais do Artigo Científico

Elementos pré-textuais	Título e Subtítulo (se houver) no idioma do documento
	Título e Subtítulo (se houver) em outro idioma
	Nome(s) do(s) Autor(es), acompanhado de sua(s) qualificação(ões), afiliação(ões) e endereço(s)
	Resumo no idioma do documento, acompanhado das palavras-chave
	Resumo em outro idioma, acompanhado das palavras-chave
	Datas de submissão e de aprovação
	Identificação e disponibilidade
Elementos textuais	Introdução
	Desenvolvimento
	Considerações finais
Elementos pós-textuais	Lista de referências
	Glossário
	Apêndice(s)
	Anexo(s)
	Agradecimento(s)

Fonte: Elaboração do próprio autor.
Em cinza estão os elementos obrigatórios.

4.3.2.1 Título e subtítulo do artigo científico

Segundo a NBR 6022:2018, o título e o subtítulo (se houver) devem figurar na página de abertura do artigo, diferenciados tipograficamente ou separados por dois-pontos (:) e no idioma do texto.

O título/subtítulo em outro idioma, quando inseridos (é elemento opcional para a ABNT, embora seja obrigatório em praticamente todas as publicações científicas), deve ser incluído logo após o título/subtítulo no idioma do texto.

Deve ser curto, preciso, identificar com argúcia o contributo, a novidade, o principal resultado da investigação, da ideia relatada.

4.3.2.2 Autoria (qualificação, afiliação e endereço) do artigo científico

Segundo a NBR 6022:2018, como autor deve ser identificado a pessoa física responsável pela criação do conteúdo intelectual ou artístico de um documento. O que pode resultar na indicação de autor individual ou de um conjunto de autores. Se o responsável não for pessoa física, mas sim jurídica (com ou sem personalidade: instituição, organização, empresa, comitê, comissão, evento etc.), identifica-se o autor entidade.

O nome do autor ou dos autores deve ser inserido na forma direta, ou seja, prenome ou prenomes (abreviados ou não) seguidos do sobrenome. Havendo mais de um autor, devem ser separados por vírgula ou inseridos cada um em uma linha.

Cada autor deve vir acompanhado de um currículo sucinto (qualificação), de sua vinculação corporativa ou institucional (afiliação) e de seu endereço de contato. Essas informações devem ser inseridas em notas de rodapé, utilizando numeração ou identificação que não interfira no sistema de chamadas utilizado para as citações.

Usualmente, as revistas científicas exigem que a qualificação explicite a titulação dos autores (há muitas revistas que aceitam artigos apenas se houver no grupo de autores algum doutor, ou se todos os autores forem doutores, assim como há muitas revistas que apenas aceitam artigos com um número limitado de autores).

Costumeiramente, as revistas científicas exigem também que sejam indicadas as *afiliações* dos autores, mesmo que provisórias: seus pertencimentos a algum grupo de pesquisa (por exemplo, Líder, Pesquisador ou Estudante de algum Grupo de Pesquisa CNPq) e/ou a alguma Instituição de ensino ou de pesquisa (por exemplo, Professor Permanente, Professor Colaborador, Doutorando, Mestrando de determinado Programa), acompanhado do país e do Estado da federação em que se situam seus pertencimentos (o país e o Estado são solicitados porque as revistas são avaliadas pelo percentual de exogenia, de acordo com o percentual de colaboradores estrangeiros ou de outros Estados).

O endereço de contato, costuma ser o *e-mail* dos autores.

SEQUÊNCIA DE INCLUSÃO DOS AUTORES

A sequência adequada para a inclusão dos autores não é regrada pela ABNT. Apontaremos, por isso, a praxe.

Nas publicações estrangeiras, o primeiro nome usualmente é do autor que escreveu o rascunho do texto ou que coletou os dados (em geral, os pesquisadores assistentes). Os nomes intermediários serão de todos os pesquisadores que contribuíram (como, por exemplo, com as análises). Ao final, o nome do principal investigador, o pesquisador sênior. Nas publicações brasileiras, no entanto, a sequência é invertida. Rotineiramente indica-se como primeiro autor o principal.

Se todos os autores contribuíram da mesma forma, é conveniente colocar em ordem alfabética, ou alfabética reversa (intercalando essas lógicas, se houver mais de um artigo, por justiça). Convém, no entanto, deixar essa condição peculiar explicitada em nota explicativa.

Outra forma (ideal) é identificar em rodapé o papel específico de cada autor envolvido com a composição do manuscrito. Por exemplo: planejamento do estudo – Fulano, coleta de dados – Beltrano, análise dos dados – Sicrano, assim por diante... discussão, escrita do manuscrito, formatação das tabelas e gráficos etc.

AUTORES E COLABORADORES

Nesse ponto, umas palavras são necessárias a respeito de quem pode constar como autor de um trabalho técnico e científico – ponto que não é abordado pela ABNT, mas que é objeto de diversas normas ou recomendações éticas de periódicos científicos ou de associações de editores científicos, pois são muitas as implicações acadêmicas, sociais e até mesmo financeiras de constar no rol de autores.

Pode constar como autor de um artigo todo aquele que tenha aportado *contribuição substanciosa* para a investigação, que efetivamente possa se *responsabilizar pelo conteúdo* do trabalho e que tenha *condições de apresentar e defender* o que foi escrito para os pares.

Na impossibilidade de o principal autor comparecer a alguma apresentação, podemos nos perguntar: quem estaria habilitado a defender todo o escrito? A resposta indicará quem são estes possíveis autores.

O Comitê Internacional de Editores de Periódicos Médicos[3], por exemplo, recomenda que a autoria seja assumida por alguém apenas quando passar pelos seguintes critérios cumulativos: a) ter aportado contribuições substanciosas para a concepção ou o delineamento do estudo, ou para a aquisição, ou para a análise ou para a interpretação dos dados apresentados no trabalho; b) ter colaborado em versões preliminares do artigo ou na revisão crítica de importante conteúdo do texto; c) ter aprovado a versão final a ser publicada; d) responder pela exatidão ou pela integridade de tudo o que é relatado no trabalho (mesmo que um dos autores tenha colaborado com apenas uma parte do trabalho, para ingressar na autoria, tem de confiar na exatidão das contribuições de todos e responder pela integridade de todo o trabalho).

Àqueles que não passarem em algum dos quatro critérios, segundo o Comitê, podem ser apontados como colaboradores, não como autores. Por exemplo, um orientador pode passar nos três primeiros critérios, mas não achar ser adequado responder pela exatidão e integridade de todo o trabalho. Será, portanto, um colaborador muito importante, mas não um autor do trabalho.

Na prática, o autor correspondente (o autor que envia o trabalho para publicação) tem a responsabilidade de determinar com precisão a autoria. Não é a editora que tem essa responsabilidade. No entanto, para se precaverem, tornou-se comum as editoras ou revistas solicitarem de todos os autores a autorização para a publicação, bem como enviarem todas as comunicações sobre a publicação para todos os autores.

4.3.2.3 Resumo e palavras-chave

Segundo a NBR 6028:2003, resumo é a apresentação concisa dos pontos relevantes de um documento. Trata-se de elemento obrigatório dos artigos científicos, constituído de uma sequência de frases concisas e afirmativas e não de uma simples enumeração de tópicos, de 100 a 250 palavras (NBR 6028:2003), em parágrafo único, seguido de palavras representativas do

---

3. Cf. INTERNATIONAL COMMITTEE OF MEDICAL JOURNAL EDITORS (ICMJE). *Recommendations for the Conduct, Reporting, Editing, and Publication of Scholarly Work in Medical Journals*. Disponível em: http://www.icmje.org/recommendations/

4.3 | Artigos Científicos

conteúdo do trabalho, isto é, de palavras-chave ou descritores escolhidos de vocabulário controlado.

Elemento obrigatório, as palavras-chave devem figurar logo abaixo do resumo, antecedidas da expressão "Palavras-chave:", separadas entre si por ponto e finalizadas também por ponto.

Esses dois elementos, podem (para quase a unanimidade das revistas científicas, devem) ser apresentados na sequência também em outro idioma. Em geral em inglês (*Abstract* e *Keywords*), ou em espanhol (*Palabras clave* e *Resumen*) ou em francês (*Mots-clés* e *Résumé*).

São partes essenciais de um artigo científico do ponto de vista da divulgação. A pesquisa científica, no mundo, está muito condicionada às bases de dados científicos, onde título, resumos e palavras-chave são a fonte da pesquisa. Pelos títulos e palavras-chave os nossos artigos são encontrados, pelo resumo que decidem lê-los, até mesmo comprar os textos, se tivermos encaminhado a revistas de acesso restrito.

Do ponto de vista do conteúdo, a NBR 6028:2003 recomenda que a primeira frase explique o tema principal. Em seguida, que seja apontada a categoria do tratamento (memória, estudo de caso, análise da situação etc.). Ademais, que sejam ressaltados o objetivo, o método, os resultados e as conclusões.

Para nós, parece mais eficaz ter em conta a seguinte **estrutura lógica dos resumos**:

A) **contextualização** (identificação da grande área, do contexto em que está inserido) e **problema** (questão, lacuna, controvérsia da área que precisa ser resolvida, hipótese que precisa ser testada) – o que a ABNT chama de tema principal;

B) **objetivo** (o que se queria no estudo reportado – momento em que pode ser útil lembrar do filtro mais genérico dos objetivos: ser exploratório, descritivo ou explicativo);

C) **métodos** (indicação abstrata do método utilizado);

D) **resultados** (principal ou principais achados);

E) **conclusões** (a resposta ao problema e, como os resultados contribuem para o avanço da grande área – implicações, especulações ou recomendações).

Jamais pode-se deixar de indicar no resumo os objetivos, os resultados e as conclusões, razões de ser de qualquer publicação científica. A maioria das revisas, ademais, exige a explicitação dos métodos.

O resumo que apresenta uma síntese dos dados qualitativos ou quantitativos obtidos (informações adequadas para o item lógico resultados) é intitulado pela ABNT de *resumo informativo*. O que não contempla tais dados é intitulado *indicativo*.

4.3.2.4 Data de submissão e de aprovação

Segundo a NBR 6022:2018, devem ser indicadas as datas precisas (dia, mês e ano) de submissão do artigo para avaliação e as datas de aprovação do artigo para publicação.

Esse elemento, efetivamente, não é agregado pelo autor, mas pela editora ou pelo periódico responsável pela publicação.

A data de submissão tem uma relevância singular para a comunidade científica, visto que a qualidade de um trabalho sempre há de ser considerada no momento histórico de sua apresentação. Tudo o que ocorrer após a submissão não pôde ser considerado pelo autor, nem pela comunidade para avaliar o trabalho.

A data de aprovação, por sua vez, tem relevância para as publicações, pois elas são avaliadas pela eficiência em tornar diminuto o lapso entre a submissão e a aprovação e a publicação.

4.3.2.5 Identificação e disponibilidade

Segundo a NBR 6022:2018, nesse momento há que se fornecer informações relativas ao acesso ao documento. O que pode ser os dados para se encontrar o suporte físico da publicação (nas publicações impressas) ou o endereço eletrônico para se ter acesso ao trabalho (nas publicações eletrônicas).

Nesse campo, a comunidade científica internacional insiste para que as publicações adotem o DOI – *Digital Object Identifier*, sistema internacional utilizado para identificar documentos digitais disponibilizados em redes de computador. Os portais voltados para a divulgação de trabalhos científicos mais seguros na atualidade (pois verificam a veracidade de tudo o que é informado), como o ORCID, somente incorporam publicações que possuam DOI.

4.3.2.6 Introdução

É a parte inicial do artigo, onde devem constar a delimitação do assunto tratado (problema e hipótese), a explicitação dos objetivos da pesquisa e de outros elementos necessários para situar o tema do artigo.

Sua função é deixar o leitor preparado para entender o artigo científico. Por isso, deve ser escrita de maneira concisa e clara.

Em geral, é um texto não muito extenso (dois a cinco parágrafos), onde o foco é a questão (o **problema** e a **hipótese** específica) e a **finalidade** do estudo. Não pode, logicamente, responder à questão, nem mostrar os resultados, nem mesmo os discutir (pontos reservados para as outras partes do artigo).

Espera-se que a apresentação da questão tangencie também (com citações indiretas e não com citações diretas): 1) os trabalhos pioneiros sobre o tema; 2) os mais recentes trabalhos sobre o tema; 3) no meio dessa linha temporal, apenas os trabalhos mais importantes e relevantes. Ou seja, que se faça uma síntese dos **referenciais teóricos** da investigação.

Ademais, muitas publicações exigem que se apresentem nessa parte os **métodos da investigação**.

Convém abarcar quatro partes lógicas:

1. Contextualização (*background*) – apresentar a grande área da qual a pesquisa pertence e sua importância, familiarizando o leitor com termos, jargões, expressões.
2. Problema (*gap*) – lacuna, controvérsia, o que precisa ser esclarecido.
3. Estado da arte – evidenciar as recentes pesquisas e descobertas da área (abdicar de trabalhos anteriores para situar nossa investigação na linha da ciência).
4. Propósito do trabalho (*approach*)– em geral, no último parágrafo da introdução.

Esse modelo pode ser simplificado para o Artigo de Revisão, apresentando:
A) o contexto do artigo – o que sabemos, o que não sabemos sobre a literatura revista (contextualização e problema estão aqui);
B) uma clara declaração da hipótese e do objetivo da revisão (responder a uma particular questão ou controvérsia); e
C) a estratégia utilizada para selecionar (critérios de exclusão e de inclusão, bases de dados utilizadas) e para analisar a literatura.

Poderíamos imaginar a seguinte estrutura redacional:

A) 1º parágrafo: o que sabemos (contextualização ou *background*);

B) 2º parágrafo: o que não sabemos (problema, lacunas, contraditoriedades, *gap*);

C) 3º parágrafo: sumarizar os estudos concretos próximos a nossa pesquisa (por exemplo, Identificamos cinco estudos...) – item que poderia ser suprimido;

D) 4º parágrafo: nossa hipótese e propósito de estudo;

E) 5º parágrafo: abordagem e métodos, dizendo por que são importantes (por exemplo, resolvem o que não sabemos).

4.3.2.7 Metodologia

Nessa seção há que se explicitar como foi desenvolvido o estudo para que outros possam replicar ou verificar a pesquisa, de forma ampla e simples.

Como foi desenvolvido o estudo (como se fez) – sabedores de que a finalidade da investigação (exploratória, descritiva, explicativa) e cosmovisão do autor (dialética, estruturalista, funcionalista, hermenêutica, sistemática, empirista, positivista, fenomenológica, sociológica etc.) condicionam o método:

A) desenho da investigação: método de coleta e método de análise;

B) universo pesquisado: materiais, participantes, instrumentos, variáveis, população, amostra.

Às vezes, para explicitar o método, seja conveniente inserir um diagrama que evidencie o fluxo do trabalho empreendido. Se o método utilizado é conhecido, ao invés de apresentar todos os detalhes, pode-se citar o autor que serviu de referência para o método.

Pode ajudar esse desvelar responder às seguintes questões: quem, o que, quando, onde, como e por quê. Ou então: quais os materiais, participantes, protocolo experimental ou desenho da investigação, instrumentos de medida utilizados, que variáveis foram consideradas (independentes, dependentes etc.).

É nesse tópico que devemos deixar claras as eventuais autorizações e registros da pesquisa que pressupõem autorização de Comitês de Ética.

Em suma, os procedimentos adotados devem ser descritos claramente, bem como as variáveis analisadas (com suas respectivas definições, quando necessário) e a hipótese a ser testada. Devem ser descritas a população e a amostra, os instrumentos de medida, com a apresentação, se possível, de medidas de validade. Tem de conter informações sobre a coleta e o processamento de dados. Deve ser incluída a devida referência para os métodos e técnicas empregados, inclusive os métodos estatísticos. Métodos novos ou substancialmente modificados devem ser descritos, justificando as razões para seu uso e mencionando suas limitações.

4.3.2.8 Desenvolvimento

Parte principal do artigo, que contém a exposição ordenada e pormenorizada do assunto tratado. Divide-se em seções e subseções, conforme a NBR 6024:2012, que variam em função da abordagem do tema e do método.

Usualmente, subdividem-se nos seguintes passos lógicos:

1. Resultados **+** Discussão **+** Conclusão; ou
2. Resultados **e** Discussão **+** Conclusão; ou
3. Resultados **+** Discussão **e** Conclusão.

RESULTADOS

É coração do texto científico (o que se encontrou), o resumo e a análise dos dados encontrados.

Há uma conexão entre a introdução, os resultados e a discussão. O que apareceu na introdução como *gap* (lacuna, controvérsia), aqui irá ser preenchido e interpretado, bem como servirá de material para o debate sequencial.

Nessa seção, há que se tomar o cuidado para não se explicar como se fez. O propósito da seção Resultados é apresentar e analisar o que se encontrou. Na seção Metodologia, explicar como o fez. Da mesma forma, deve se tomar o cuidado de não antecipar a seção discussão, *locus* adequado para comentar ou explicar o que os dados implicam.

Nessa seção deve-se resumir os dados encontrados (fazer um resumo mais compreensivo, olhando mais de cima, destacando o que há de mais importante), apontando as relações, descrevendo o conjunto, apresentando-os, quando possível, em tabelas ou figuras.

Em geral, como se trata de uma descrição de algo encontrado no passado, o tempo verbal utilizado nessa seção é o pretérito. Se, no entanto, a informação encontrada continua válida no presente, pode ser conveniente utilizar-se de sentenças no presente (por exemplo, O encontrado confirma, os dados sugerem, a figura mostra...). Embora, em função do que está sendo relatado, seja natural utilizarmos a voz passiva, convém esforçar-se para utilizar a voz ativa, que é mais clara.

O resultado do artigo de revisão, em geral, é o resumo da literatura encontrada e selecionada, organizada com base em um método (por temas, por tipo de experimento, por espaço geográfico, por décadas etc.). Os resultados do artigo original, em geral, são os dados mais importantes e suas interpretações (apresentados, quando possível, em tabelas ou figuras; ou em gráficos, quando revelam tendência; ou em quadros estruturais, quando é preciso traduzir relações complexas). Os resultados numéricos devem especificar os métodos estatísticos utilizados na análise.

DISCUSSÃO

É o momento em que se insere o diálogo. É a parte mais "livre" do artigo, mas que deve transmitir uma mensagem clara e consistente. Espaço lógico para comentar ou explicar o que os dados obtidos implicam (o que eles significam estava na parte lógica Resultados). Aqui também é possível estabelecer comparações com os resultados de outros autores, discutir se os achados suportam mudanças de paradigmas, antecipar eventuais questões e críticas, apontar questões não respondidas e a necessidade de novos estudos. Focalizando nos dados coletados, no que ficou provado, podem ser apontadas implicações, mas é preciso tomar cuidado para que as inferências não extrapolem os limites das premissas.

Nos artigos de revisão, a discussão (baseada na interpretação feita nos resultados) volta-se para a crítica do que foi revisto; para, se possível, refletir sobre as implicações. Nos artigos originais, convém comparar os resultados obtidos com os resultados de outras pesquisas e discutir possibilidades e impossibilidades de generalizações.

4.3.2.9 Considerações finais

É a parte final do artigo, na qual se apresentam as considerações finais correspondentes aos objetivos e as hipóteses iniciais. Convém apresentar o principal resultado alcançado, uma breve interpretação e análise crítica dele, e a contribuição que o estudo traz para avançar a ciência, as fronteiras do conhecimento.

Nessa seção partimos (ao inverso da introdução) do específico para o genérico. Começa com o principal resultado alcançado, faz uma breve interpretação, até chegar à contribuição para o campo.

As considerações finais geralmente explicitam lacunas remanescentes e indicam futuros estudos que ainda se fazem necessários.

Em razão do conteúdo das considerações finais, assim como em razão da compreensão de que a ciência sempre é provisória, reforçamos a sabedoria de escolher o nome dessa seção como "considerações finais" e não como "conclusões".

> Para a elaboração do elemento obrigatório **Referências**, remetemos o leitor ao capítulo 4.7 *Citações e Referências*; para a elaboração dos elementos **Glossário**, **Apêndice**, **Anexo** (raríssimos em artigos), remetemos o leitor ao capítulo 4.4 *Elementos estruturais compartilhados*; para o elemento **Agradecimentos**, remetemos para o primeiro capítulo da parte 5.

4.4

Elementos Estruturais Compartilhados

Há um conjunto de elementos estruturais – pré e pós-textuais – que são recomendados pela ABNT tanto para os trabalhos acadêmicos (trabalhos de conclusão de curso, dissertações e teses), quanto para os projetos e relatórios de pesquisa.

Além de compartilhadas, as recomendações sobre esses elementos não sofrem alteração de produto para produto. Ou seja, o mesmo que se recomenda na norma sobre trabalhos acadêmicos aparece na norma sobre projetos, assim como na norma sobre relatórios.

Para evitar repetições em cada um dos capítulos que se dedicam a esses produtos, nesse capítulo apresentam-se esses elementos compartilhados: Ilustrações, Tabelas, Abreviaturas, Siglas, Símbolos, Sumário, Glossário, Apêndices, Anexos e Índices.

Em termos práticos, faz-se, portanto, uma síntese das seguintes normas da ABNT: NBR 10719:2015 (Relatórios), NBR 14724:2011 (Trabalhos acadêmicos) e NBR 15287:2011 (Projetos de pesquisa); levando em conta, logicamente, algumas normas específicas referenciadas por essas normas de origem que são voltadas a elementos estruturais especiais (caso da NBR 6027:2012 – Sumários; e da NBR 6034:2004 – Índices) ou a elementos estruturantes do discurso lógico-científico (caso da NBR 6024:2012 – Numeração progressiva das seções).

Há elementos comuns aos trabalhos acadêmicos, relatórios, projetos e artigos que não são tratados nesse capítulo: resumos, citações e referências. Cada grupo por um motivo diverso. Os resumos, porque possuem peculiaridades em cada produto; não por causa da ABNT, mas em razão da finalidade que assumem em cada tipo de produto. As citações e referências, porque a complexidade e detalhamento delas justificam um capítulo em separado.

4.4.1 Elementos pré-textuais compartilhados
4.4.1.1 Ilustrações
LISTA DE ILUSTRAÇÕES

Segundo a NBR 14724:2011, a Lista de ilustrações deve ser elaborada respeitando a **ordem que elas aparecem no trabalho**. Cada item da lista há de ser designado por seu tipo (desenho, esquema, fluxograma, fotografia, gráfico, mapa, organograma, planta, quadro, retrato ou outro), seguido de seu número sequencial em algarismos arábicos, travessão, título da ilustração concreta e respectivo número da página em que aparece.

Exemplo:

Quadro 1 – Valores aceitáveis de erro técnico   5
Mapa 1 – Vulnerabilidades sociais na Baixada Santista   16

Quando o volume de ilustrações é expressivo e variado, recomenda-se a elaboração de lista própria para cada tipo de ilustração: desenhos, esquemas, fluxogramas, fotografias, gráficos, mapas, organogramas, plantas, quadros ou retratos.

ILUSTRAÇÕES

No texto, a **identificação** de cada ilustração deve ser inserida **na parte superior** da respectiva ilustração, precedida da palavra designativa (desenho, esquema, fluxograma, fotografia, gráfico, mapa, organograma, planta, quadro, retrato, figura, imagem, entre outros), seguida de seu número de ordem de ocorrência no texto, em algarismos arábicos, travessão e do respectivo título.

Na parte inferior de cada ilustração, **deve-se inserir a fonte (elemento obrigatório**, mesmo que seja produção do próprio autor), seguida de eventuais **legendas, notas e outras informações necessárias à sua compreensão.**

À guisa de esclarecimento, apontamos conceitos simplificados de algumas espécies de ilustrações:

A) organograma: representação gráfica de uma organização ou de uma atividade que assinala seus elementos e suas inter-relações;

B) fluxograma: representação gráfica de um procedimento, de um problema, cujas etapas são ilustradas de forma encadeada;

C) esquema: representação gráfica simplificadora, resumida ou funcional dos elementos de um objeto, de um movimento ou de um processo;

D) gráfico: representação visual de uma série de dados ou de valores numéricos que visa facilitar a compreensão dessas dimensões abstratas (são muitos os seus subtipos: de linhas, de colunas, de barras, em pizza, de área, de dispersão etc.);

E) quadro: representação em geral tabular (linhas e colunas) de um conjunto de informações (elementos estruturais de uma realidade, classificações, comparações etc.) de modo resumido e organizado.

Lembramos ainda que as legendas e as fontes das ilustrações devem ser inseridas em **tamanho de fonte menor** (anteriormente recomendamos 9pt) que o tamanho da fonte do texto principal (12pt) **e uniforme** (utilizar um padrão único em todo o trabalho).

Por fim, observe-se que a ilustração não pode apenas ser inserida no trabalho, **tem de ser citada no texto** e inserida o mais próximo possível do trecho que a citou.

4.4.1.2 Tabelas

Tabela é uma forma não discursiva de apresentar informações das quais o dado numérico se destaca como informação central.

Em muitos trabalhos acadêmicos, é comum encontrarmos quadros que são intitulados equivocadamente como tabelas. Tecnicamente, as tabelas voltam-se a um tipo de informação peculiar, os dados numéricos. A representação tabular de informações não-numéricas relevantes, não transforma os quadros em tabelas.

4.4 | *Elementos Estruturais Compartilhados*

LISTA DE TABELAS

Segundo a NBR 14724:2011, a lista de tabelas deve ser elaborada nos mesmos parâmetros da ista de ilustrações.

Todas as recomendações referidas quanto aos elementos superiores e inferiores das ilustrações, que devem acompanhá-las quando elas são inseridas no bojo do texto, devem ser seguidas também para as tabelas.

TABELAS

No caso das tabelas, um cuidado especial deve ser tomado. A ABNT recomenda seguir o documento Normas de apresentação tabular (3ª edição, editada em 1993) do Instituto Brasileiro de Geografia e Estatística (IBGE).

Desse documento do IBGE[4], parece-nos relevante destacar alguns conceitos e algumas recomendações essenciais:

A) no topo, o Título da tabela deve indicar a natureza e as abrangências geográfica e temporal dos dados numéricos, sem abreviações;

B) no cabeçalho, há que se indicar o conteúdo das colunas, quando possível sem abreviações. Toda tabela há de ter uma coluna indicadora dos conteúdos das linhas, sem abreviações;

C) entre o cabeçalho e o rodapé, apresenta-se o conteúdo da tabela, as células com os dados numéricos;

D) no rodapé, depois do elemento obrigatório Fonte, deve-se inserir o elemento Nota (essa é a nota geral) sempre que houver necessidade de se esclarecer algo de seu conteúdo geral, como, por exemplo, padrão de arredondamento adotado e eventual divergência entre a soma das parcelas arredondadas e o total arredondado. Após isso, deve-se inserir outro elemento Nota (essa é a nota específica) sempre que houver necessidade de se esclarecer algum ponto específico da tabela. Havendo várias notas, basta um tópico Notas;

E) após as notas, mas ainda no rodapé, devem ser inseridas eventuais notas explicativas a quaisquer elementos da tabela (cuidado: não vai para o rodapé da página, mas para o rodapé da tabela);

---

4. Cf. https://biblioteca.ibge.gov.br/visualizacao/livros/liv23907.pdf

F) quanto às molduras, o padrão indicado é o de utilizar uma linha para separar o topo da tabela, outra linha para separar o cabeçalho do conteúdo da tabela, outra linha para separar o conteúdo do rodapé. Não deve ser inseridas linhas verticais de moldura para delimitar as tabelas à esquerda e à direita;

G) sempre que possível, a tabela deve ser elaborada de forma a ser apresentada em uma única página; no entanto, se uma tabela ocupar mais de uma folha em razão da sua quantidade de linhas, há que se repetir o cabeçalho;

H) o conjunto de tabelas de um trabalho devem ser apresentadas com uniformidade gráfica nos corpos e tipos de letras e números, no uso de maiúsculas e sinais gráficos.

Em termos práticos, recomendamos que o autor do trabalho, ao elaborar a tabela, utilize a primeira linha da formação tabular inserida nos processadores de texto para a identificação da tabela, e a última para inserir a fonte e as notas; recomendamos também que sejam inseridas apenas as molduras horizontais exigidas e as verticais realmente necessárias para a melhor compreensão do conteúdo, nunca inserindo linhas verticais nas fronteiras esquerda e direita (nunca grade).

IMPORTÂNCIA DAS ILUSTRAÇÕES E DAS TABELAS

As ilustrações e tabelas são fundamentais em trabalhos acadêmicos, especialmente em artigos científicos. Editores, revisores e leitores costumas olhar antes (ou somente isso): títulos, resumos, tabelas e ilustrações.

Por isso, o ideal é que elas, sozinhas, de alguma forma transmitam o conteúdo de todo o texto. Ao mesmo tempo, precisam ser fáceis de ser compreendidas sem que seja preciso ler o texto principal. Devem estar presentes em número suficiente (sem cair na ausência sentida, nem na demasia, na repetição).

As ILUSTRAÇÕES causam ainda mais impacto, pois costumam mostrar melhor as tendência e padrões, destacar melhor um resultado particular, contar melhor uma história.

As TABELAS transmitem melhor os valores precisos (quando esses são importantes), mostram de uma vez só "muitos" valores ou variáveis.

4.4 | Elementos Estruturais Compartilhados

As legendas das ilustrações e os títulos das tabelas, por tudo isso, têm impacto significativo no papel desses elementos. Devem ser breves, mas eficazes para contextualizar o apresentado e para direcionar o olhar do leitor. Devem, em nota, explicar eventuais siglas utilizadas, pois, dado sua importância, é preciso tornar as ilustrações/tabelas autossuficientes.

4.4.1.3 Abreviaturas

A NBR 14724:2011 recomenda a inserção de **relação alfabética** das abreviaturas (representação de uma palavra por meio de algumas de suas sílabas ou letras) e siglas (conjunto de letras, geralmente as iniciais, que representa um determinado nome) utilizadas no texto, seguidas das palavras ou expressões correspondentes grafadas por extenso. Recomenda-se a elaboração de lista própria para cada tipo.

> Exemplos:
> Dr.   Doutor
> CP   Código Penal
> CPC   Código de Processo Civil
> CDC   Código de Proteção e Defesa do Consumidor

A sigla, quando mencionada pela primeira vez no texto, deve ser indicada entre parênteses, precedida do nome completo. Exemplificamos: Associação Brasileira de Normas Técnicas (ABNT).

Para o âmbito jurídico, recomendamos consultar documentos do Superior Tribunal de Justiça (STJ) e do Supremo Tribunal Federal (STF) que estabelecem rol de siglas e abreviaturas que são rotineiramente usadas em trabalhos da área:

A) *link* do documento do STJ: https://ww2.stj.jus.br/docs_internet/revista/eletronica/stj-revista-sumulas-2011_23_capSiglaseAbreviaturas.pdf;

B) *link* do documento do STF: http://www.stf.jus.br/arquivo/cms/publicacaoLegislacaoAnotada/anexo/siglas_cf.pdf).

4.4.1.4 Símbolos

A NBR 14724:2011 recomenda que a Lista de símbolos (sinal que substitui o nome de uma coisa ou de uma ação) siga a mesma lógica das listas de abreviaturas e de siglas: indicar o símbolo, seguido do devido significado. Recomenda, no entanto, que seja elaborada de acordo com a **ordem de aparecimento no texto**.

4.4.1.5 Sumário

A NBR 6027:2012 apresenta como deve se dar esse elemento, uma lista que apresenta: 1) as divisões em numeração progressiva da parte textual e 2) os elementos pós-textuais do trabalho (os elementos pré-textuais não aparecem), na mesma ordem e grafia em que aparecem no corpo do trabalho.

Cada divisão e subdivisão do desenvolvimento é precedida do indicativo numérico da divisão ou subdivisão, seguido de seu título (seguindo o sistema de numeração progressiva indicado pela NBR 6024:2012). Os elementos pós-textuais não são precedidos de indicativo numérico.

O Sumário, elemento revelador do plano lógico do trabalho, deve contar com as seguintes características:

A) todas as partes do plano devem estar diretamente vinculadas ao objetivo do trabalho, à resolução do problema da pesquisa;

B) as partes do plano devem ser apresentadas na mesma sequência de que o raciocínio rigoroso se dá, das ideias mais simples às mais complexas;

C) deve ser perceptível o encadeamento entre as ideias (concluída uma, podemos passar para a próxima – há uma subordinação entre as ideias, umas só podem ser compreendidas depois que esclarecidas outras).

Se o trabalho acabar por ter de ser impresso em mais de um volume, deve-se repetir o sumário completo em cada volume.

4.4.2 Elementos pós-textuais compartilhados

Assim como afirmamos que os elementos pré-textuais são de relevância singular para a comunidade acadêmica e para a comunidade científica, podemos afirmar que, sem os elementos pós-textuais, os trabalhos não estariam habilitados aos epítetos acadêmico e científico.

Sem os dados completos das fontes das informações explicitados no elemento referência, sem o significado exato de alguns termos utilizados pelo autor explicitados no elemento glossário, não poderíamos intitular as dissertações e teses de trabalhos acadêmicos ou científicos.

4.4.2.1 Glossário

A NBR 14724:2011 e a NBR 15287:2011 indicam a possibilidade de agregar como elemento pós-textual dos projetos e dos trabalhos acadêmicos um glossário, ou seja, uma relação de palavras ou expressões técnicas de uso restrito ou de sentido obscuro, utilizadas no texto, acompanhadas das respectivas definições (sejam elas de outrem ou do próprio autor). Na organização dessa relação, indica apenas que deve ser adotada a ordem alfabética.

São muito úteis para se dar precisão ao discurso ou para se construir novas percepções sobre objetos estudados. Geralmente, no entanto, exigem bastante domínio e maturação do autor sobre os institutos que manuseia. Não se trata de experimentar-se caprichosamente como definidor de termos, mas sim de compartilhar precisões necessárias para um discurso mais técnico, mais exato.

4.4.2.2 Apêndice

Segundo a NBR 14724:2011 e a NBR 15287:2011, apêndice pode ser um texto ou um documento **elaborado pelo autor do trabalho principal**, que visa complementar a argumentação desenvolvida no projeto ou no trabalho por ele mesmo, mas que é colocado em separado para não prejudicar a unidade nuclear do projeto ou do trabalho, a sequência do raciocínio.

Em sua apresentação específica, deve composto pela palavra APÊNDICE, seguida de identificação específica por letras maiúsculas consecutivas, travessão e pelo respectivo título.

Exemplo:

APÊNDICE A – Morbidade de doenças respiratórias em Santos.

A praxe atual dos programas de pós-graduação, decorrência de exigências da CAPES, é exigir que os discentes do mestrado e doutorado cumpram créditos curriculares relacionados à publicação de textos científicos, notadamente artigos. Isto leva, naturalmente, a que diversos discentes acabem por contar com textos de sua própria autoria, produzidos durante curso, em temas conexos ou paralelos ao objeto central da dissertação ou da tese. Esses textos soem possuir grande potencial explicativo complementar do que se desenvolveu no trabalho principal. É natural, portanto, que esse elemento facultativo seja utilizado pelos autores de dissertação e de tese. Ademais, revelam para a banca examinadora a verdadeira amplitude de conhecimentos e pesquisas que o discente realmente desenvolveu.

Por outro lado, é necessário que sejam colocados em apêndice eventuais instrumentais de coleta de dados (formulários de entrevistas ou de questionários, termos de confidencialidade apresentados aos entrevistados) ou de análise de dados (tais como um quadro das categorias de análise ou uma tabela com dados mais completos dos que os relatados no texto principal) utilizados pelo autor da dissertação ou da tese. Sem esses instrumentais pode ser que a própria dissertação ou tese não revele o rigor científico do trabalho.

4.4.2.3 Anexo

Segundo a NBR 14724:2011 e a NBR 15287:2011, anexo pode ser um texto ou um documento **não elaborado pelo autor do trabalho principal**, que serve de fundamentação, comprovação e ilustração da argumentação desenvolvida no projeto ou no trabalho.

Em sua apresentação específica, deve composto pela palavra ANEXO, seguida de identificação específica por letras maiúsculas consecutivas, travessão e pelo respectivo título.

Exemplo:
ANEXO A – Série histórica do Índice de Reajuste INPC.

Em geral, como anexo fazem-se presentes documentos de difícil acesso que, ao mesmo tempo, são essenciais para a compreensão ou fundamentação do trabalho. Convém apresentar em anexos os eventuais termos de autorização concedidos para a pesquisa, como o emitido pelo Comitê de Ética.

4.4.2.4 Índice

Índices, regrados pela NBR 6034:2004, são formas de mapear, dentro de um texto, informações de variadas estirpes que podem ser de interesse dos leitores.

Seguindo um padrão lógico e identificável, podem ser construídos índices muito úteis para um projeto ou um trabalho científico, especialmente quando almeja-se a publicação (SEVERINO, 2007, p. 231), tais como um Índice onomástico de autores ou pessoas citadas ou referenciadas; ou um Índice de um conjunto relevante de assuntos que não serviram para estruturar as seções do trabalho, mas que podem ser relevantes para os leitores; ou um Índice que sequencie informações em sistematização diversa do discurso do texto (por exemplo, o texto organizou alguma reflexão em sequência lógica e o índice organiza em sequência cronológica).

Há recursos nos processadores de texto muito úteis para construir esses índices. E, pensando no impacto almejado de todo e qualquer trabalho científico desenvolvido com seriedade, deveriam ser realmente construídos. Dependem, no entanto, de trabalho muito cuidadoso. Dependem de o autor dispor-se a lustrar sua pedra preciosa.

4.5

Recomendações Gerais de Formatação

A ABNT apresenta uma série de recomendações relacionadas à formatação dos projetos e dos trabalhos acadêmicos. As mais gerais serão indicadas nesse capítulo.

4.5.1 Orientações para a impressão

Segundo a normativa da ABNT, o trabalho deve ser impresso em cor preta. Pode-se utilizar outras cores somente nas ilustrações. Deve-se utilizar, para imprimir, papel branco ou reciclado.

Recomenda-se a impressão dos elementos textuais e pós-textuais no anverso e verso das folhas[5].

---

[5]. Nesse momento, há que se destacar o que pode passar despercebido pelo leitor. A preocupação com o ambiente não pode ser uma retórica vazia, tem de concretizar-se em ações concretas e eficientes. A utilização de papéis reciclados e, notadamente, a impressão dos trabalhos acadêmicos na frente e no verso, pode reduzir e em muito o impacto ambiental da produção acadêmica brasileira. Partindo da informação do sistema Sucupira da Coordenação de Aperfeiçoamento de Pessoal do Ensino Superior (CAPES) que indicava registro de cerca de 350 mil estudantes de mestrado e doutorado em 2016, e da pressuposição de que cada discente produzirá trabalho em regra superior a 150 páginas. A impressão frente e verso dos trabalhos de mestrado e doutorado poderia significar a economia de 26 milhões de folhas. Na graduação, que soe exigir trabalhos de conclusão, mesmo que consideremos que os trabalhos são menores, poderíamos fazer o mesmo raciocínio: cerca de 8 milhões de estudantes (quantitativo noticiado pelo Ministério da Educação em 2016) fazendo trabalhos de 50 páginas impressas frente e verso, economizariam 200 milhões de folhas. Essas considerações levam-nos a recomendar vivamente que os trabalhos acadêmicos utilizem papel reciclado e sejam impressos no anverso e no verso das folhas.

4.5 | *Recomendações Gerais de Formatação*

4.5.2 Formatação das páginas
4.5.2.1 Tamanho e orientação da folha

Segundo a normativa da ABNT, tamanho do papel utilizado para a impressão e nos arquivos eletrônicos deve ser o A4 (21 cm × 29,7 cm) e a orientação do papel deve ser retrato.

4.5.2.2 Quebra de página ou de seção

Cada elemento pré-textual tem de iniciar no anverso da folha (em regra, página ímpar do arquivo eletrônico), com exceção da ficha catalográfica, que deve vir no verso da folha de rosto.

Da mesma forma, as seções primárias do trabalho (divisão de primeiro nível do elemento textual) devem ser apresentadas no início de novas folhas e sempre no anverso.

Ou seja, cada um dos elementos estruturais (exceto a ficha catalográfica) e cada uma das divisões de primeiro nível do desenvolvimento do trabalho têm de iniciar no anverso da folha.

Como alguns elementos pré-textuais ocupam apenas um lado da folha (o anverso, a página ímpar) e os demais podem terminar em páginas ímpares, o elemento seguinte, no arquivo eletrônico, naturalmente iniciaria em página par, desobedecendo a recomendação.

Deve-se, portanto, tomar especial cuidado nesse ponto.

Ao final de cada elemento estrutural ou seção primária, é preciso inserir no arquivo eletrônico páginas em branco, utilizando-se do recurso quebra manual de página ou de seção. O modo mais seguro de atender essa regra, no entanto, não é o de inserir páginas em branco, mas sim o de utilizar-se do recurso dos processadores de textos (como o Word) que insere quebra de seção e inicia a próxima seção em página ímpar.

4.5.2.3 Margens da página

Em decorrência da impressão frente e verso, as margens definidoras da mancha gráfica têm de ser equilibradas: para o anverso, esquerda e superior de 3 cm e direita e inferior de 2 cm; para o verso, direita e superior de 3 cm e esquerda e inferior de 2 cm.

No Word, isto pode ser resolvido de maneira muito simples: utilizando--se do recurso de configuração de páginas chamado "margens espelho", definindo as margens superior e interna como 3 cm e fixando as margens inferior e externa em 2 cm.

4.5.2.4 Numeração das páginas

As folhas ou páginas pré-textuais devem ser contadas, iniciando a contagem na folha de rosto, mas não podem ser numeradas. A numeração deve figurar a partir da primeira folha da parte textual (Introdução).

No Word, o atendimento desta regra pode ser concretizado utilizando o recurso quebra de seção ao término dos elementos pré-textuais. Com esse recurso, é possível construir cabeçalhos na segunda seção com a numeração de páginas e deixar os cabeçalhos da primeira seção (a dos elementos pré-textuais) sem nada no cabeçalho. É necessário, no entanto, usar o recurso do processador de texto de desvincular os cabeçalhos das seções.

A capa não entra na contagem das páginas. Por isso, recomenda-se fazê-la em arquivo eletrônico separado. Assim, a paginação automática do processador de texto utilizado não se perde. Para os mais escolados nos editores de texto, é possível fazer a capa no mesmo arquivo eletrônico, mas, nesse caso, é preciso formatar o número de páginas para iniciar a contagem no número zero.

Para trabalhos **impressos somente no anverso** (opção não recomendada, mas aceita pela ABNT), todas as folhas, a partir da folha de rosto, devem ser contadas sequencialmente, considerando somente o anverso. A numeração deve figurar, a partir da primeira folha da parte textual, em algarismos arábicos, no canto superior direito da folha, a 2 cm da borda superior, ficando o último algarismo a 2 cm da borda direita da folha. No Word, é preciso, em Configuração da página, na aba *layout*, inserir 2 cm no cabeçalho. Ao inserir o número de página no cabeçalho, alinhá-lo à direita.

Quando o trabalho for **impresso em anverso e verso**, a numeração das páginas deve ser colocada no anverso da folha, no canto superior direito; e no verso, no canto superior esquerdo. No Word, nesse caso, é preciso, em configuração da página, na aba *layout*, além de inserir 2 cm no cabeçalho (como já indicamos), marcar que as páginas ímpares e pares são diferentes. Ao inserir o número de página no cabeçalho da página ímpar, alinhá-lo à direita. Ao inserir o número de página no cabeçalho da página par, alinhá-lo à esquerda.

4.5 | *Recomendações Gerais de Formatação*

No caso de o trabalho ser impresso em mais de um volume, a numeração das páginas dos volumes não deve ser reiniciada em cada volume, deve-se manter uma única sequência do primeiro ao último.

Observe-se também que a numeração das páginas dos apêndices e dos anexos tem de dar seguimento à numeração do texto principal.

4.5.3 Formatação do texto
4.5.3.1 Fontes

Recomenda-se a fonte tamanho 12 para todo o trabalho.

As citações com mais de três linhas (que têm de ser inseridas em parágrafo independente com recuo esquerdo de 4 cm), as notas de rodapé, o número que indica a página, os dados da ficha catalográfica, as legendas e as fontes das ilustrações e das tabelas devem ser inseridas em fonte menor e uniforme (utilizar um padrão único em todo o trabalho).

Pode-se utilizar, por exemplo, tamanho 11 para as citações independentes e para o número que indica a página; tamanho 10 para as eventuais notas de rodapé; tamanho 9 para as legendas, indicações de fontes das ilustrações e tabelas. Não é recomendável utilizar, de qualquer forma, tamanhos inferiores, pois podem dificultar a leitura.

Não há indicação nas normas de qual deve ser a família ou a tipologia das fontes (Arial, Calibri, Times New Roman, entre outras). Há quem prefira, inclusive, utilizar uma família para o texto e outra para os títulos. A orientação aqui pode ser apenas a da uniformidade, ou seja, a de manter o mesmo padrão em todo texto. Convém, no entanto, verificar se a instituição para qual será apresentado o trabalho tem alguma recomendação. Na Universidade Santa Cecília, por exemplo, está indicado que todo texto acadêmico seja redigido na fonte Arial.

4.5.3.2 Parágrafos

O espaçamento padrão é 1,5 entre linhas. As citações de mais de três linhas (que devem ser separadas em parágrafo isolado, com recuo de 4cm), as notas de rodapé, as referências, as legendas das ilustrações e das tabelas, a apresentação da natureza do trabalho (tipo do trabalho, objetivo, nome da instituição a que é submetido e área de concentração) devem ser digitados em espaço entre linhas simples.

As referências, ao final do trabalho (na lista de referências), devem ser separadas entre si por um espaço simples em branco.

Na folha de rosto, a descrição do trabalho (tipo de projeto de pesquisa e nome da entidade a que é submetido) deve ser alinhada do meio da mancha gráfica para a margem direita, ou seja, com recuo de 8 cm.

4.5.3.3 Títulos e subtítulos

Há elementos estruturais cujos títulos apresentam-se **sem indicativo numérico**. Dentre os pré-textuais: errata, agradecimentos, resumos, lista de ilustrações, lista de tabelas, lista de abreviaturas, lista de siglas, lista de símbolos, e sumário. Assim também, são todos os pós-textuais: referências, glossário, apêndices, anexos e índices.

Todos os títulos sem indicativo numérico, quando aparecem no corpo do trabalho, segundo a NBR 6024:2012, devem ser **centralizados**.

Observe-se também que a NBR 14724:2011 indica **elementos estruturais sem título**: folha de aprovação, dedicatória e epígrafes. Nesse rol, no entanto, esqueceu a norma de mencionar a folha de rosto e a ficha catalográfica.

As divisões do trabalho que contenham **títulos precedidos de indicativo numérico** (o que ocorre nos elementos textuais, nas suas divisões e subdivisões), quando aparecem no corpo do trabalho, segundo a NBR 6024:2012, devem ser **alinhados à esquerda**.

Segundo a NBR 14724:2011, após o título das seções primárias (situadas sempre no topo de uma página ímpar, alinhadas à esquerda), há de separar o texto que o sucede por um espaço entre as linhas de 1,5 (um parágrafo em branco, basta clicar duas vezes na tecla Enter).

Os títulos das demais seções (secundárias, terciárias, quaternárias e quinárias) devem ser separados dos textos que os antecedem e os sucedem, em ambos os casos, por um espaço entre as linhas de 1,5.

Títulos que ocupem mais de uma linha devem ser, a partir da segunda linha, alinhados abaixo da primeira letra da primeira palavra do título.

4.5.3.4 Numeração progressiva das seções

A subdivisão de um trabalho é uma forma de sistematizar logica e estruturalmente o seu conteúdo e deve seguir o sistema de numeração progressiva indicado pela NBR 6024:2012.

A numeração das seções do elemento desenvolvimento do trabalho há de ser feita em algarismos arábicos, separados do título da respectiva seção apenas por espaço. As seções primárias (por exemplo, 1) podem ser divididas em secundárias (por exemplo, 1.1), estas em terciárias (por exemplo, 1.1.1), estas em quaternárias (por exemplo, 1.1.1.1), estas, por fim, em quinárias (por exemplo, 1.1.1.1.1).

Há que destacar gráfica e hierarquicamente as seções. Para fazer isso, não nos parece adequado utilizar o recurso sublinhado, pois é rejeitado por muitas editoras e revistas; nem nos parece adequado usar o itálico, pois é o recurso gráfico recomendado para destacar as palavras estrangeiras. Com esses pressupostos, desenhamos uma possibilidade (Quadro 7):

Quadro 7 – Recursos gráficos para os títulos das seções

SEÇÕES DO DOCUMENTO	RECURSO GRÁFICO UTILIZADO
1 **TÍTULO DA SEÇÃO PRIMÁRIA**	<caixa alta> + <negrito>
1.1 **Título da Seção Secundária**	<versalete> + <negrito>
1.1.1 **Título da Seção Terciária**	<negrito>
1.1.1.1 TÍTULO DA SEÇÃO QUATERNÁRIA	<caixa alta>
1.1.1.1.1 Título da Seção Quinária	<versalete>

Fonte: Elaboração do autor.

4.5.3.5 Listas no corpo do trabalho

Listas eventualmente colocadas no bojo de uma seção ou subseção do texto acadêmico, segundo a NBR 6024:2014, devem ser divididas em alíneas.

Recomenda-se que o texto que as antecede encerre com dois pontos, que as próprias alíneas sejam antecedidas por **numeração alfabética**, em letras maiúsculas seguidas de parênteses (por exemplo, A), B), C), assim por diante), deslocadas da margem esquerda, alinhadas, a partir da segunda linha, à primeira letra do texto da primeira linha, separadas por ponto e vírgula, exceto a última que deve encerrar com ponto. O texto da alínea deve começar com **letra minúscula**.

Os processadores de texto, se utilizado o recurso de criar listas numeradas, fazem automaticamente os recuos necessários, basta tomar cuidado ao escolher o tipo de numeração. Há que se ignorar, nessa ocasião, os alertas dos editores que entendem que iniciar alínea com letra minúscula é um erro, pois essa é a recomendação da ABNT.

Se uma alínea for subdivida em subalíneas, cada uma destas deve ser antecedida de **travessão**, seguindo a mesma lógica de pontuação (a alínea mãe encerra com dois pontos, cada subalínea encerra com ponto e vírgula, a última subalínea encerra com ponto). O texto da subalínea deve começar com **letra maiúscula**.

4.6

Indicadores da Qualidade

EMBORA nenhuma pesquisa seja perfeita, há um conjunto de critérios que podem ser utilizados para avaliar a qualidade científica de um trabalho (critérios que servem tanto para avaliar a proposta, o projeto, quanto para avaliar os resultados da pesquisa). Vejamos.

4.6.1 Título

O título de uma pesquisa deve refletir todo o trabalho de investigação a ser desenvolvido ou desenvolvido. Mas, de maneira especial, os resultados pretendidos ou atingidos.

4.6.2 Apresentação do problema da pesquisa

É preciso apresentar com clareza e precisão os objetivos e as perguntas da investigação, bem como desvelar a concordância entre os objetivos e as perguntas. A justificação da investigação deve estar amparada em motivos rotineiramente valorizados: desenvolvimento do conhecimento, apresentação de novas teorias (valor teórico), solução de situações concretas, resolução de controvérsias (valor prático), aporte metodológico (valor metodológico) etc.

A apresentação do problema ganha qualidade se sua redação está suportada em alguns dados estatísticos atuais ou testemunhos de especialistas sobre ele. Ou seja, se o problema da pesquisa não adveio apenas da mente criativa do pesquisador, mas de uma necessidade claramente identificada por autoridades no assunto ou por reivindicações sociais atuais; se o problema foi construído através de variáveis encontradas em fontes relevantes e de prestígio que discutem atualmente o mesmo.

4.6.3 Hipótese inicial

Como não há pesquisa, mesmo a qualitativa, sem uma resposta provisória (hipótese), mesmo que intuitiva, ao problema apresentado, é preciso que a hipótese seja compreensível pelos destinatários do trabalho (os leitores).

A compreensibilidade da hipótese, por outro lado, está atrelada a diversos fatores objetivos: coerência na escolha das premissas (são apresentadas as que são relevantes e todas as necessárias) ou dos pressupostos, consistência ou sensatez das inferências, precisão das definições conceituais ou operacionais condicionantes do discurso.

Dependendo da pesquisa, é necessário também apresentar por que hipóteses rivais têm de ser descartadas (podem ser incompletas, podem ser ineficazes...).

4.6.4 Revisão da literatura

Em toda pesquisa é preciso rever o que foi desenvolvido pelos autores de destaque no campo de conhecimento que se insere a investigação (descobertos através dos bancos de dados ou bibliográficos mais importantes da área). A pesquisa deve revelar os estudos que apoiam as hipóteses de investigação e os que as refutam. Ademais, têm de desvelar as deficiências ou lacunas descobertas nos autores de referência.

Sob esse suporte, pode o investigador rever o problema colocado e desvendar a sua relevância.

Quando possível, é significativo inserir no texto que descreve a revisão da literatura as referências recentes, dos dois últimos anos, de preferência. Essencial, por outro lado, é indicar como serão ou foram selecionadas as fontes relevantes.

4.6.5 Marco referencial ou teórico

Nas pesquisas quantitativas é essencial delimitar com exatidão o *marco teórico* que suplantará toda a investigação. Nas pesquisas qualitativas é imperioso apresentar amplamente o *marco referencial*.

A diferença advém dos propósitos diferenciados dessas pesquisas. A pesquisa quantitativa (mais adequada às ciências exatas) propõe-se a provar uma teoria. É, portanto, necessário que o seu marco seja exato. A pesquisa qualitativa (mais comum no âmbito as ciências sociais) almeja descobrir ou afinar as perguntas da investigação, compreender uma realidade ainda não descrita completamente; apresenta, portanto, apenas uma necessidade: indicar a cosmovisão da abordagem investigativa e não uma teoria exata, tem de revelar mais o *marco interpretativo* do que o *marco teórico*.

4.6.6 Alcance ou delimitação da pesquisa, amostra

É preciso que a proposta de pesquisa tenha uma clara identificação de seu alcance ou de seus condicionamentos, pois sob esses pressupostos é que construirá a resolução do problema.

Nesse ponto, é determinante apontar com precisão o universo da análise, o que em metodologia identifica-se como "amostra". A amostra tem de ser precisa e adequada aos propósitos do estudo, ao mesmo tempo tem de ser, de algum modo, *representativa* do universo global, pois ao final da pesquisa, todo investigador deve se colocar a seguinte pergunta: se ampliada a amostra, as inferências serão as mesmas?

Para que atinja a *representatividade*, portanto, é necessário que a amostra seja suficientemente diversa, somente assim poderá o investigador construir possível generalização. Na fase da investigação teórica (na revisão da literatura), em consequência, é preciso analisar pensadores de variadas correntes, pois o trato de argumentos de várias cosmovisões tornará as ilações possíveis mais facilmente generalizáveis.

4.6.7 Desenho da investigação

Toda investigação tem uma estrutura lógica (revelada especialmente pelo sumário global e pela estrutura interna de cada tópico). Essa estrutura tem de clara e adequar-se ao problema apresentado, à hipótese sugerida, ao alcance da investigação, à resolução dos obstáculos identificados e às fontes disponíveis para a investigação.

4.6.8 Coleta de dados

O desenvolvimento de qualquer pesquisa depende de uma rigorosa coleta de informações, pois é sob esse suporte que se extraem as conclusões.

É relevante, portanto, que a pesquisa demonstre claramente qual será ou foi o método de seleção e de obtenção das informações (de acordo com a abordagem da pesquisa).

Será conveniente, em consequência, ao final da pesquisa (não mais no planejamento), que se explicite o lugar, o momento, as adaptações que se fizeram necessárias, o contexto, a autossupervisão dessa tarefa. Da mesma forma, convirá apontar como se avaliou o material coletado e a confiabilidade do método de análise utilizado.

A neutralidade almejada (embora paradoxalmente sempre impossível) de uma pesquisa recomenda que se apresentem objetivamente os dados colhidos antes de o pesquisador avaliá-los. Assim, outros pesquisadores podem fazer suas ilações independentemente do autor da pesquisa, fato que permitirá confirmar ou refutar a hipótese do pesquisador.

4.6.9 Análise dos dados

Há de apresentar-se coerência entre as análises desenvolvidas e os objetivos, as perguntas, as hipóteses e o desenho da investigação.

Ademais, as análises devem ser desenvolvidas de modo rigoroso e em todas as dimensões possíveis. Ilações displicentes ou parciais, de apenas alguns aspectos e não de todas as possibilidades, tornam frágeis as conclusões extraídas. De outra forma, ilações desonestas que ocultem (pelo discurso) as informações ou distorçam os dados, são o caminho seguro para o descrédito da pesquisa concluída.

Ao contrário, a análise ancorada em interpretações e inferências claras (discurso honesto), mesmo que tornem frágil ou não generalizáveis as respostas construídas, trazem a credibilidade científica ao trabalho desenvolvido.

Em verdade, um verdadeiro trabalho de pesquisa (com todo o peso e mérito desse qualificativo) sempre apresenta, ao final, um resumo honesto dos resultados alcançados, bem como uma discussão honesta da validade das conclusões alcançadas (sua força – dentro dos limites da análise; suas fraquezas – em função de eventuais debilidades do universo de análise; sua possibilidade ou não de generalização).

Nesse ponto, é muito útil ao pesquisador arraigar-se em certo preconceito psicológico contra si mesmo. O pesquisador tem de cuidar para que os desejos e tendências pessoais (nossos sonhos e convicções) não conduzam seu relato. A pesquisa e a análise têm de ser neutras, independentemente do que gostaríamos.

4.6 | Indicadores da Qualidade

Há verdadeira cientificidade quando o pesquisador aprende a adequar-se ou manejar as situações ou resultados não esperados, sem desvirtuá-los.

4.6.10 Redação do documento final (relatório dos resultados)

A redação final, em primeiro lugar, tem de responder ao problema colocado. Os resultados e descobrimentos têm de aportar alguma teoria, resolver algum problema ou aportar metodologicamente algo. Isto, de certa forma, é responder ao problema inicial.

Mas não cumpre sua missão somente com esse elemento, é preciso que as conclusões tenham suporte nas informações coletadas e que a discussão final (análise crítica da própria resolução do problema) seja coerente com a dimensão dos resultados e descobrimentos realmente encontrados (um trabalho científico deve reconhecer as suas limitações).

A pesquisa ganhará destaque se alcançar a relevância teórica, prática ou metodologicamente anteriormente imaginada, bem como se apresentar claras recomendações de novos estudos que se fazem necessários.

Por outro lado, é preciso que o texto apresentado tenha qualidade ortográfica, sintática e semântica, clareza, coerência lógica, elaboração adequada de citações e de referências. No mesmo sentido, que seja apresentado com qualidade gráfica (especialmente no diz respeito às tabelas, quadros e diagramas).

4.7

Citações e Referências

É DA natureza dos textos de apresentação de trabalhos acadêmicos e científicos estabelecer diversos diálogos entre autores tidos como relevantes, cotejar as informações levantadas e as ideias defendidas pelo autor com informações e ideias levantadas e defendidas por outros pesquisadores.

Para que se faça isso de maneira que os leitores possam verificar as fontes originais (critério da verificação ou da falseabilidade, critério de cientificidade), há que se seguir uma linguagem formal, padronizada.

Esse capítulo volta-se a isso: explicitar os padrões estabelecidos pela ABNT para se fazer citações diretas (transcrições), citações indiretas (paráfrases), chamadas das fontes da informação (sistema Autor-Data e sistema numérico) e referências (em notas ou em listas de referências). Ao final, indicaremos as principais diferenças de outros sistemas.

4.7.1 Citações diretas e indiretas

Segundo a NBR 10520:2002, citação é uma informação ou ideia relatada em um texto que foi extraída de outra fonte (textual ou não).

A práxis recomenda não se utilizar citações nos elementos estruturantes Introdução e Conclusão. Ao contrário, no desenvolvimento do trabalho, notadamente no momento em que se estabelece a discussão do tema e dos resultados com outros autores ou com outras pesquisas – o que é esperado em todo e qualquer trabalho acadêmico, a feição da intersubjetividade (DEMO, 2009, p. 21) – é necessário que o trabalho seja recheado de citações indiretas e de algumas citações diretas.

4.7 | Citações e Referências

Considera-se **citação direta** a transcrição literal do que fora explicitado em outro texto.

As citações diretas, no texto, cuja **extensão não ultrapasse três linhas**, devem estar contidas entre aspas duplas. Aspas simples podem ser utilizadas para indicar alguma citação no interior da citação transcrita. As citações diretas, no texto, cuja **extensão ultrapasse três linhas**, devem ser destacadas do texto principal em parágrafo separado com recuo de 4 cm da margem esquerda, sem as aspas duplas, e serem formatadas com letra menor que a do texto principal.

A ABNT, no caso de recuo, recomenda que a citação não conte com o elemento gráfico aspas duplas. Nossa experiência, no entanto, sugere manter essas aspas, pelo menos até a revisão final do texto. Se por qualquer motivo se perder a formatação especial do recuo e da letra menor, fica o autor protegido de ser mal interpretado (de que estaria utilizando texto alheio como se fosse próprio).

Eventuais supressões de trechos da citação direta devem ser indicadas com o símbolo [...]. Eventuais interpolações (comentários ou observações inseridas no meio da citação direta) devem ser inseridas entre o símbolo de abertura de colchetes [e o símbolo de fechamento de colchetes].

Utiliza-se o colchete e não os parênteses e isso tem uma razão: como esse símbolo é usual na matemática e utilizado muito restritamente nos discursos, desvela com mais clareza a intervenção no texto transcrito. Os parênteses poderiam ser do próprio texto transcrito.

As transcrições das citações diretas devem ser fiéis aos **padrões gráficos de origem** no que diz respeito aos estilos (normal, negrito, itálico) e efeitos (sublinhado, caixa alta ou versalete) da fonte. Não há necessidade de transcrever o texto com o mesmo tipo ou família de fonte (Arial, Times New Roman, Calibri etc.), nem como o mesmo tamanho original da fonte (por exemplo, 10pt, 11pt ou 12pt). É equivocado o hábito de colocar as citações em itálico.

Qualquer modificação na formatação da fonte deve ser indicada após o término da citação, entre parênteses. Uma expressão comum para essa finalidade é a seguinte: sem destaques no original. No sistema Autor-Data, ficará assim: (SILVA, 2017, p. 35, sem destaques no original). No sistema numérico, aparecerá após a citação apenas o comentário: (sem destaques no original).

Se identificado algum erro no texto original, há que se transcrever o texto com o erro, convém, no entanto, inserir logo após o erro a interpolação [*sic*]. Essa expressão latina significa assim, assim mesmo, desta forma, deste modo.

As citações diretas de **textos estrangeiros** devem seguir procedimento especial. No texto, seja no corpo principal ou em parágrafo separado, há de inserir o texto traduzido pelo autor do trabalho, seguido da expressão, entre parênteses, "tradução livre", ou "tradução nossa", ou "tradução de fulano". Em nota de rodapé, deve ser transcrito o texto original.

Considera-se **citação indireta** o texto que um autor, por suas palavras, remete a ideias ou informações expressas em outra fonte, geralmente em texto de outrem.

Nos trabalhos acadêmicos e científicos, é imprescindível que se faça a indicação, a referência da fonte das informações e das ideias, sejam elas apresentadas pela via da citação direta, sejam elas apresentadas pela via da citação indireta.

4.7.2 Sistemas de chamada das citações

A NBR 10520:2002 admite dois sistemas de chamada para referenciar a fonte: o sistema Autor-Data e o sistema numérico. O autor do trabalho tem de escolher um dos dois (quando tem essa liberdade, pois muitas vezes tem de seguir a opção estabelecida pela instituição onde desenvolve a pesquisa ou pela organização de determinada publicação a que o trabalho será encaminhado), não pode utilizar os dois.

No **sistema Autor-Data**, as referências são inseridas entre parênteses no corpo do texto. São dotadas da seguinte estrutura geral: sobrenome do autor em caixa alta, ano da publicação, página do trecho transcrito ou da ideia referenciada. Exemplo: (SILVA, 2017, p. 35).

Se o nome do autor estiver mencionado antes da chamada, sem caixas altas (como indica as regras de nossa língua), a chamada indicará apenas o ano e a página: Como indica Silva (2017, p. 35). Quando há mais de um autor, a chamada deve apresentar o conjunto de autores separados por ponto e vírgula: (BENTO; SILVA, 2016, p. 64), salvo se o conjunto de autores for superior a três, caso em que se utiliza a expressão latina *et al.*: (GALVÃO *et al.*, 2011, p. 75). Diante da coincidência de sobrenomes entre autores utilizados,

4.7 | Citações e Referências

há que se inserir os prenomes abreviados: (SILVA, J. A., 2009, p. 23). Diante de mais de uma obra do mesmo autor editada no mesmo ano, há que se inserir sequenciamento alfabético correspondente ao aparecimento na lista alfabética de referências finais: (SILVA, 2008a, p. 22).

No **sistema numérico**, inserem-se no texto um número de chamada (que será sequencial, em todo o trabalho) e os dados da fonte irão para o rodapé da página (admite-se também que as informações apareçam no fim de cada seção primária ou no final de todo o texto – o que se intitula nos processadores de texto notas de fim).

O número da chamada a ser inserido no texto principal pode ser feito entre parênteses, alinhada ao texto, ou situado pouco acima da linha do texto em expoente à linha do mesmo (sobrescrito), após a pontuação que fecha a citação ou após a ideia parafraseada.

No rodapé (a forma mais recomendada) ou no fim da seção, constarão as seguintes informações:

A) na primeira citação de uma fonte, a referência completa da fonte acompanhada, ao final, da página ou das páginas da citação; se for indireta, precedida da sigla Cf. (ver, para a primeira citação, as orientações gerais do tópico referências apresentado mais adiante);

B) nas próximas aparições da mesma fonte, os dados da fonte podem ser simplificados. Nesse caso, recomendamos inserir a autoria, o título e as páginas das citações. Por exemplo: SILVA, José Afonso da. Eficácia e aplicabilidade das normas constitucionais, p. 103.

O sistema Autor-Data é o sistema de chamada preferencial. Utilizando-o, é possível, no entanto, valer-se das notas de rodapé para inserir outras informações pertinentes ou explicações.

A chamada de uma fonte encontrada em outra fonte (citação de citação) segue a seguinte lógica: indicar as duas fontes. Primeiro, indica-se a fonte não consultada diretamente, seguida a essa indicação insere-se a expressão latina *apud*, em seguida apresenta-se a fonte consultada diretamente. Esse recurso, no entanto, deve ser excepcional, pois o pesquisador, sempre que possível, deve consultar a fonte original. Nas referências finais ou lista de referências, deve ser relacionada apenas a obra que se teve efetivo acesso.

4.7.2.1 A sutileza da pontuação: ." ou ".

As citações diretas **incorporadas linguisticamente** em um discurso (de até três linhas), iniciam com aspas duplas e devem encerrar com aspas seguidas da pontuação (exemplificamos: ". ou ",), pois, nesse caso, a **pontuação encerrará o discurso** ou parte do discurso e não a citação. Nesse caso, a chamada deve ser inserida entre as aspas finais e a pontuação, ou após o autor, se ele for mencionado no texto antecedente.

As citações diretas **não incorporadas linguisticamente** ao discurso (de até três linhas), que são simplesmente agregadas ao discurso com o recurso dos dois pontos, iniciam com aspas duplas e devem encerrar com a pontuação seguida das aspas duplas (exemplificamos: ."), pois, nesse caso, a **pontuação encerrará a citação** e não o discurso. Nesse caso, a chamada deve ser inserida logo após as aspas ou após o autor se ele for mencionado no texto antecedente.

As citações diretas que não podem ser incorporadas ao discurso principal (por terem extensão superior a três linhas), que são agregadas em parágrafos isolados após os dois pontos, iniciam sem as aspas duplas e encerram com a pontuação, pois, também nesse caso, a pontuação encerra a citação e não o discurso.

4.7.3 Referências

A NBR 6023:2018 é muito detalhada no que diz respeito a como fazer as referências das fontes das informações, das ideias utilizadas em trabalhos acadêmicos e científicos. Dedica, em verdade, 74 páginas para explicitar minuciosamente como apresentar "o conjunto padronizado de elementos descritivos, retirados de um documento, que permitem sua identificação individual" (definição de referências adotada pela regra).

Na prática, quando se fala em referências pode se estar referindo a três situações:

1. Em trabalhos da espécie resumo, os dados completos do texto estudado que antecedem o próprio resumo – regra aplicável também para as resenhas e as recensões (NBR 6028:2003).

2. Nos demais trabalhos acadêmicos e científicos:

4.7 | *Citações e Referências*

– quando se utiliza o sistema de chamada Autor-Data: os dados da fonte que aparecem de forma sintética e no corpo do texto, entre parênteses;

– quando se utiliza o sistema de chamada numérico: os dados da fonte que aparecem em notas de rodapé – sejam elas colocadas no rodapé da própria página do texto principal em que são citados direta ou indiretamente, ou no final de alguma seção principal, ou no final de todo o texto.

Observação: a primeira aparição em nota de rodapé há de apresentar-se completa; as demais, simplificadas – somente a autoria, título e subtítulo da obra e páginas da citação direta ou indireta –, podendo inclusive utilizar-se dos substitutos latinos: Aut. cit.; Ob. Cit.; Idem; Idem, Ibidem.

3. Em forma de lista de referências (elemento pós-textual obrigatório em projetos de pesquisa – NBR 15.287:2011, em trabalhos acadêmicos – NBR 14.724:2011, em artigos científicos – NBR 6022:2018 e em Relatórios de Pesquisa – NBR 10719:2015).

Quanto à formatação, a lista de referências deve ser apresentada alinhada à esquerda (sem recuos), com espaçamento entre linhas simples. Quanto à separação das referências entre si, recomenda-se um espaço simples em branco. Podem ser ordenadas de duas formas: a) em ordem alfabética (forma mais usual); b) na ordem em que aparecem pela primeira vez no texto principal (forma que aproxima a ABNT do sistema Vancouver).

As notas de rodapé, quando utilizadas para referências, devem ser também alinhadas à esquerda e serem diagramadas com espaçamento entre linhas simples. O único detalhe que a ABNT estabelece para as referências em notas de rodapé é a de que, a partir da segunda linha da referência, o parágrafo da nota de rodapé esteja alinhado imediatamente abaixo na primeira letra da primeira linha. Na prática, basta formatar o rodapé das primeiras notas com deslocamento de 0,25 cm. Quando o número da nota de rodapé passar a dois dígitos, o deslocamento precisa ser ampliado para 0,35 cm.

Em vez de entrarmos no excessivo detalhamento que somente a norma pode fazer (lembremos, são 74 páginas), optamos, aqui, por agregar algumas considerações sobre a lógica dessa norma. Depois de anos de experimentação dessa lógica, cada vez mais parece-nos que a lógica resolve mais do que o mimetismo usualmente estabelecido, além de que habilita a resolver casos não pensados.

4.7.3.1 Estrutura lógica das referências

Como regra geral, a indicação das fontes obedece a uma regra lógica simples: indicar sequencialmente: 1) autoria; 2) nome completo da obra; 3) localização no mundo real: local da publicação, quem a editou, ano da publicação; ou 4) localização no mundo digital: *hyperlink* e data de acesso.

O autor, pelo sobrenome ou patronímico em caixa alta, seguido de vírgula e os prenomes abreviados ou não (seguindo, preferencialmente, como aparecem no documento citado). Um cuidado especial: o sobrenome em nossas terras costuma ser o último nome, em terras hispânicas os dois últimos. Ademais, há patronímicos compostos (por exemplo, ESPÍRITO SANTO), outros com prefixos (por exemplo, D'AMBROSIO) e outros com graus de parentesco (por exemplo, SILVA NETO).

A obra, que é a fonte efetiva, com destaque (recomendamos o negrito; para poder reservar o itálico às palavras estrangeiras e porque a maioria dos editores e das editoras rejeita o sublinhado).

O formato basicamente é o seguinte:

> [autoria]   +   [obra]   +   [localização]
> SOBRENOME, Prenome. **Título da obra**. Cidade: Editora, Ano.

Assimilando essa lógica inicial, ficará mais fácil compreender os detalhamentos que a NBR 6023:2018 estabelece.

4.7.3.2 Variações na apresentação da autoria

Quando houver **mais de um autor**, em obra única (todos são autores de toda a obra), os autores devem ser separados por ponto e vírgula (para não confundir com a vírgula que separa o sobrenome do prenome). Havendo até três autores, todos devem ser indicados. Quando forem **mais de três autores**, recomenda-se a indicação também de todos (forma recomendada por outros sistemas), mas permite-se a indicação apenas do primeiro

4.7 | Citações e Referências

autor seguido da expressão *"et al."* (a *praxis* nacional nessa última forma se estabeleceu).

Quando o **autor for institucional** ou autor-entidade (não é pessoa física, é pessoa jurídica, evento, instituição, órgão, organização, empresa, associação, comitê, comissão etc.), indicar-se-á, em caixa alta, o nome completo "por extenso". É possível indicar o nome do autor institucional "de forma abreviada" ou pela sua "sigla", desde que o autor-entidade seja conhecido por essas formas.

Se a **instituição autora estiver vinculada à Administração Pública**, seu nome deve ser precedido pela sua jurisdição (país, ou estado, ou município).

Quando a **obra não é única** (cada parte tem uma autoria diversa), geralmente conhecida como obra coletiva, considera-se autor da obra o organizador, compilador, editor ou coordenador. Depois do último prenome do ou dos organizadores, há de se inserir essa qualidade, entre parênteses.

Observe, na sequência, as alterações:

SOBRENOME, Prenome; SOBRENOME, Prenome.
SOBRENOME, Prenome *et al.*
NOME COMPLETO DA INSTITUIÇÃO.
SOBRENOME, Prenome (org.).
SOBRENOME, Prenome (coord.).

Se a autoria for desconhecida, a entrada deve se dar pelo título. Os termos "anônimo" e "autor desconhecido" são proscritos pela ABNT. Nesse caso, a primeira palavra do título da obra, junto com eventual artigo definido ou indefinido, ficará em caixa alta.

4.7.3.3 Variações na apresentação da obra

A fonte (a obra propriamente dita) pode conter elementos identificadores complementares e relevantes, tais como um **subtítulo**, ser uma **tradução**, ser uma **edição específica** (de uma edição para outra pode haver efetiva alteração do conteúdo ou da forma, o que prejudicaria a localização da página indicada nas referências das citações diretas ou indiretas), integrar uma **série** ou uma coleção, ter uma **natureza especial** que convém destacar (trabalho de conclusão de curso, dissertação, tese).

Todos os elementos identificadores complementares da obra não deverão receber destaque.

Observe-se, na sequência, os elementos identificadores da obra inseridos na sequência indicada pela ABNT:

[autoria]. **Título da obra**: subtítulo da obra. Tradução de Fulano de Tal. 3. ed. atual. [localização] (Coleção Tal, número).

Por outro lado, se a fonte referenciada for parte de uma obra e não a obra toda, ou seja, um **capítulo de um livro**, há que se indicar elementos para identificar a parte (autoria e título da parte) e os elementos usuais para identificar o todo. Nesse caso, o título do livro (do todo) é precedido da expressão "In:" e, ao final (depois dos dados do todo), deve-se identificar as páginas inicial e final do capítulo (da parte). Observe-se, na sequência, que o destaque recaia no título do todo e não no título da parte:

[autoria da parte]. Título do capítulo: subtítulo do capítulo. In: [autoria do todo] (org.). **Título do livro**: subtítulo do livro. [localização] p. 17-35.

Segue essa mesma lógica, os **trabalhos publicados em anais de eventos científicos**, agrega-se apenas uma peculiaridade: Antes dos dados da publicação propriamente dita (os anais), a ABNT recomenda inserir **dados sobre o evento científico**: Nome do evento, Numeração do evento (se houver), Ano de realização, Local (cidade) de realização. Exemplificamos:

[autoria]. Título do trabalho: subtítulo do trabalho. In: Nome do Evento, nº do evento, ano do evento, Cidade do evento. **Título dos Anais**: subtítulo dos anais. [localização]. p. 17-35.

Se a fonte referenciada for um **artigo publicado em revista, em periódico**, a estrutura sofre significativa alteração, pois não é preciso indicar a autoria e a editora "do todo", do periódico; nem inserir a expressão "In:" (isso diferencia os livros dos periódicos). Deve-se indicar, no entanto, o volume/ano (em regra o volume representa o número de anos da revista) e o número (a depender da periodicidade ser menor de que a anual).

O ano, em publicações que tem periodicidade menor do que anual, deve ser substituído por mês e ano, ou pelo período de meses e ano do número. Indicam-se também as páginas inicial e final do artigo na publicação. A sequência, observe-se, é diversa (mistura-se os dados da obra com os dados da localização):

[autoria]. Título do artigo: subtítulo do artigo. **Nome do Periódico**. Cidade, v. 12, n. 1, p. 17-35, jan. 2017.

Em jornais diários, há de se seguir esse último modelo (de artigos em periódicos). Basta inserir, ao final, a Seção, Caderno ou Parte (se houver) e a paginação correspondente.

4.7.3.4 Variações na apresentação da localização

A localização de uma obra no mundo real é a soma dos seguintes elementos: local em que ocorreu a publicação (cidade, de preferência; na ausência dessa informação, estado/província ou país), quem a editou (se houver mais de um editor, separá-los por dois pontos), ano da publicação.

Havendo qualquer dúvida sobre as informações identificadoras da obra, apresenta-se a informação entre colchetes "[ ]". Se não se tratar de dúvida, mas de ausência de informação e esta for sobre o local, utiliza-se a abreviação de *sine loco*, que é "S. l.". Se a ausência de informação for sobre a editora, utiliza-se a abreviação de *sine nomine*, que é "s.n.". Por exemplo:

[S. l.]: Editora, ano.
Cidade: [s. n.], ano.
Cidade: Editora, [1974].

A localização de uma obra no mundo digital é a soma dos seguintes elementos: *hyperlink* e data de acesso. A localização digital, é composta, portanto, da expressão "Disponível em:", seguida do *hyperlink*, agregada da expressão "Acesso em:", seguida da data de acesso.

4.7.3.5 Especificidades para as normas jurídicas

Quando se tratar de norma jurídica (Constituição, Lei complementar, Lei ordinária, Lei delegada, Medida provisória, Código, Decreto-Legislativo, Resolução do Senado, Decreto Executivo, Portaria, Instrução Normativa,

Regulamento, Regimento etc.), o **autor é um poder constituído** (público ou privado) com tais poderes e deve ser identificado precisamente.

Antes da autoria, no entanto, há que se apresentar o **elemento espacial de aplicabilidade da norma** em questão (país, estado ou município), e este elemento que será grafado com caixas altas.

Ademais a norma há de ser identificada por sua **espécie e número**, pela sua **data** e sua **ementa**. Em sequência, há de apresentar o **local** onde se buscou a norma, pois pode ser efetivamente uma obra impressa, embora atualmente sejam muito mais usuais os endereços eletrônicos.

Em verdade, como atualmente consolidou-se a oficialidade e a segurança da página de legislação do site do planalto, para as normas legislativas e executivas nacionais e federais, recomendamos utilizar esta fonte (http://www4.planalto.gov.br/legislacao).

Exemplificamos:

BRASIL. Congresso Nacional. **Lei complementar n° 161**, de 4 de janeiro de 2018. Altera o art. 2° da Lei Complementar n° 130, de 17 de abril de 2009, que dispõe sobre o Sistema Nacional de Crédito Cooperativo. Disponível em: http://www.planalto.gov.br/ccivil_03/leis/lcp/Lcp161.htm. Acesso em: 18 fev. 2018.

Tecnicamente, se a norma utilizada foi buscada em obra impressa, depois da apresentação dos dados da parte (os dados da norma) deve-se apresentar os dados do todo (os dados da obra impressa). Nesse caso, o destaque deveria recair sobre o título da obra impressa, do todo (por exemplo: Vade Mecum, Código Civil etc.). Como, no entanto, as normas rotineiramente são consultadas em bancos de dados eletrônicos, a lógica tem de ser outra. A fonte efetivamente é apenas instrumental. A obra referenciada deveria ser entendida como a própria norma. Por isso, recomendamos o destaque para a espécie e o número da norma, verdadeira fonte referenciada.

Variações corriqueiras na indicação da autoridade normativa:

BRASIL. Senado Federal.
BRASIL. Câmara dos Deputados.
BRASIL. Presidência.
BRASIL. Ministério da Saúde.

4.7 | Citações e Referências

BRASIL. Supremo Tribunal Federal.
SÃO PAULO (Estado). Assembleia Legislativa.
SÃO PAULO (Estado). Governo Estadual.
SÃO PAULO (Estado). Secretaria da Saúde [esta é a Secretaria Estadual].
SÃO PAULO (SP). Secretaria da Saúde [esta é a Secretaria Municipal].
SANTOS. Câmara Municipal.
SANTOS. Prefeitura Municipal.

Ainda no que diz respeito às normas jurídicas, parece-nos relevante tecer algumas considerações relacionadas ao sistema de chamadas das fontes (Autor-Data ou numérico).

As normas jurídicas citadas (direta ou indiretamente) no desenvolvimento dos textos deveriam ser indicadas respeitando a lógica e não como se estabeleceu na praxe. Explico: Em primeiro lugar, o autor não é a jurisdição. Não deveria iniciar a chamada com, por exemplo, BRASIL. O autor indicado deveria ser, por exemplo, CONGRESSO NACIONAL. Em segundo plano, a página exigida, também nos parece despicienda, o que interessa é o artigo, o parágrafo, o inciso etc.

Em suma, no sistema de chamadas numérico, é possível inserir na nota de rodapé todos os elementos identificadores, mas não tem sentido exigir-se que se aponte a página de normas jurídicas. No sistema de chamadas Autor-Data (que se utiliza da seguinte estrutura: "autor, ano, página"), deveria se indicar o verdadeiro autor e não a jurisdição, e também não se indicar a página.

Na prática, pensamos que poderia ser revista a forma de se indicar, no decorrer do texto, a fonte da informação normativa. Seria indicada a espécie da norma acompanhada de sua jurisdição, de sua identificação numérica e de seu ano, seguido ou não apenas por eventual parte que se fizer necessária (artigo, parágrafo etc.). Os dados completos da fonte ficariam apenas na Lista de Referências.

Exemplificamos:

(Lei federal nº 4.567/1990, art. 45), (CC, art. 56), (Portaria MS nº 453/1987).

Logicamente, utilizamos exemplos com abreviações, mas essas somente são possíveis se antes forem inseridas na lista de siglas.

Algumas publicações científicas nacionais têm seguido parte desse entendimento e dispensam, nos artigos científicos encaminhados, a chamada das fontes normativas e dispensam até mesmo a indicação dos dados completos das fontes normativas nas referências finais (ou lista de referências).

4.7.3.6 Especificidades para as decisões judiciais

Quando se tratar de decisão judicial (finais, como Acórdãos ou Sentenças, ou não terminativas), o **autor é uma autoridade constituída** (monocrática ou colegiada) com tais poderes decisórios e deve ser identificada precisamente, indicando inclusive se é um tribunal (nos casos decididos pelo pleno ou pelo órgão especial) ou um órgão fracionário desse tribunal (turma ou seção) – nesse caso, entre parênteses.

Antecede a autoria o âmbito territorial de aplicabilidade da decisão judicial, a **jurisdição da autoridade** que decidiu (observe-se: jurisdição e não competência), grafado em caixas altas.

Ademais a decisão há de ser identificada por sua **pertinência processual** (a ação a que pertence: Recurso Extraordinário, Recurso Especial, Apelação, Agravo, Embargos declaratórios, Embargos divergentes, Mandado de Segurança, Habeas Corpus etc. – em geral, por suas siglas), por sua **identificação numérica e alfabética**, pelo nome do relator, pela data de seu julgamento e pela **data de sua publicação**.

A espécie da ação, a identificação numérica e alfabética são os elementos a serem destacados, pois especificam a verdadeira referenciada. Aplicamos aqui o mesmo raciocínio que utilizamos com relação às normas jurídicas.

Ao fim, há que se apontar a fonte concreta (impressa ou eletrônica) da decisão.

Exemplificamos:

BRASIL. Superior Tribunal de Justiça (5ª Turma). **REsp. nº 599.514/RN**, rel. Min. Arnaldo Esteves Lima, j. 07.11.2006, DJe 27.11.2006.

Alguns comentários tornam-se pertinentes, ainda, no que diz respeito ao sistema de chamadas (Autor-Data ou numérico) das fontes decisões judiciais.

4.7 | *Citações e Referências*

No sistema Autor-Data há que se indicar o autor (autoridade judicante) e não a jurisdição, o ano da publicação da decisão e a página concreta onde está o trecho ou a ideia. Por exemplo: (STJ, 5ª Turma, ano, p. __).

A praxe estabelecida, nos momentos em que são transcritos trechos de decisão, de apontar todos os elementos que constam das referências (salvo se o autor estiver utilizando o sistema numérico) está equivocada.

Por outro lado, como os trabalhos da área do Direito costumam utilizar diversas decisões judiciais e, muitas vezes, da mesma autoridade e do mesmo ano, a solução do sistema Autor-Data de relacionar as obras do mesmo autor agregando ao ano letras sequencias, na ordem de aparecimento das referências – por exemplo: (2000a, 2000b, 2000c etc.) – parece-nos extremamente inadequada.

Parece-nos adequado agregar ao autor, a espécie e a identificação numérica e alfabética da decisão, seguida depois do ano e página.

Exemplificamos:

(STJ, 5ª Turma, REsp n. 43.456/SP, 2010, p. 34).

Os demais elementos estarão agregados nas referências finais, mas o leitor identificaria a fonte.

Observe-se que esse tipo de liberdade criativa é compatível com diversas das normas da ABNT, pois muitas delas são recomendações, não dogmas ou ordens imperativas e absolutas. É necessário, no entanto, que a liberdade respeite ao máximo a lógica e que atenda ao critério geral da uniformidade (todo o trabalho siga o mesmo padrão).

4.7.3.7 Especificidades para teses, dissertações e TCC

As teses, dissertações e trabalhos de conclusão de curso, muitas vezes não são publicados física ou eletronicamente por editoras, mas muitas vezes por suas instituições de origem, que as disponibilizam inclusive por recomendação da CAPES. Costumam ser, de fato, material precioso e necessário especialmente para o desenvolvimento de novas dissertações ou teses. Pode-se dizer até que é imprescindível consultar esses trabalhos para que o autor de uma nova dissertação ou tese consiga relatar qual é concretamente o estado da arte da ciência com relação ao seu tema de sua investigação.

Por sua relevância, é necessário indicar na referência um pouco mais de informações complementares: a) ano de depósito; b) tipo do trabalho (Trabalho de conclusão de curso, Dissertação, Tese), seguido de parênteses indicando o grau ou titulação – bacharelado, especialização, mestrado, doutorado – e o curso; d) vinculação acadêmica, local e data de apresentação ou defesa.

Exemplificamos como fazer isso:

SOBRENOME, Prenome. **Título do trabalho**: subtítulo do trabalho. Depósito em 2018. Dissertação (Mestrado em Direito da Saúde) – Universidade Santa Cecília, Santos, Defesa em 12 jun. 2018. Disponível em: <hyperlink>; Acesso em: 16 jan. 2019.

As expressões "Depósito em" e "Defesa em" foram inseridas por nós, pois, sem elas, parece-nos que o leitor pode se confundir com relação às duas datas exigidas pela ABNT.

4.7.4 Peculiaridade de outros sistemas

Parece-nos que o domínio da lógica (muito mais relevante que o fazer operacional e infinitamente superior ao mimetismo) das citações diretas e indiretas, das chamadas e das listas de referências pelas "regras da ABNT" (preocupação de todo esse capítulo) molda pesquisadores capazes de adaptarem-se a outras regras que eventualmente tenham de vivenciar ou convenientemente se submeter. , razão pela qual apontaremos a seguir apenas aquilo que nos parece ser o diferencial mais relevante dos dois sistemas mais utilizados (depois da ABNT) em publicações científicas nacionais.

4.7.4.1 Estilo Vancouver

O estilo Vancouver, adotado especialmente pelas áreas da Saúde, que foi desenvolvido pelo Comitê Internacional de Editores de Revistas Médicas (ICMJE), adota um sistema numérico de chamadas diverso da ABNT.

Seu foco de atenção não é o padrão de formatação para a apresentação gráfica e nem a estrutura do trabalho, mas a forma de se apresentarem as referências.

Toda citação direta ou indireta, no corpo do trabalho, é seguida de um número (sobrescrito ou em parênteses) que corresponde a um número único atribuído na Lista de referências finais para a fonte original da respectiva citação. Em toda ocasião que a mesma fonte tiver de ser chamada no texto, aparecerá o mesmo número.

Por sua vez, a Lista de referências finais é ordenada e numerada (algarismos arábicos e números inteiros) sequencialmente seguindo a ordem de aparecimento da fonte (através das citações) no corpo do trabalho (não são ordenadas pela ordem alfabética).

Quando necessário se faz referenciar mais de uma fonte, separam-se os números com vírgula. Exemplo: (2, 6).

Se necessário o recurso não recomendado do *"apud"*, a regra é peculiar: a fonte diretamente consultada deve ser referenciada normalmente, mas a fonte encontrada na fonte consultada, deve ser referenciada utilizando-se nota de rodapé. No rodapé aparece os dados que a fonte consultada indicou da fonte original seguido da expressão *apud* e da referência ordinária da fonte consultada. Exemplo: ... *apud* (21). Na Lista de referências finais constará apenas a fonte consultada.

A apresentação da autoria também diverge da ABNT: inicia-se com o patronímico, sem o recurso caixa alta, seguido das iniciais dos prenomes, em letras maiúsculas, sem separação e sem ponto (Exemplo: Akaoui FRV). Cada autor é separado por vírgula (Exemplo: Akaoui FRV, Souza LP, Oliveira D, Santos AF). Em obras coletivas, é preciso inserir todos os autores. Somente depois do sexto autor que se pode suprimir os demais, utilizando-se a expressão *et al.* Os autores institucionais não são abreviados, apenas não recebem o recurso caixa alta.

Nas referências, a separação entre a editora e o ano se faz por ponto e vírgula.

As informações dos periódicos científicos referenciados seguem o seguinte padrão: depois do título do periódico que pode ser abreviado, insere-se o ano, o mês abreviado sem o ponto, seguido de ";" volume(número): páginas do artigo. Exemplo: "2019 jun; 14(2):47-65".

4.7.4.2 Estilo APA

O estilo APA (American Psychological Association), como o Vancouver, não se preocupa com a formatação para a apresentação gráfica e nem com a estrutura do trabalho, mas com a forma de se apresentarem as referências.

O estilo Vancouver ampara-se em um sistema numérico que lhe é peculiar. O estilo APA, em sistema de chamadas Autor-Data também peculiar.

Diferente da ABNT, o patronímico do autor, quando inserido nos parênteses do sistema de chamadas, não é grafado com caixas altas.

Quando há vários autores, na primeira vez que a fonte é chamada, aparecem todos os autores (o último antecedido pelo &), exceto se ultrapassarem seis, quando pode se utilizar a expressão *et al.*; nas chamadas subsequentes, apenas o primeiro autor é referido, agregado da expressão *et al.*

Nas primeiras chamadas de autores institucionais, é possível indicar o nome completo e uma abreviatura entre colchetes. Nas chamas seguintes, pode-se utilizar apenas a abreviatura.

Ao invés do "apud", utiliza-se a expressão "como citado em".

Na Lista de referências, a autoria é seguida do ano da publicação, entre parênteses.

Referências[6]

DEMO, Pedro. **Metodologia científica em ciências sociais**. 3. ed. rev. e amp. São Paulo: Atlas, 2009.

GIL, Antônio Carlos. **Métodos e técnicas de pesquisa social**. 4. ed. São Paulo: Atlas, 1995.

INTERNATIONAL COMMITTEE OF MEDICAL JOURNAL EDITORS. **Recommendations for the Conduct, Reporting, Editing, and Publication of Scholarly Work in Medical Journals.** Updated December 2018. Disponível em: http://www.icmje.org/recommendations/. Acesso em: 20 abr. 2020.

KIRSTEN, José Tiacci. Apresentação dos resultados e relatório – II. In: PERDIGÃO, Dulce Mantella; HERLINGER, Maximiliano; WHITE, Oriana Monarca (orgs.). **Teoria e prática da pesquisa aplicada**. Rio de Janeiro: Elsevier, 2011.

LAKATOS, Eva Maria; MARCONI, Marina de Andrade. **Fundamentos da metodologia científica**. 8. ed. São Paulo: Atlas, 2017.

LAMY, Marcelo. **Metodologia da Pesquisa Jurídica**. Técnicas de Investigação, Argumentação e Redação. Rio de Janeiro: Elsevier, 2011.

MATTAR, Fauze Najib; OLIVEIRA, Braulio; MOTTA, Sérgio Luís Stirbolov. **Pesquisa de marketing**. Metodologia, planejamento, execução e análise. 7 ed. Rio de Janeiro: Elsevier, 2014.

---

6. As referências da Parte 4 do livro estão padronizadas de acordo com as Normas ABNT.

SEVERINO, Antônio Joaquim. **Metodologia do trabalho científico**. 23. ed. rev. e atual. São Paulo: Cortez, 2007.

SEVERINO, Antônio Joaquim. **Metodologia do trabalho científico**. 23 ed. São Paulo: Cortez, 2010.

TOGNOLLI, Dora. Apresentação dos resultados e relatório – I. In: PERDIGÃO, Dulce Mantella; HERLINGER, Maximiliano; WHITE, Oriana Monarca (orgs.). **Teoria e prática da pesquisa aplicada**. Rio de Janeiro: Elsevier, 2011.

VOLPATO, Gilson Luiz. **Dicas para redação científica**. 3. ed. São Paulo: Cultura Acadêmica, 2010.

Leitura complementar

ADLER, Mortimer J. & DOREN, Charles Van. **Como Ler Livros**. O guia clássico para a leitura inteligente. Trad. Edward Horst Wolff, Pedro Sette-Câmara. São Paulo: É Realizações, 2010.

ALEXY, Robert. **Teoria da Argumentação Jurídica**. A Teoria do Discurso Racional como Teoria da Justificação Jurídica. Trad. Zilda Hutchinson Schild Silva. São Paulo: Landy, 2001.

ALVES, Rubem. **Aprendiz de mim**: um bairro que virou escola. Campinas: Papirus, 2004.

_____. **Lições de Feitiçaria**. Meditações sobre a poesia. São Paulo: Loyola, 2003.

BACHELARD, Gaston. **O novo espírito científico**. Lisboa: Edições 70, 2008.

BINENBOJM, Gustavo. **Uma teoria do direito Administrativo**. Rio de Janeiro: Renovar, 2006.

BOÉTIE, Éttiene de La. **Discurso da servidão voluntária**. Trad. Gabriel Perissé. São Paulo: Editora Nós, 2016.

BOOTH, Wayne C.; COLOMB, Gregory G; WILLIAMS, Joseph M. **A Arte da Pesquisa**. Trad. Henrique A. Rego Monteiro. São Paulo: Martins Fontes, 2000.

CASTILHO, Alzira (org.). **Como atirar vacas no precipício**. Parábolas para ler, pensar, refletir, motivar e emocionar. São Paulo: Panda, 2000.

CHALITA, Gabriel. **O Poder**. 2. ed. São Paulo: Saraiva, 1999.

CONSTANT, Benjamin. **Sobre la libertad en los antiguos y en los modernos**. Trad. Marcial Antonio Lopez y M. Magdalena Truyol Wintrich. 2. ed. Madrid: Tecnos, 1992.

COPI, Irving M. **Introdução à Lógica**. Trad. Álvaro Cabral. 3. ed. São Paulo: Mestre Jou, 1981.

CORREIA, José Manuel Sérvulo. **Legalidade e Autonomia Contratual nos Contratos Administrativos**. Coimbra: Almedina, 1987.

CRUZ E SOUZA, João da. **Poesia** (organizado por Tasso da Silveira). 5. ed. Coleção Nossos Clássicos. Rio de Janeiro: Livraria Agir Editora, 1975.

CUNHA, Paulo Ferreira da. **Res Pública**: ensaios constitucionais. Coimbra: Almedina, 1998.

DEMO, Pedro. **Introdução à Metodologia da Ciência**. São Paulo: Atlas, 1985.

DESCARTES, René. **O Discurso do Método**. Trad. Enrico Corvisieri. Coleção Os Pensadores. São Paulo: Nova Cultural, 2000.

DEWEY, John. **Liberdade e Cultura**. Trad. Eustáquio Duarte. Rio de Janeiro: Revista Branca, 1953.

ECO, Humberto. **Como se faz uma tese**. 15. ed. Trad. Gilson Cesar Cardoso de Souza. São Paulo: Perspectiva, 1999.

FEYERABEND, Paul. **Contra o Método**. Trad. Cezar Augusto Mortari. São Paulo: Unesp, 2007.

FIELDING, Henri. **Tom Jones**. Trad. Octavio Mendes Cajado. Rio de Janeiro: Globo, 1987.

FIORIN, José Luiz & PLATÃO SAVIOLI, Francisco. **Para entender o texto**: leitura e redação. São Paulo: Ática, 2007.

GROS, Frédéric (org.) **Foucault:** A Coragem da Verdade. Trad. Marcus Marcionilo. São Paulo: Parábola, 2004.

GRÜN, Anselm. **Caminhos para a liberdade**. São Paulo: Vozes, 2005.

GRÜN, Anselm. **Perdoa a ti mesmo**. São Paulo: Vozes, 2005.

GUIMARÃES ROSA, João. **Tutaméia**. Rio de Janeiro: Nova Fronteira, 1985.

GUNTHER, Klaus. **Teoria da Argumentação no direito e na moral**: justificação e aplicação. Trad. Claudio Molz. São Paulo: Landy, 2004.

JOSEPH, Irmã Miriam. **O Trivium**. As artes liberais da Lógica, da Gramática e da Retórica. Trad. Henrique Paul Dmyterko. São Paulo: É Realizações, 2014.

HUXLEY, Aldous. **Regresso ao Admirável Mundo Novo**. Trad. Rogério Fernandes. Lisboa: Livros do Brasil, 2004.

_____. **Sobre a democracia e outros estudos**. Trad. Luís Vianna de Sousa Ribeiro. Lisboa: Livros do Brasil, 1927.

JUNGER, Ernst. **Heliópolis**. Visión retrospectiva de una ciudad. Traducción del alemán por Marciano Villanueva. Barcelona: Editorial Seix Barral, 1998.

| *Leitura complementar*

KUHN, Thomas S. **A Estrutura das Revoluções Científicas**. Trad. Beatriz Vianna Boeira e Nelson Boeira. 6. ed. São Paulo: Perspectiva, 2001.

LAUAND, Luis Jean. **Filosofia, Linguagem, Arte e Educação**. 20 conferências sobre Tomás de Aquino. São Paulo: Factash Editora, 2007.

_____. **O que é uma Universidade?**: Introdução à filosofia da educação de Josef Pieper. Vol. 205 da Coleção Debates. São Paulo: Perspectiva, 1987.

LÓPEZ QUINTÁS, Alfonso. **A formação adequada à configuração de um novo humanismo**. Conferência proferida na Faculdade de Educação da Universidade de São Paulo, em 26/11/1999. Trad. Ana Lúcia Carvalho Fujikura. Disponível em: http://www.alfredo-braga.pro.br/discussoes/humanismo.html. Acesso em: 30 jan. 2020.

_____. **Descobrir a Grandeza da Vida**. Introdução à Pedagogia do Encontro. Trad. Gabriel Perissé. São Paulo: ESDC, 2005.

_____. **El conocimiento de los valores**. Pamplona: Editorial Verbo Divino, 1999.

_____. **El espíritu de Europa**. Madrid: Unión Editorial, 2000.

_____. **Inteligencia creativa**. El descubrimiento personal de los valores. Madrid: BAC, 1999.

_____. **Inteligência criativa**: descoberta pessoal dos valores. São Paulo: Paulinas, 2004.

_____. **La tolerancia y la manipulación**. Madrid: Rialp, 2001.

_____. **O Livro dos Grandes Valores**. Espanha: 2004.

MACHADO DE ASSIS. **Crônicas Escolhidas**. São Paulo: Ática, 1994.

MARAÑON, Gregório. **Tibério**: Historia de un resentimiento. Madrid: Espasa-Calpe, 1963.

MARCONI, Marina de Andrade; LAKATOS, Eva Maria. **Fundamentos de metodologia científica**. 8 ed. São Paulo: Atlas, 2017.

MEYER, Barnard. **A Arte de Argumentar**. São Paulo: Martins Fontes, 2008.

MILL, John Stuart. **Da Liberdade**. Trad. Jacy Monteiro. São Paulo: Ibrasa, 1963.

MIRANDOLLA, Pico della. **Discurso sobre a dignidade do homem**. Trad. Maria Isabel Aguiar. Porto: Areal Editores, 2005.

MOYSÉS, Carlos Alberto. **Metodologia do Trabalho Científico**. São Paulo: ESDC, 2004.

OLIVEIRA, Sheila Elias de. **Cidadania**: história e política de uma palavra. Campinas: Pontes editores, RG editores, 2006.

PERELMAN, Chaim & OLBRECHTS-TYTECA, Lucie. **Tratado da Argumentação**. A Nova Retórica. Trad. Maria Ermantina Galvão G. Pereira. São Paulo: Martins Fontes, 1996.

PERELMAN, Chaim. **Lógica Jurídica**. Nova Retórica. Trad. Vergínia K. Pupi. São Paulo: Martins Fontes, 2000.

PERELMAN, Chaim. **Retóricas**. Trad. Maria Ermantina Galvão G. Pereira. São Paulo: Martins Fontes, 1999.

PERISSÉ, Gabriel. **Método Lúdico-Ambital**: a leitura das entrelinhas. São Paulo: ESDC, 2006.

PERISSÉ, Gabriel. **O professor do futuro**. Rio de Janeiro: Thex Editora, 2002.

PLATÃO. **A República**. Trad. Enrico Corvisieri. São Paulo: Nova Cultural, 2004.

POPPER, Karl R. **A vida é aprendizagem**. Trad. Paula Taipas. Lisboa: Edições 70, 1999.

POPPER, Karl. **A Lógica da Pesquisa Científica**. Trad. Leonidas Hegenberg e Octanny Silveira da Mota. São Paulo: Cultrix, 1972.

REBOUL, Oliver. **Introdução à Retórica**. Trad. Ivone Castilho Benedetti. São Paulo: Martins Fontes, 2000.

RODRIGUES, Antonio Medina. **As utopias gregas**. São Paulo: Brasiliense, 1988.

ROUSSEAU, J. J. **Discurso sobre a origem e os fundamentos da desigualdade dos homens**. Trad. Maria Ermantina Galvão. São Paulo: Martins Fontes, 1999.

RUSSEL, Bertrand. **Da Educação**. Trad. Monteiro Lobato. São Paulo: Companhia Editora Nacional, 1977.

SANTOS, Boaventura de Sousa. **Um discurso sobre as ciências**. 13. ed. Porto: Afrontamento, 2002.

SÃO JOÃO DA CRUZ. **Subida ao Monte Carmelo**. Obras completas. São Paulo: Vozes, 2002.

SERTILLANGES, A. D. **A vida intelectual**. Seu espírito, suas condições, seus métodos. Trad. Lilia Ledon da Silva. São Paulo: É Realizações, 2014.

TOLSTÓI, Lev Nikoláievich. **Ana Karênina**. Trad. Mirtes Ugeda. São Paulo: Nova Cultural, 2002.

VASCONCELOS, Maria José Esteves. **Pensamento Sistêmico**. O novo paradigma da ciência. 2. ed. rev. Campinas: Papirus, 2002.

WEBER, Max. **Ciência e Política**: duas vocações. Trad. Leonidas Hegenberg e Octany Silveira da Mota. 17. ed. São Paulo: Cultrix, 2008.

WESTON, Anthony. **A construção do argumento.** Trad. Alexandre Feitosa Rosas. São Paulo: Martins Fontes, 2009.

PARTE 5

MÉTODOS DE PESQUISA

Introdução

NESTA parte da obra, debruçamo-nos sobre um conjunto de métodos, técnicas e instrumentais de pesquisa aplicáveis para desenvolver investigações científicas.

Embora pareça não existir um código de comportamento que garanta a chegada a verdadeiras descobertas (em outras palavras, não ser possível traçar de antemão itinerário para terras desconhecidas), o domínio de variados métodos de investigação potencializa nosso intelecto e afia nossa percepção para produzir a ciência.

Além disso, o conhecimento dos métodos habilita-nos a reconhecer retrospectivamente se uma produção científica foi bem estabelecida. A identificação do aspecto que foi estudado (método de abordagem), dos caminhos utilizados para arregimentar e manipular as informações que suportam uma investigação (métodos de coleta) e das trilhas empreendidas para analisar tais informações (métodos de análise) é pré-condição da crítica.

Iniciaremos o percurso apresentando um número expressivo, embora ainda incompleto, de abordagens de pesquisa (o propósito pedagógico e pragmático da obra impediu-nos de construir texto que fizesse o leitor passar muito tempo nesse tópico, mas simultaneamente nos exigiu construir uma trilha que faça o pesquisador deter-se a pensar sobre esse relevante assunto – por isso, tínhamos que ficar entre o incompleto e o expressivo).

Abordagem, em nosso olhar, são as cosmovisões sobre o mundo que condicionam a parcela da realidade que se estudará. Ao escolher sua abordagem, ao pesquisador restarão condicionados seus próximos passos de pesquisa.

Ao explicitar sua abordagem, informará aos demais que dimensão realmente estudou do objeto da pesquisa.

Depois disso, da delimitação da parcela do mundo estudada, a definição do método ou do caminho de uma pesquisa está estritamente vinculada a escolha de dois caminhos: o mais adequado para arregimentar material sobre o que se quer estudar (método de coleta) e o mais pertinente para empreender a análise desse material (método de análise).

O conjunto de métodos de coleta e análise é muito vasto e, nessa obra, sistematizamos as modalidades ordinárias desses afazeres. Parece-nos relevante que o pesquisador conheça as principais trilhas, não que simplesmente estude a que previamente imagina ou tem certeza de ser a adequada. Assim, pode sua mente, novamente, ser despertada para horizontes dantes não pensados.

A nosso ver, a definição dos procedimentos de análise acaba por ser o ponto concreto mais decisivo para um trabalho ser científico, pois é na apreciação crítica e reflexiva que a pesquisa científica verdadeiramente se faz. Nada obstante a isso, a análise repousa sob uma abordagem e sob uma coleta. Portanto, é essa tríade que o pesquisador precisa escolher, revelar ou avaliar.

As pesquisas científicas costumam ser avaliadas por quatro dimensões complementares. Por seu **viés empírico**, seu contato com a realidade, seja ele fruto de posturas observacionais indiretas (pesquisas bibliográficas e documentais), observacionais diretas (levantamento) ou experimentais. Pela **racionalidade** que manifesta, ao elaborar conceitos adequados para traduzir ou representar a realidade que estuda. Pela **maturidade** que revela, ao enumerar ao máximo as consequências que podem ser extraídas da junção das informações recolhidas e tratadas e dos conceitos elaborados. E, acima de tudo isso, por **oferecer-se ao falseamento**, expor-se a ser refutada, o que exige a manifestação de suas forças e fraquezas e o apontar honesto e preciso da tríade metodológica empreendida.

5.1

Métodos de Abordagem

O MÉTODO tem de ser o elemento elaborado com mais cuidado nos trabalhos científicos, pois esse tipo de pesquisa define-se essencialmente como um processo de busca de um conhecimento a partir de instrumentos e procedimentos "controláveis" e "repetíveis" por outrem. Respostas legítimas (para a ciência) para as questões da pesquisa são somente aquelas que sigam um instrumental e um método pré-definido. Em definitivo, para que um projeto ou um trabalho de pesquisa seja científico deve adotar e explicitar com acurado cuidado uma metodologia.

MARCOS LÓGICOS ANTECEDENTES

Toda pesquisa concreta parte de marcos lógicos cujas fronteiras são definidas pelo **problema da investigação** e pelo desafio assumido como **objetivo** (explorar uma questão, descrever uma realidade, correlacionar fatores de um fenômeno, ou explicar efetivamente o que sucede; ou então, provar uma teoria, aportar alguma evidência empírica a uma teoria, demonstrar eventual lacuna de análise, revelar as consequências práticas de determinado posicionamento). Toda investigação, ademais, reveste-se de uma **estrutura lógica** (revelada especialmente pelo sumário global e pela estrutura interna de cada tópico). Essa estrutura lógica tem de ser clara e adequar-se ao problema apresentado, à **hipótese** sugerida, ao **alcance** da investigação, à resolução dos obstáculos identificados e às **fontes** disponíveis ou escolhidas para a investigação.

5.1 | Métodos de Abordagem

Todos esses elementos são pressupostos imprescindíveis para se pensar, para definir os métodos de abordagem, de coleta e de análise, como veremos adiante.

MÉTODO DE ABORDAGEM

O método de abordagem ou de resolução das perguntas da pesquisa corresponderá à concepção teórica adotada pelo pesquisador, a uma concepção da realidade subjacente.

O delineamento ou desenho filosófico da investigação refere-se ao "onde" enfrentar o desafio, o objeto da pesquisa. Em que mundo se situa a investigação, onde está a verdade que se quer estudar: na consciência singular (fenomenologia), na própria coisa (empirismo), no contexto (hermenêutica), na lógica (positivismo), no que permanece (estruturalismo), na mudança (dialética), na relação (sistêmico), na eficácia (funcionalismo) etc.

Não há um método de abordagem melhor ou superior, simplesmente podem ser melhores ou superiores de acordo com o objeto do estudo ou mesmo com o seu propósito. Em outras palavras, deve ser utilizado o método de abordagem mais útil a captar o que se quer desvendar.

Não veremos todas as abordagens possíveis, nem abordagens muito singulares (de apenas alguns pensadores); vamos nos deter em apenas algumas das que nos parecem ser as mais relevantes para as ciências em geral.

5.1.1 Abordagem dialética

A dialética, talvez um dos mais preciosos métodos para as áreas sociais, parte do pressuposto de que a realidade é sempre histórica e historicamente superável. A realidade humana não é algo definitivo, está inserida em um atual vir-a-ser (é histórica). Razão pela qual a superação histórica é inarredável (aparecerá um novo vir-a-ser). A realidade está configurada, portanto, em parcela estável (estrutura) e em parcela transitória (contradição intrínseca ao ser daquele momento e que se revelará no momento seguinte). Todo ser tem em si mesmo o atual vir-a-ser (tese) e o futuro vir-a-ser (antítese).

Em decorrência desse pressuposto, o foco dialético é a mudança, o dinamismo. Reduz-se o olhar para a característica processual, pois o que se conhece e é possível conhecer é a dinâmica, não interessam os retratos do objeto. Sua atenção à transição, consequentemente, torna-a avessa à dogmática, pois indaga tudo de forma crítica e autocrítica. Como quer explicar a mudança, observa mais os condicionamentos responsáveis pelas alterações, embora tenha em mente que não há determinismo inarredável. Embora avessa à dogmática, convive e estuda regularmente as ideologias, pois as vê como causa de estabilidade ou de mudança, assim como é capaz de debruçar-se sobre os anseios humanos (revolucionários, reformistas, conservadores ou reacionários), embora eles jamais sejam mensuráveis. De qualquer forma, não se detém na superficialidade dos acontecimentos imediatos, pois explicam somente o hoje e não o vir-a-ser.

Há várias dialéticas e, embora partilhem da cosmovisão descrita, cada uma tem seus matizes. Em Platão, a dialética está enraizada no diálogo, do debate entre posições contrárias (que nunca cessam) nascem continuamente novos posicionamentos. Em Hegel, importa a percepção de que a lógica e a história da humanidade seguem uma trajetória de contradições que transcendem e dão origem a outras contradições (as fontes do movimento são as contradições). Em Marx, o fator determinante da mudança não advém de intencionalidades subjetivas ideológicas ou políticas (base idealista), mas da infraestrutura econômica (base materialista).

Em suma, uma pesquisa dialética preocupa-se com os fatores que fazem as coisas mudarem, não se preocupa com os retratos, com o que as coisas são. Uma pesquisa dialética sobre o direito à igualdade não visa, por exemplo, fixar o que é exatamente esse direito hoje ou ontem, mas descobrir o que fez esse direito sofrer, ao longo do tempo, tamanhas alterações em significância, em abrangência.

Essa abordagem faz nascer pesquisas conduzidas pelo debate, pela argumentação dialogada, que desvelem os fatores de mudança dos objetos estudados (importam o movimento, as possibilidades), não para dizer o que é esse ou aquele objeto (retrato, realidade situada temporalmente).

5.1.2 Abordagem estruturalista

O estruturalismo, ao contrário da dialética, realça o aspecto repetitivo, a parcela estável do ser. Acredita que toda a realidade está invariavelmente estruturada. A essa estrutura a ciência deve dedicar-se.

5.1 | Métodos de Abordagem

Tem os seguintes pressupostos:

A) para entender um fenômeno é preciso desmontá-lo em suas partes (análise);

B) a complexidade de um fenômeno é sempre uma percepção superficial, na profundidade todo fenômeno é simples porque gira em torno de uma estrutura invariante (simplicidade subjacente);

C) explicar é escavar e ultrapassar a subjacência, pois somente na superfície os seres variam, não no fundo, na estrutura;

D) todo fenômeno é explicável em modelos estruturais.

Claude Lévi-Strauss demonstrou a validade desse método e o tornou relevante após estudar os mitos indígenas (influenciado pela investigação antropológica que empreendeu nas tribos Nhambiquara e Tupi-Kawahib, no Brasil central, em 1938 e 1939), pois verificou que todos os mitos, de todos os povos, apresentam temas semelhantes e estruturas simbólicas sempre repetidas. Sua teoria antropológica, em consequência, destacou que todas as sociedades funcionam de acordo com um mecanismo, um conjunto de normas invariáveis, uma estrutura profunda.

Secundariza-se, por essa abordagem, a historicidade, garantindo-se uma investigação do lastro de objetividade que toda instituição apresenta, seu modelo estrutural. O histórico, o variante, é superficial, o essencial é o invariante. Por isso, o destino dessa abordagem é explicar o invariante, o modelo estrutural.

Uma pesquisa estruturalista sobre o direito à igualdade não visa, por exemplo, descobrir o que fez esse direito sofrer ao longo do tempo tamanhas alterações em significância, em abrangência; nem o que é exatamente esse direito hoje ou ontem; preocupa-se ou visa revelar o que ontem e hoje permanece.

5.1.3 Abordagem empírica

O empirismo funda-se na superação da especulação meramente teórica pela observação, pelo teste, pela mensuração notadamente quantitativa. Para superar os subjetivismos, imagina que o modelo de laboratório, experimental, é o adequado para afastar os juízos de valor, as influências ideológicas, as meras especulações. Amparado na cosmovisão de que a ciência verdadeira é a descritiva e não a explicativa, utiliza-se de métodos procedimentais ancorados na coleta e avaliação de dados e na infralógica indutiva. Nada mais é do que a tradução histórica de uma intenção: que seja reconhecido como conhecimento apenas o que for testificado (empirismo epistemológico). Razão pela qual defende que os métodos de verificação das ciências naturais sejam usados para todas as espécies de investigações.

Em sua raiz, como imaginada por Francis Bacon, desveste-se de todas as teorias prévias e somente pela experimentação sem filtros observa a realidade. Retira suas conclusões da realidade, indutivamente. Não leva para o experimento, para a coleta ou para a análise dos dados a teoria prévia; deixa, ao contrário, que a teoria brote da repetição das experiências, da neutra leitura das informações encontradas. A observação da realidade, seguida da constatação da semelhança das realidades observadas e de regularidades concretas e mensuráveis, permite ao investigador construir e justificar probabilisticamente relações abstratas de causalidade, uma lei ou uma teoria que rege a realidade estudada. Logicamente, quanto maior a amostra (parcela da população afetada pela mesma realidade que é concretamente estudada) e maior sua representatividade (característica que permite afirmar a parcela ser efetivamente um retrato fiel das variâncias do todo), maior é a confiabilidade da generalidade da inferência. Se a amostra é insuficiente ou a representatividade é tendenciosa, falaciosa torna-se a inferência.

A proposta empirista original, por ancorar-se fortemente na infralógica da indução, fez com que muitos autores de metodologia intitulassem esse método como o "método indutivo". Isso não nos parece o mais exato. O método de abordagem de uma investigação, em nosso olhar, tem de ser intitulado com termo que reflita a cosmovisão adotada, não com termo que revele sua infralógica. Se a abordagem empirista fosse a indutiva, não haveria como explicar o uso dessa mesma lógica pela abordagem fenomenológica, por exemplo.

O aporte empirista, em seu desenvolvimento, continuou acompanhado pelo ideário de retirar a verdade da observação da realidade, da indução. No entanto, alterou-se, especialmente nas investigações quantitativas, em função de se perceber que o debruçar mensurativo sobre a realidade necessita de apurados recortes e que as delimitações escolhidas são ordinariamente decorrentes de teorias prévias.

No âmbito do Direito, antigamente avesso a esse posicionamento, ano após ano cresce a defesa de pesquisas empíricas (o que nos parece muito relevante para o progresso da ciência). Desenvolveu-se, por exemplo, um tipo de pesquisa empírica bastante inovadora para o Direito e que desperta muitas reflexões: a jurimetria. Por essa abordagem descobrimos quais as possibilidades estatísticas de determinada corte de justiça caminhar por uma tese ou por outra.

5.1.4 Abordagem sistêmica

A abordagem sistêmica enxerga a sociedade e suas partes como um fenômeno organizacional, como um sistema (com partes articuladas e concatenadas) que tem um mecanismo próprio e dinâmico de recomposição ou equilíbrio. Ressalta, portanto, a dinâmica de automanutenção e renovação do sistema. Controlar conflitos e enxergá-los sempre como internos é sua habilidade fundamental. Constitui o típico olhar de muitos estudiosos que excluem a discussão de modelos alternativos (que superariam o sistema) e concentram-se em desvelar como maximizar os paradigmas consolidados (dentro do sistema, com as armas do sistema).

Se tenho como pressuposto, por exemplo, que não é mais preciso discutir o que são e quais são os direitos fundamentais, e sim como levá-los à prática em todas as suas dimensões (explícitas e implícitas), posso ter como pressuposto uma abordagem sistêmica.

Fritjof Capra, no nono capítulo de sua aclamada obra *O Ponto de Mutação*, discute uma concepção sistêmica de vida. Os paradigmas por ele fixados nessa obra servirão de guia para aprofundarmos nosso olhar sobre as potencialidades da abordagem sistêmica.

A visão sistêmica atém-se a observar as coisas em suas relações, interações e interdependências e não em sua realidade isolada. Vê a observação isolada das coisas, sem suas relações, como necessária, mas reducionista, pois entende que não mergulham na profunda realidade dos seres.

As coisas naturais ou culturais precisam ser vistas como organismos vivos e complexos, como sistemas ou subsistemas com as seguintes marcas indeléveis: auto-organização, autorrenovação, autotranscedência e cooperação.

A característica da auto-organização implica em que os seres não são estáticos, não estão em equilíbrio, nem passam – quando alterados – de um estado de equilíbrio para outro estado de equilíbrio; possuem, em realidade, uma flexibilidade e uma estabilidade dinâmica; pois, abertos às influências, mudam, mantendo e adaptando seu propósito (nossas células cerebrais são substituídas, mas continuamos a identificar nossos amigos).

Essa dimensão perceptiva permite compreender, por exemplo, a proposta de vários pensadores de que há comandos imperativos estabelecidos pelo Direito, que possuem a natureza de princípios e não de regras, de que há comandos voltados a serem realizados na dimensão progressiva do ótimo, não do exato.

A característica da autorrenovação implica em compreender que os seres estão empenhados primordialmente em renovar-se de diversas formas. Diante de mudanças ambientais momentâneas, os seres se adaptam provisoriamente (pessoa que visita região situada em altitude elevada, por exemplo) e, quando reestabelecidas as condições anteriores, voltam a ser o que era. Diante de mudanças persistentes, os seres se adaptam mais radicalmente, em uma dimensão somática (pessoa que se muda para a região referida), embora ainda seja possível reverter sua adaptação. Diante de mudanças profundas, os sobreviventes ou seus descendentes sofrem mutação genotípica, reversíveis apenas em gerações futuras. Os três modos de renovação não deixam de ser formas do ser recuperar sua flexibilidade (marca da auto-organização), embora quanto mais profunda for a mutação, menor torna-se a reversibilidade adaptativa.

A dimensão perceptiva da autorrenovação desvela significados muito relevantes para a compreensão de diversas realidades. No Direito, a percepção de que uma lei nasceu em reação a uma mudança ambiental momentânea ou emergencial (por exemplo, desastres ou calamidades) desvela muito de seu significado, bem como da reversibilidade do estabelecido. Por outro lado, uma lei que nasce em consequência de mudanças persistentes (como são, por exemplo, as provocadas por ciclos de crise econômica) tende a conter outro grau de significância e grau muito menor de reversibilidade. As leis que nascem de mudanças profundas, de grandes reformas, de alterações de sistemas políticos, costumam desvelar significados muito mais profundos e tendem a ser moldadas no ideário da irreversibilidade.

5.1 | Métodos de Abordagem

A característica da autotranscendência implica em compreender que os seres, independentes de pressões externas, podem evoluir criativamente.

Essa dimensão perceptiva é necessária para explicar a evolução de muitos institutos, de muitas ideias. Às vezes, a própria maturação cultural, sem qualquer mutação ambiental, é suficiente para se dar passos na amplitude de algumas realidades. Já apontamos alhures que, depois de longamente vivenciado determinado paradigma, aquilo que no passado foi sentido como artificial ou forçado passa a ser sentido como natural, genético, "promessa sem jeito" (como diria o personagem Chicó do *Auto da Compadecida*).

A característica cooperação, por sua vez, implica em perceber que os seres tendem a estabelecer vínculos ou associações de competição e de dependência e, algumas vezes, até de simbiose. Os seres seguem princípios constitutivos que são cooperativos, integrativos e simbióticos. São muitas as realidades que somente são compreendidas nesse contexto.

No Direito, por exemplo, tornou-se pacífica a percepção de que os direitos fundamentais associados à liberdade (como as liberdades de expressão, de imprensa, de associação etc.) são condicionantes do direito fundamental à democracia. Não é possível realizar o direito à democracia em sociedades que não garantam liberdades prévias. As liberdades, por sua vez, ganham novo sentido ao saírem da dimensão individualista e se associarem ao ideário democrático. A percepção sobre esses seres vê-se extremamente ampliada quando o nosso foco se dirige para as conexões, para as relações cooperativas.

A percepção da dimensão sistêmica de cada ser e a percepção sistêmica do próprio mundo (que pode ser representado como uma árvore: cada parcela da realidade – cada ramo – é um subsistema, todas as parcelas integram um único ser, que se alimenta tanto por suas raízes, quanto por suas folhas), permite-nos enxergar o mecanismo de aprendizagem e de coevolução aberto, flutuante e contínuo de tudo (seja adaptativo, transacional ou criativo). Esse é o ponto que interessa para a abordagem sistêmica.

5.1.5 Abordagem hermenêutica

Hermenêutico é o método de abordagem que advém da certeza de que o contexto e a interação são os nortes de explicação de todo e qualquer compreensão humana. Não é pela forma, pela gramática que qualquer discurso pode ser compreendido, mas pelo seu entorno histórico e cultural prévio e pelo jogo desse prévio com as projeções do próprio intérprete. Essa abordagem preocupa-se com isso: despertar a sensibilidade, a abertura para uma percepção ampliada da "dialética" da compreensão.

De forma mais técnica, Hans-Georg Gadamer (em sua obra *Verdade e Método*) mostra-nos que os intérpretes dependem da tradição, pois suas repostas a determinado texto são pré-delineadas pela história, embora sempre exista uma fusão dialógica entre o previamente recebido pelo intérprete e o oferecido por ele mesmo.

O investigador, para compreender algumas realidades, precisa, muitas vezes, mergulhar na cultura, na história que reveste o que vai estudar, nas atitudes das pessoas envolvidas, revestidas também por suas crenças, e colocar isso tudo em diálogo com os seus próprios posicionamentos e questionamentos sobre o tema (círculo hermenêutico). Não há compreensão legítima desvinculada do contexto histórico e social, assim como não há compreensão possível sem as pré-compreensões do intérprete.

5.1.6 Abordagem fenomenológica

O fenomenológico, por sua vez, é o método de abordagem voltado a estabelecer uma base liberta de pressuposições, parte de uma certeza singular e bastante impactante para todos os outros métodos, da certeza de que a ciência somente pode observar e explicar a consciência que se tem sobre as coisas. Não cabe à ciência induzir conclusões dos fatos, dos dados exteriores, nem mesmo deduzir o que está por trás disso. Legítimo apenas é observar as vivências singulares, valorizar a subjetividade das realidades sociais.

Edmund Hurssel aponta que a única possibilidade de conhecimento é o conhecimento do fenômeno, daquilo que se manifesta imediatamente na consciência, daquilo que se revela na experiência que se vive, sem pressuposições. O mundo, para essa filosofia, é simplesmente o que ele é para a consciência. Em outras palavras, a fenomenologia não se preocupa com o que é real, pois seu objeto é analisar as vivências intencionais da consciência.

As pesquisas, portanto, focadas na experiência de vida das pessoas sobre algum objeto, que focam no significado das experiências subjetivas vividas por vários indivíduos, são pesquisas fenomenológicas. Repousa, em consequência, em relatos livres (fruto de entrevistas abertas) de experiências singulares, na análise dos discursos individuais ou coletivos dos sujeitos que vivenciaram a questão.

5.1.7 Abordagem positivista

O positivismo, também desconfiado da especulação teórica, também associado ao anseio de objetividade e de neutralidade, não se preocupa tanto com o experimento, mas com a tessitura da linguagem científica, com o método, com o rigor lógico. Entende que nenhuma teoria enunciada é verdadeira, apenas pode ser enunciada como válida, por enquanto (enquanto não aparecer um caso concreto que destrua a explicação). Em outras palavras, a ciência produz apenas interpretações aproximativas e nunca resultados definitivos.

5.1.7.1 Positivismo (empirismo-lógico)

Embora exista na atualidade diversos positivismos, em Augusto Comte (1798-1857) é possível encontrar as linhas mestras dessa linha de pensamento.

Renunciando à busca de solução para as questões mais profundas do universo, as causas últimas e primeiras das coisas (metafísicas), Comte propõe descobrir, graças ao raciocínio, as relações invariáveis de sucessão e similitude observáveis nos fatos. Para entregar-se à observação dos fatos (que já era típico do empirismo), no entanto, considera que o nosso espírito precisa de uma teoria.

Desconectado das preocupações ou tentativas de explicar a complexidade, o absoluto, porque lhe parece não-científico, sua abordagem permitiu seccionar a realidade que se apresenta imediatamente à experiência e estudar – amparado em alguma racionalidade prévia, em uma teoria, pois os fenômenos sociais estariam sujeitos a leis invariáveis – apenas um conjunto controlável de aspectos (atomismo lógico), apenas o que pode ser observado (as variáveis).

Como não se debruça sobre as causas, pois entende que estão além das capacidades intelectivas do homem, a ciência positivista é essencialmente descritiva. O que importa é compreender objetivamente (utilizando-se de instrumentais de mensuração objetiva e não de interpretação subjetiva) e não julgar a relação entre os fatos (neutralidade).

O posicionamento positivista implica a adoção de uma teoria prévia para descrever o que ocorre. Alastra-se, então, a utilização das teorias estatísticas, que permitem experimentos controlados e precisos (seja em função da amostragem, seja em função das verificações de significância, relevância, desvio padrão).

Preocupa-se com os fatos, com o experimento, mas como seu diferencial é a teoria que projeta sobre os fatos, acaba por ser uma corrente de pensamento que se volta, acima de tudo, para a lógica, para o raciocínio, para a tessitura da linguagem.

Como a verdade, a ciência advém da aplicação das teorias sobre os fatos, o positivismo é incompatível com conhecimentos *a priori* (com a tese kantiana de que a consciência era capaz de conhecer antes e independente da experiência), com o estudo de valores abstratos ou naturais (dados brutos que revelam expressões culturais).

Na revolucionária versão de Karl Popper (que substituiu o critério tradicional da verificabilidade pelo critério da falseabilidade, tornando científico apenas o que é refutável), o positivismo torna-se inclusive incompatível com a lógica indutiva. Se a base da proposta positivista é a projeção de uma teoria sobre os fatos que serão observados efetivamente, parece razoável que a racionalidade positivista tenha de revestir-se da infralógica hipotético-dedutiva.

5.1.7.2 Positivismo jurídico

Do ponto de vista metódico, a aplicação do positivismo ao Direito implica em considerar como científico apenas as pesquisas desvinculadas de subjetividades, as pesquisas que levam em conta o direito que é, não o que deveria ser. São pesquisas revestidas do *formalismo jurídico*, que estudam apenas o que emanou de autoridade legitimada (seja normativa ou jurisdicional) e se impôs coativamente. Ou revestidas do *realismo jurídico*, que consideram como direito apenas o que de fato é imposto. O direito também é estudado como fato, fenômeno, dado social.

São pesquisas que se debruçam sobre os fundamentos lógicos ou argumentativos do direito vigente, aplicado.

Como o positivismo clássico, o positivismo jurídico depende da projeção de teorias para estudar o direito como fato. Há que se ter em conta,

5.1 | Métodos de Abordagem

portanto, que a visão positivista do Direito se ancora em um conjunto de teses: na tese da coatividade (que define o direito em função da coação, da força); na tese de que há uma fonte preeminente do Direito (a lei); em uma peculiar teoria da norma (como comando hipotético e imperativo); em uma peculiar teoria do ordenamento jurídico (que propugna sua unidade, coerência e completude); e em uma teoria de interpretação subsuntiva, lógica e mecanicista.

No positivismo de Hans Kelsen, a atenção fica presa à tessitura e à concatenação das normas, da legislação. No positivismo de Alf Ross, a atenção desdobra-se não somente sobre a norma, mas também sobre a norma interpretada pelo Poder Judiciário (quem efetivamente diz o que a norma diz). O positivismo de Herbert Hart, por sua vez, abre-se para outras paragens, para considerar a norma, mas também o valor que é positivado na norma.

5.1.8 Abordagem sociológica

As teorizações de Émile Durkhein, na obra *As Regras do Método Sociológico*, servir-nos-ão de conduto para compreender essa abordagem.

Segundo Durkheim, os fenômenos sociais são exteriores e independentes dos indivíduos, convém e podem ser observados como fatos que os influenciam. A sociedade não é uma realização das consciências individuais, pois estas são previamente moldadas pelos grupos de pertencimento (Estado, família, escola, empresas etc.) ou consciência coletiva. O que importa é observar e estudar estatisticamente os fatores sociais, verdadeira causa dos comportamentos, que se impõem coercitivamente aos indivíduos e moldam a coesão social.

O fato social como entidade pode ser captado pela observação dos modos de pensar, agir e sentir adotados com regularidade pelos indivíduos (com uma frequência média de ocorrência); originalmente, em função da coerção coletiva; com o passar do tempo, como hábitos incorporados; decorrentes, portanto, de uma consciência coletiva. As regras fundamentais desse método são: (1) tratar os fatos sociais como coisas (exteriores aos indivíduos, embora observáveis pelas suas manifestações); (2) considerar normal o regular e patológico o irregular, em cada grupamento, sem dar conotações moralizantes; (3) identificar os grupamentos, as espécies sociais em análise e suas características estruturais (desde as tribais até as complexas);

(4) classificar e ordenar as facetas, os aspectos observados; (5) para demonstrar a relação de causalidade, diante da ordinária impossibilidade empírica, utilizar o método comparativo (comparar um grupo com outro para verificar variações).

Max Weber, por sua vez, apresentou matiz diversificado para a abordagem sociológica, principalmente porque advogava pela necessidade de compreender os comportamentos não apenas por suas manifestações externas, mas também pelo sentido das ações impresso pelos indivíduos que os manifestam, pelos motivos que conduziram as manifestações, pois as ações sociais decorrem de motivos individuais (não somente coletivos) irracionais (afetivos ou decorrentes de tradições) ou racionais (fins ou valores). Ademais, entendia não ser possível ao pesquisador afastar-se dos fatos como Durkheim imaginava. Fundado em tudo isso, propõe que a análise dos fatos sociais, voltada para compreender as motivações individuais em grupamentos, se faça por um método específico, pelos pares de "tipos ideais" (traços, pontos de vista observáveis na realidade concreta, que são de alguma forma pré-compreensões que o pesquisador imagina relevante e que são exagerados ou acentuados), que permitem desvelar as variações ou repetições dos motivos das ações em grupamentos. Por exemplo: nobres e operários, pobres e ricos, jovens e adultos, progressistas e reacionários etc.

5.1.9 Abordagem funcionalista

O funcionalismo nasceu e se confunde com a cosmovisão sociológica. Aborda os fenômenos em termos funcionais, o que eles significam em termos consequenciais para os integrantes de uma sociedade, o que eles implicam para o grupamento em coesão, em continuidade ou em mudança social. Estuda os mecanismos de conservação ou de alteração social, como as sanções, os ritos, as cerimônias. Despreocupa-se com o que as coisas são ou deveriam ser, com as motivações psicológicas individuais; volta sua atenção para a utilidade, para o que dá certo e o que dá errado em termos de coesão, de conservação ou de modificação das estruturas sociais ou comportamentais.

Norberto Bobbio, em seu livro *Da Estrutura à Função* (que poderia ser intitulada *Do Positivismo ao Funcionalismo*) revela esse tipo de posicionamento,

5.1 | Métodos de Abordagem

pois mostra com veemência que sua preocupação é com a eficácia dos direitos, com as implicações e consequências de todo o Direito.

No funcionalismo, observa-se que o Direito tem uma função de direção social, uma "função promocional". Ao lado das sanções negativas ou repressivas (multas, reparações, penas etc.), há muitas sanções positivas ou premiais (benefícios, isenções etc.). O Direito não tem apenas uma atuação protetora e repressiva das condutas que não quer, oferece também meios de indução e incentivo para condutas que quer promover. Hart (ainda imerso na estrutura) já havia apontado que as normas secundárias atendiam as necessidades funcionais do Direito, inclusive as de eficácia (além das de reconhecimento e de alteração). Mas Bobbio foi mais longe, enraizou mais profundamente os liames sociológicos do Direito, afirmando que ao Direito mesmo cabe essa preocupação central, a da eficácia social. O Direito tem funções de repressão, de prevenção, mas também de indução e de promoção, especialmente no Estado social (em que a função repressiva diminui de importância).

A pesquisa funcionalista, portanto, desliga-se das preocupações formais e estruturais dos seres e se volta para os mecanismos de manutenção ou de alteração social. É a pesquisa que perscruta o que deu e o que não deu certo do ponto de vista da organização social.

5.1.10 Abordagem antropológica

A preocupação da Antropologia, especialmente em suas vertentes culturais ou sociais, é compreender o homem através da observação das diferentes culturas (de hoje e de ontem), das variadas hierarquias de valores em que ele está inserido. Olhando para costumes, crenças, mitos, hábitos, formas de vestir, pensar, agir e falar, rituais, linguagens, leis, dentre outras coisas que são vividas, transmitidas e compartilhadas entre as pessoas, é possível compreender o homem.

Pelo olhar antropológico, por exemplo, é possível encontrar novas explicações (culturais) do porquê determinado grupamento aceita ou incorpora determinada política pública, enquanto outro grupamento a rejeita. Ou porque determinadas pessoas enxergam ou não determinados problemas de saúde, aderem ou rejeitam determinados tipos de tratamento.

Pelas mãos de Franz Boas e de Bronislaw Malinowski nasceu essa ciência ancorada na consciência de que não há cultura superior e que se voltava a aprender com todos os povos (especialmente de sociedade pequenas "primitivas"). Desde Robert Redfield, começou a ser utilizada para estudar grupamentos dentro de um Estado.

A marca indelével dessa abordagem reside no fato de o pesquisador conviver por largo tempo com o grupamento social que estuda. A antropologia não busca conhecer o que os membros de uma sociedade concreta dizem, mas viver, tornar-se o outro antes de descrevê-lo.

5.2

Métodos de Coleta e de Análise

MÉTODOS DE COLETA

O MÉTODO de coleta relaciona-se à maneira específica, ao modo procedimental pelo qual as informações sobre o objeto ou parte do objeto de pesquisa são reunidas durante o processo inicial de desenvolvimento da pesquisa.

Para pesquisas teóricas, geralmente ancoradas em fontes bibliográficas e documentais, consiste em indicar como serão ou foram selecionados os textos que serão ou foram objeto de leitura. Para pesquisas experimentais e quase-experimentais, equivale a indicar como será ou foi selecionada a amostra, como serão ou foram testadas ou registradas as informações sobre a amostra. De forma geral, é necessário advertir qual foi ou será o procedimento utilizado para a construção e delimitação da realidade estudada.

Logicamente, é preciso que haja efetiva coerência e consistência entre a hipótese que se quer demonstrar, os procedimentos utilizados e o cronograma disponível.

O desenvolvimento de qualquer pesquisa depende de uma rigorosa coleta de informações, pois é sob esse suporte que se desenvolvem as análises e se extraem as conclusões. É relevante, portanto, que se demonstre claramente qual será ou foi o método de seleção e de obtenção das informações concretas (coerentes com a abordagem da pesquisa), com seus condicionamentos ou limitações espaciais e temporais. Será conveniente, em consequência, ao final da pesquisa (não mais no planejamento), que se explicitem as adaptações que se fizeram necessárias no procedimento de coleta.

METODOLOGIA DA PESQUISA | Marcelo Lamy

De modo prático, o pesquisador opta e explicita, pelo método de coleta, o mundo ou universo concreto estudado (no método de abordagem explicitou o universo abstrato) e porque optou por tais fontes de informação e por tais procedimentos de observação.

MÉTODOS DE ANÁLISE

Toda pesquisa, para ingressar no qualificativo científico, tem de apontar como coletou e como avaliou o material coletado, bem como tem de alguma forma explicitar a confiabilidade dos métodos de coleta e de análise adotados.

A neutralidade científica recomenda que o pesquisador apresente objetivamente (na medida do possível) os dados colhidos antes de os avaliar. Assim, outros pesquisadores podem fazer suas ilações independentes das reflexões críticas do autor da pesquisa, seguindo outros métodos de análise. O que permitirá confirmar ou refutar a hipótese e, especialmente, a generalização do pesquisador.

Nada obstante a isso, a pertinência e a coerência entre as formas de análise escolhidas ou desenvolvidas e a abordagem, os objetivos, as perguntas, as hipóteses e os próprios métodos de coleta podem chegar a impossibilitar o diálogo anterior (com outros métodos de análise). Nesse caso, resta aos demais pesquisadores avaliar apenas a consistência das análises.

No âmbito da consistência, as análises tem de ser desenvolvidas de modo rigoroso e em todas as dimensões possíveis. Ilações displicentes ou parciais, de apenas alguns aspectos e não de todas as possibilidades, tornam frágeis as conclusões extraídas; assim como ilações desonestas que ocultem (pelo discurso) as informações ou distorçam os dados, são o caminho seguro para o descrédito da pesquisa concluída. Ao contrário, análises ancoradas em interpretações e inferências claras (discurso honesto), mesmo que conscientemente explicitem alguma fragilidade ou algum limite de generalização para as respostas construídas, trazem credibilidade científica.

Em verdade, um verdadeiro trabalho de pesquisa (com todo o peso e mérito desse qualificativo) sempre apresenta, ao final, um resumo honesto dos resultados efetivamente alcançados, bem como uma discussão honesta da validade das conclusões alcançadas (sua força – dentro dos limites da análise; suas fraquezas – em função de eventuais debilidades do universo de análise; sua possibilidade ou não de generalização).

Nesse ponto, é muito útil ao pesquisador arraigar-se em certo preconceito psicológico contra si mesmo. O pesquisador tem de cuidar para que os desejos e tendências pessoais (sonhos e convicções) não conduzam seu relato. Toda pesquisa e análise têm de ser neutras, independente do que gostaríamos. Há verdadeira cientificidade quando o pesquisador aprende a adequar-se ou manejar as situações ou resultados não esperados, sem os desvirtuar.

PRESSUPOSTOS GERAIS DE QUALIDADE

René Descartes explicitou, em sua obra *Discurso do Método*, uma forma de análise que nos parece ser a mãe lógica de todos os métodos de análise e um padrão de verificação da qualidade de todas as modalidades que apontaremos nesse capítulo.

Antes de o apresentar, no entanto, algumas ressalvas prévias são necessárias.

Observar que Descartes não almejou, nem defendeu uma forma fechada de análise, mas quis sim explicitar sua experiência pessoal de análise: "meu propósito não é ensinar aqui o método que cada qual deve seguir para bem conduzir sua razão, mas somente para mostrar de que modo me esforcei por conduzir a minha." (2000, p. 37).

Por outro lado, verificar que o anseio de Descartes em compartilhar sua experiência estava relacionada a sua percepção de que muitas discussões científicas se devem mais ao fato de as pessoas não terem percorrido o mesmo caminho de análise: "a diversidade de nossas opiniões não se origina do fato de serem alguns mais racionais que outros, mas apenas de dirigirmos nossos pensamentos por caminhos diferentes e não considerarmos as mesmas coisas." (2000, p. 35).

O que movia Descartes, portanto, era a atual preocupação de toda a ciência: sem o investigador explicitar seus métodos de investigação, notadamente seus métodos de análise (núcleo efetivo das investigações), é impossível se estabelecer um diálogo científico verdadeiro.

Feitas essas ressalvas, observemos as quatro regras de análise explicitadas por Descartes.

1ª. A Regra da Evidência, que fixa os parâmetros de uma análise honesta, de uma análise que não leve para dentro de si pré-juízos, salvo evidências, de evitar um processo de advocacia revestido formalmente de análise: "nunca aceitar algo como verdadeiro que eu não conhecesse claramente como tal; ou seja, de evitar cuidadosamente a pressa e a prevenção, e de nada fazer constar de meus juízos que não se apresentasse tão clara e distintamente a meu espírito que eu não tivesse motivo algum de duvidar dele." (2000, p. 49).

2ª. A Regra da Análise, que exige do investigador dividir seus desafios globais em partes menores: "repartir cada uma das dificuldades que eu analisasse em tantas parcelas quantas fossem possíveis e necessárias a fim de melhor solucioná-las." (2000, p. 49).

3ª. A Regra da Síntese, que faz o investigador percorrer caminho de análise gradativo e progressivo, do mais simples ao mais complexo, até atingir o raciocínio global, uno: "conduzir por ordem meus pensamentos, iniciando pelos objetos mais simples e mais fáceis de conhecer, para elevar-me, pouco a pouco, como galgando degraus, até o conhecimento dos mais compostos, e precedem naturalmente uns aos outros." (2000, p. 49-50).

4ª. A Regra da Enumeração, que permite ao investigador fazer análises sem lacunas, pelo instrumental das enumerações e revisões, para nada omitir: "efetuar em toda parte relações metódicas tão completas e revisões tão gerais nas quais eu estivesse a certeza de nada omitir." (2000, p. 50).

5.2.1 Documentação indireta

O procedimento de arregimentar e analisar informações para a pesquisa, ordinariamente intitulado de documentação, pode voltar-se para fontes pessoais ou de terceiros.

O caminho, o método de buscar e analisar informações em fontes de terceiros, já publicadas, é o método de Documentação Indireta, cujas técnicas ou instrumentos podem ser a Bibliográfica ou a Documental.

5.2.1.1 Pesquisa bibliográfica

Toda pesquisa acadêmica e científica é desenvolvida a partir de materiais já elaborados por outros autores que de alguma forma interpretaram o problema concreto da pesquisa: notadamente em livros, capítulos de livros, artigos e resumos científicos (publicados em revistas ou em anais), teses, dissertações e trabalhos de conclusão de cursos. Não há pesquisa acadêmica que não deva passar ao menos por uma síntese do que fora estudado anteriormente sobre o problema concreto de pesquisa.

5.2 | Métodos de Coleta e de Análise

Somente pela pesquisa bibliográfica que os pesquisadores podem analisar uma gama de fenômenos mais ampla do que poderiam fisicamente observar ou testar diretamente (em razão de nossos limites pessoais de tempo e de espaço). É somente com essa espécie de pesquisa que se podem construir abordagens históricas. É somente com a pesquisa bibliográfica que podem ser integrados estudos distanciados geograficamente.

O levantamento e a discussão sobre o que a ciência já produziu a respeito do que investigamos constitui pré-requisito dos trabalhos acadêmicos (especialmente sobre a consulta de teses e dissertações relacionadas com o objeto de pesquisa). O que nos leva a concluir que todo trabalho acadêmico deve referir-se, ao apontar seus métodos, à coleta e à análise bibliográfica (fazendo referência, em especial, a teses e dissertações encontradas e avaliadas).

Há muitas pesquisas levadas a cabo exclusivamente por essa via, por esse universo de fontes (o que costuma acontecer com as pesquisas exploratórias e descritivas). Essas pesquisas são, em geral, intituladas "revisões bibliográficas" ou "revisões de literatura" (nome que revela ao mesmo tempo o tipo de coleta e, parcialmente, o tipo de análise). No âmbito das ciências jurídicas, poder-se-ia incluir nessa categoria a intitulada "pesquisa doutrinária".

As pesquisas bibliográficas, de qualquer forma, não são meras repetições do que já foi escrito sobre o objeto da pesquisa. O objetivo de cada pesquisa (por natureza, sempre desafiador e sempre inovador) faz com que a reunião do que já foi estudado acabe sempre por desvelar certezas ou incertezas, contradições ou lacunas, novas percepções ou novas ilações.

Nas pesquisas quantitativas, em regra, as revisões bibliográficas são essenciais para a construção do Marco Teórico – da teoria que fundamenta toda a análise. Nas pesquisas qualitativas, são úteis para se aprofundar nos conceitos estruturantes do trabalho, para contrastar a investigação empreendida com outras maneiras de pensar ou abordar o tema de investigação, bem como para conferir autoridade à investigação empreendida.

As pesquisas quantitativas dependem de um tipo de ciência que se utiliza de filtros de análise muito rigorosos (como os da estatística, da matemática). Necessitam, na prática, da identificação de teorias pré-existentes que podem ser aplicadas ao objeto de investigação. Nas pesquisas quantitativas, portanto, a pesquisa bibliográfica forma o pressuposto da investigação: que teoria suplantará a análise dos dados. Quando o pesquisador invoca uma teoria totalmente desenvolvida, poderá empreender análises em outros contextos ou análises que aportem provas empíricas em outras condições. Quando invoca várias teorias, pode imiscuir-se na comparação das similitudes e das diferenças das análises. Quando invoca teorias não totalmente desenvolvidas, contará com o suporte para a verificação de que generalizações podem ser confirmadas.

Nas pesquisas qualitativas, por sua vez, o pesquisador faz a sua própria descrição e valoração dos dados. O pesquisador e seu desenho de investigação são as autoridades que valoram. A autoridade da investigação não precisa se ancorar em teorias. A pesquisa bibliográfica, portanto, nas pesquisas qualitativas, tem outros papéis: o de identificar conceitos compartilhados, o de identificar métodos de coleta e de análise que deram bons resultados, o de apontar erros cometidos em outras investigações que podem ser superados, o de apontar maneiras novas de pensar o tema, o de indicar formas mais precisas de se interpretar o estudo. Todos esses papéis servem, na realidade, para conferir autoridade ao pesquisador e a seu desenho de investigação, a autoridade da argumentação racional.

5.2.1.1.1 Coleta bibliográfica

As diversas vantagens e potencialidades da pesquisa bibliográfica são acompanhadas de verdadeiro risco para a qualidade da pesquisa empreendida.

Se as fontes bibliográficas consultadas coletaram e processaram de forma equivocada as informações que apresentam, um trabalho fundamentado nessas fontes apenas ampliará os equívocos. Por isso, o pesquisador, quando utiliza fontes bibliográficas, deve apurar seu sentido crítico, utilizando preferencialmente as fontes que explicitam como foram obtidos os dados e feitas as análises, as fontes que não transpareçam qualquer incoerência ou contradição. De outro modo, para mitigar esse risco, convém que a pesquisa ancorada em fontes bibliográficas busque amparar-se em número significativo de fontes (filtro quantitativo) e que elas sejam de qualidade, representativas e variadas (filtros qualitativos).

5.2 | *Métodos de Coleta e de Análise*

Para que todos esses cuidados sejam tomados, recomendamos seguir o seguinte ritual.

1º passo: SELEÇÃO DA BASE DE DADOS

A seleção dos textos para análise ordinariamente se inicia com a escolha dos Portais, das Bases de Dados, das Bibliotecas que compendiam produções científicas da área da investigação.

Parece-nos imprescindível, em trabalhos acadêmicos, a consulta do catálogo ou da biblioteca de teses e dissertações da CAPES:

- Catálogo de Teses e Dissertações link: http://catalogodeteses.capes.gov.br/catalogo-teses/#!/
- Biblioteca Digital Brasileira de Teses e Dissertações link: http://bdtd.ibict.br/vufind/

Fontes seguras para praticamente todas as áreas de pesquisa são a biblioteca eletrônica Scielo e os portais Google Acadêmico, DataSet Search e de Periódicos da CAPES:

- Scielo – link: http://scielo.br/
- Google Acadêmico – link: https://scholar.google.com.br/
- DataSet Search – link: https://toolbox.google.com/datasetsearch
- Portal de Periódicos da CAPES – link: http://www.periodicos.capes.gov.br/

Dependendo da área de investigação, é necessário consultar bases especializadas. No portal de periódicos da CAPES é possível acessar a lista de bases nacionais, estrangeiras e internacionais por área e subárea de conhecimento (utilizar, para tanto, a busca de base de dados por assunto). No campo do Direito, por exemplo, o site dá acesso a mais de cem bases.

Em pesquisa que envolva a Saúde, exemplificamos, convém consultar as evidências científicas conhecidas nas seguintes bases:

- Biblioteca Virtual da Saúde – link: http://bvs.saude.gov.br/?lang=pt
- EVIPNet – link: http://brasil.evipnet.org/
- Revisões Sistemáticas no Cochrane – link: https://www.cochranelibrary.com/
- Health Evidence – link: https://www.healthevidence.org/search.aspx

2º passo: SELEÇÃO DOS TERMOS

Sejam quais forem as bases de dados escolhidas (tem de ser as mais adequadas ou pertinentes, as de maior prestígio com relação ao que se pesquisa), nelas o pesquisador faz a busca de material, utilizando-se de um conjunto pequeno de palavras-chaves, de termos ou descritores selecionados com argúcia.

Para que realmente seja possível encontrar aquilo que é pertinente e necessário aos objetivos e ao objeto da pesquisa, os termos utilizados precisam ser muito bem escolhidos. Há que se fazer algumas tentativas. Há que se observar, nos bons textos encontrados, quais expressões são mais precisas (observe-se as palavras utilizadas nos títulos, nos resumos e nas palavras-chave dos bons textos encontrados).

Nessa etapa, é relevante aprender a utilizar-se dos recursos operacionais das bases de dados. Os operadores lógicos "and, or, not" podem limitar ou ampliar com mais precisão os resultados. A busca de termos exatos, colocando-os entre aspas, é muito útil para resultados precisos. O recurso do asterisco permite o sistema identificar terminações semelhantes (por exemplo: process* = processo, processual). O recurso da interpolação de uma interrogação é útil para encontrar redações semelhantes (por exemplo: organi?ation = organisation, escrita britânica; organization, escrita americana). De qualquer forma, registre-se sempre a data da busca, pois pode ser necessário apontá-la no relato da pesquisa.

3º passo: REDUÇÃO QUALITATIVA DO UNIVERSO ENCONTRADO

Ordinariamente – uma vez escolhidas as bases e uma vez feita a busca por determinados termos –, o pesquisador depara-se com quantidade elevada de textos. Torna-se necessário, portanto, selecionar ou filtrar o que mais se aproxima da abordagem que se quer dar ao tema, ou do contexto da investigação que se empreende, ou dos paradigmas do pesquisador. Ou então, selecionar o que está publicado em meios científicos de maior confiabilidade (caso das revistas científicas de qualidade reconhecida – como as de extrato A do sistema qualis da CAPES, caso dos Anais de eventos científicos internacionais).

5.2 | Métodos de Coleta e de Análise

Em regra, há que se selecionar textos que tenham proximidade ou similitude com a abordagem ou com o contexto do pesquisador, que sigam o mesmo método ou o mesmo tipo de amostra, que sejam mais recentes, ou de maior rigor ou qualidade.

Diante da multiplicidade de estudos publicados sobre determinadas problemáticas, é muito seguro, no momento dessa redução qualitativa, optar pelo menos por alguns textos considerados "revisão de literatura", especialmente se as buscas anteriores permitiram encontrar "revisões sistemáticas".

Independentemente do método de seleção qualitativa utilizada, o resultado amostral, o conjunto de textos selecionados há de abranger ou permitir o estudo do seguinte:

A) trabalhos ou autores tidos como os mais importantes para determinada abordagem teórica (seja porque as criaram, as reviram ou as contestaram), para determinado método (seja porque os desenharam, os modificaram ou objetaram), ou para determinado tema específico de investigação (porque são os trabalhos ou autores que todos consideram as referências sobre o tema);

B) trabalhos ou autores tidos como os de maior vanguarda para determinada abordagem teórica, para determinado método, ou para determinado tema específico de investigação;

C) trabalhos ou autores que desenvolveram pesquisas semelhantes à investigação que o pesquisador desenvolve;

D) trabalhos ou autores que desenvolveram pesquisas a serem contestadas pelo investigador.

EXPLICITAÇÃO DA COLETA BIBLIOGRÁFICA

A explicitação do método de documentação indireta utilizando-se da técnica de coleta bibliográfica, necessária em todos os trabalhos acadêmicos, mas também em todos os trabalhos científicos que optaram por esse caminho de seleção de material, há de contar com os seguintes aspectos: a) bases de dados consultadas; b) termos de pesquisa utilizados, c) critérios qualitativos de seleção do universo amostral (inclusive os temporais, geográficos e de idioma).

5.2.1.1.2 Análise bibliográfica

A literatura é a base de toda e qualquer investigação acadêmica e científica (quando não é o seu único suporte), especialmente porque é **nela** que o pesquisador **se familiariza** com o que de relevante foi pensado e o que não foi pensado sobre o problema que estuda (essencial para a fase da formulação do problema do projeto de pesquisa) e, **a partir dela** – com segurança (segurança advinda do sentimento de pertencimento ao grupo de pensadores sobre o tema, que a leitura naturalmente constrói no leitor) –, pode **dar outros passos** (essencial para a fase da formulação da hipótese do projeto de pesquisa).

É o mergulho na literatura que permite ao investigador identificar eventual unidade ou eventuais diversidades interpretativas, mapear contradições não percebidas, verificar lacunas, hiatos a serem explorados ou ampliações não pensadas. Somente a análise de conjunto bem formado de material bibliográfico que possibilita sínteses e consequentes abstrações antes não desenhadas.

Seja na fase mais elementar da pesquisa, seja em uma fase avançada, todo pesquisador recorre a investigações feitas anteriormente sobre determinada problemática, pois é esse recurso que pode explicitar dois pontos essenciais de qualquer discussão científica: (a) o estado da arte sobre determinado problema, a partir do qual pode se situar se uma discussão está superada, ou iniciada, ou até não pensada; (b) quadro atual do conjunto de conhecimentos admitidos pela comunidade científica como válidos, pois são esses conhecimentos que têm de fundar o raciocínio de novas discussões.

A análise do material bibliográfico, para se tornar um método, pode se revestir de diversas formas. Anteriormente (no primeiro capítulo da Parte3, 3.1 *Como Ler*), apontamos, por exemplo os métodos de leitura analítica e de leitura sintópica.

Nesse momento, no entanto, parece-nos relevante apontar as formas tradicionais de "revisão da literatura", as chamadas tecnicamente de Revisão Narrativa (menos rigorosa), Revisão Sistemática (extremamente rigorosa) e Revisão Integrativa (que integra a revisão com outras análises). São espécies de revisão da literatura que se diferenciam pelos objetivos, objetos e recursos.

5.2 | Métodos de Coleta e de Análise

Diferenças nos OBJETIVOS

A **Revisão Sistemática** foi pensada por Cochrane como uma forma de análise de textos científicos publicados que pudesse, por seguir uma pauta rigorosa, ser garantidora da eficiência e da eficácia de tratamentos medicamentosos. Uma forma de análise que transformaria um grau de certeza (de evidência científica) em um grau muito superior de certeza ou evidência científica da eficiência e da eficácia de um determinado tratamento medicamentoso.

Vários tratamentos médicos exitosos são relatados em publicações científicas. Se o pesquisador é capaz, seguindo uma pauta rigorosa de análise (que impeça a comparação do que não é comparável, a avaliação de relatos fora de seus contextos, entre outras coisas), de anelar esses estudos, é razoável que se admita o avanço da certeza científica.

A origem da Revisão Sistemática, hoje espalhada como método de análise que pode ser utilizado em todas as ciências, ajuda-nos a perceber seu objetivo (que continua o mesmo): avançar com segurança no grau de certeza científica sobre determinada problemática.

Não tem sentido, portanto, proceder a uma revisão sistemática em campos de incerteza (onde não se tenha construído soluções exitosas), em campos onde o desafio intelectual esteja deslocado das soluções (investigações voltadas ao contexto, voltadas a entender os problemas e não as respostas), em campos onde a certeza matemática, estatística não seja o relevante ou não seja o pertinente. Para esse outro universo, coloca-se a **Revisão Narrativa**.

A **Revisão Integrativa** é um tipo de estudo ou de análise que concilia abordagens. Em primeiro plano, faz-se uma revisão narrativa (ou até mesmo uma revisão sistemática). Agrega-se à revisão, explicitação de razões, argumentos, observações do autor da revisão.

Diferença no OBJETO ou UNIVERSO AMOSTRAL (diferença na coleta)

A **Revisão Narrativa** é o instrumental que permite a análise de material bibliográfico selecionado sem pretensões de exaurir as fontes de informação, de material identificado e selecionado utilizando-se critérios não muito rigorosos (embora sempre seja necessário ancorar-se em bases de dados específicas, em termos concretos de busca, em amplos filtros temporais, espaciais e/ou qualitativos), de critérios mais associados a pretensões exploratórias ou a expertise do próprio investigador, que podem ser aperfeiçoados, inclusive, durante o processo de coleta. O conjunto de materiais selecionados para esse tipo de análise pode ser composto de estudos originais ou derivados, assim como por estudos que transitam por abordagens e metodologias diversas.

A **Revisão Sistemática** é o instrumental que permite a análise de portfólio bibliográfico obtido em processo rigoroso e explícito de identificação e seleção de fontes de informação (desenhado e estabelecido previamente: protocolo de seleção) com pretensões de exaurir as fontes de informação de determinada problemática (logicamente, no universo de determinadas bases de dados, utilizando-se termos muito precisos de busca, que ultrapassaram filtros temporais, geográficos e/ou qualitativos claros e objetivos). Em regra, o conjunto selecionado de materiais é integrado apenas por estudos originais que seguiram as mesmas abordagens e métodos semelhantes de coleta e de análise.

A **Revisão Narrativa pode** explicitar o universo amostral de maneira global, sobrevoando genericamente o que foi considerado portfólio bibliográfico (na seção métodos ou no início da seção resultados); enquanto que a **Revisão Sistemática tem de** explicitar ritualisticamente o rol exato de estudos integrados no universo amostral (quando possível, inclusive, utilizando-se da lógica tabular), além de ter de explicitar elementos concretos de cada um dos estudos: os seus universos amostrais peculiares, os seus métodos, os seus resultados e as suas conclusões.

Diferença nos RECURSOS ANALÍTICOS

A análise da **Revisão Narrativa**, que parte de um universo amostral não-rigoroso, segue um viés discursivo aberto. O que importa é fazer uma narração compreensiva e conciliadora do que se estudou. De maneira global, apontar os aspectos mais relevantes encontrados no portfólio bibliográfico com relação à problemática investigada.

A análise da **Revisão Sistemática** segue uma matriz rigorosa de interpretação e de síntese dos resultados alcançados em cada pesquisa (para que a análise seja a mais fidedigna possível ao contexto de cada investigação estudada). A generalização racional que é possível aceitar em cada pesquisa é o produto final da análise da Revisão Sistemática.

Quando as generalizações individuais identificadas na Revisão Sistemática podem e são combinadas estatisticamente (porque seguiram os mesmos procedimentos ou procedimentos homogêneos), pode ocorrer um desvelamento de uma realidade não pensada individualmente, de uma nova realidade. A esse tipo de análise, que combina a Revisão Sistemática com uma análise que extrapola o universo da confirmação dos estudos individuais, intitula-se META-ANÁLISE.

EXPLICITAÇÃO DA ANÁLISE BIBLIOGRÁFICA

O objeto da análise bibliográfica, em regra, estará explicitado anteriormente, na coleta bibliográfica. O objetivo almejado por essa análise, de forma geral, é compreendido pela simples enunciação do tipo, da espécie de revisão de literatura utilizada. A explicitação mais relevante, portanto, nesse momento, é a relacionada aos recursos analíticos empregados. Se os recursos analíticos seguiram padrão previamente estabelecido (exemplificamos: do Instituto Cochrane, para revisões sistemáticas; da Leitura Sintópica de Mortimer Adler), basta anunciar a adesão ao pré-estabelecido. No entanto, se o pesquisador criou o seu mecanismo lógico de análise (o mais ordinário), há de o explicitar.

5.2.1.2 Pesquisa documental

A pesquisa documental vale-se de material bruto que não recebeu qualquer tratamento analítico (dados coletados por pessoas ou instituições – por censo ou por amostragem, instrumentos normativos, contratos, atas, gravações etc.) ou de material que recebeu pouco tratamento analítico (síntese de dados efetivada por pessoas ou instituições conformada em geral em relatórios, painéis etc.). O material que recebeu muito tratamento analítico há que ser considerado no universo da pesquisa bibliográfica.

Serve para complementar ou contrapor informações obtidas por outros métodos ou como método central e exclusivo de alguma investigação; permitindo, de qualquer forma, investigar determinada problemática sem uma interação imediata, de forma indireta, por meio de documentos produzidos pelo homem que revelam seu modo de ser, de viver ou de compreender os fatos sociais.

Trata-se de uma fonte de informações com características intrínsecas muito vantajosas para uma pesquisa de qualidade: é uma fonte estável (que pode ser consultada muitas e muitas vezes), é uma fonte não reativa (sem estar sujeita ao risco da interação, muitas vezes responsável pela alteração dos comportamentos e das informações coletadas na sequência), é uma fonte que fornece informações de tempos não vividos pelo pesquisador.

O termo documento, no universo das investigações científicas, tecnicamente engloba uma gama muito variada de coisas: cartas, ofícios, relatórios, projetos de lei, instrumentos normativos, documentos cartoriais, diários, atas, contratos, dados estatísticos, fotos, ilustrações, filmes, objetos de adorno, de trabalho, utilizados em cerimonias etc.

Concentraremos nossos olhares, na sequência desse tópico, em função da relevância singular que adquirem em pesquisas científicas e acadêmicas, nos Dados Estatísticos.

No âmbito das ciências jurídicas, poder-se-ia incluir nessa categoria a "pesquisa normativa" e algumas formas de "pesquisa jurisprudencial".

5.2.1.2.1 Coleta documental

1º passo: SELEÇÃO DA BASE DOS DADOS

Dados brutos disponibilizados por institutos de pesquisa, órgãos governamentais ou organizações permitem que muitas pesquisas partam de análises fincadas na realidade constatada e não em meras conjecturas.

Preciosos são, por exemplo, os dados sociais e econômicos disponibilizados pelo IBGE, os dados relacionados à saúde disponibilizados pelo TABNET do DATA-SUS e pelo Global Health Data Exchange, os dados sobre a quantidade e o andamento dos processos judiciais e as ferramentas de análise disponibilizadas pelo Conselho Nacional de Justiça – CNJ.

No que diz respeito à pesquisa documental de instrumentos normativos (parlamentares e/ou administrativos), há que se preferir as fontes oficiais em cada esfera federativa de cada poder. No âmbito das normas parlamentares e executivas federais, seguro é, por exemplo, o Portal da Legislação Federal do Brasil disponibilizado pelo Planalto, pelo governo federal.

Quanto à pesquisa documental de decisões judiciais (pesquisa jurisprudencial) é preciso também decidir que jurisdição será considerada (nacional ou estadual; comum ou especializada) e em função disso o site ou os sites de pesquisa dos respectivos tribunais que serão utilizados.

5.2 | Métodos de Coleta e de Análise

Uma ressalva, nesse momento, se faz necessária. As decisões judiciais podem ser estudadas efetivamente como documentos. Pode-se, por exemplo, extrair delas o decidido e os fundamentos do decidido como um documento que revela a regra de decisão ou o relevante – do ponto de vista fático ou jurídico – para determinados casos. É possível, inclusive, estudá-las do ponto de vista estatístico, como faz a jurimetria. No entanto, se as decisões judiciais forem estudadas com o objetivo de identificar e discutir a "interpretação" que autoridades judiciais (individuais ou coletivas) dão aos fatos ou às normas jurídicas, deixamos as paragens da pesquisa documental e ingressamos no universo da pesquisa bibliográfica.

Para iniciar a pesquisa documental é necessário, em primeiro plano, decidir quais serão as fontes de informação (as bases) que serão utilizadas (ou seja, onde se pretende realizar a garimpagem), de acordo, logicamente, com os objetivos da pesquisa, com o objeto específico de investigação, com as possibilidades fáticas e com a credibilidade e o contexto da própria fonte da informação.

O pesquisador tem de ter em conta se a base de dados que pretende consultar pode ser considerada autêntica (verdadeira, genuína, imparcial, de origem inquestionável), representativa (porque foi construída com a amostragem necessária, se não censitária), significativa (por ser clara, compreensiva), exata (sem distorções ou erros aparentes). A credibilidade da base de dados utilizada sempre atinge, por arrastamento, a credibilidade da pesquisa a ser desenvolvida.

2º passo: CONHECIMENTO E DOMÍNIO TÉCNICO DAS BASES

Os dados (com pouco ou sem tratamento analítico) são fontes de grande relevo para toda pesquisa que pretende descolar-se das meras teorias e ancorar-se no mundo empírico, mas sua utilização tem de pautar-se pelo rigor. É preciso, por isso, conhecer como os dados foram coletados, qual foi seu universo amostral, quais as informações foram consideradas e quais foram ignoradas, como as informações foram classificadas ou categorizadas (considerando de modo especial como os termos foram definidos pelas respectivas bases). Por outro lado, é preciso adquirir a habilidade de manusear os dados, seja para obter resultados estatísticos, seja para fazer associações de dados que tenham pertinência e revelem novas facetas da realidade estudada.

Para as pesquisas normativas e jurisprudenciais, em regra, é necessário adaptar os comentários dessa etapa. Para essas pesquisas, é mais pertinente utilizar-se do recomendado no 2º passo das pesquisas bibliográficas: seleção dos termos. Salvo se o pesquisador for utilizar-se das sistematizações já efetivadas pelos tribunais, como é o caso, no âmbito do STJ, da Jurisprudência em Teses e da Sistematização dos Repetitivos, como é o caso da Sistematização da Repercussão Geral no âmbito do STF.

3º passo: SELEÇÃO E RECOLHIMENTO DAS INFORMAÇÕES

Escolhidas as fontes de informação, dominado o sistema que disponibiliza essa informação, chega o momento de o pesquisador recolher os dados, as categorias de análise que lhe são necessárias (informação que se conecta intrinsecamente com o problema ou com a hipótese de sua investigação, assim como com as variáveis que já tenha pensado como relevantes para a futura análise).

Da busca no sistema da base de dados com apenas os dados ou as categorias que interessam ao pesquisador, resultará um novo conjunto de informações para análise.

O pesquisador não se vale de todo o banco de dados, mas apenas de determinados dados ou categorias de análise. Nada obstante a isso, a quantidade de informações resultante desse primeiro filtro pode continuar excessiva (diante das naturais limitações de qualquer pesquisa).

É preciso, portanto, decidir como será filtrado o conjunto de informações relacionados aos dados ou categorias consultadas.

Como estratégia de seleção desse subconjunto de informações, é prático e em geral adequado refazer a pesquisa utilizando-se de critérios espaciais e/ou temporais mais restritos. Em cada pesquisa, ademais, é possível estabelecer critérios qualitativos para aperfeiçoar ainda mais essa filtragem.

As informações resultantes de todos esses filtros é que deverão ser recolhidas, arquivadas ou registradas.

Independentemente do método de seleção utilizada, o resultado amostral, o conjunto de documentos selecionados há de ser o suficiente e o necessário para os objetivos da investigação, para explicitar as facetas da realidade que se quer revelar, para sustentar as hipóteses que se quer demonstrar.

5.2 | *Métodos de Coleta e de Análise*

Dependendo do uso que se fará das informações obtidas nos documentos, a suficiência antes referida pode revestir-se da simples exemplificação (uso argumentativo, como contraprova) ou tem de revestir-se da representatividade quantitativa, estatística (uso demonstrativo).

EXPLICITAÇÃO DA COLETA DOCUMENTAL

A explicitação do método de documentação indireta utilizando-se da técnica de coleta documental, complementar à bibliográfica na maioria dos trabalhos acadêmicos, há de contar com os seguintes aspectos: a) bases de dados consultadas; b) filtros ou critérios utilizados para restringir as informações.

5.2.1.2.2 Análise documental

Em regra, a análise documental depende de um conjunto de exames críticos prévios: contexto, autores, interesses, confiabilidade, natureza do texto, conceitos-chave etc.

O contexto histórico, cultural ou social da elaboração de um documento evita ou ameniza interpretações dogmáticas, assim como esclarece muitos dos seus significados ou sentidos. Conhecer também a identidade do autor ou dos autores de um documento, seus interesses e os motivos da produção do documento, além de revelar o seu grau de credibilidade, pode desvelar deformações intencionais ou não sobre o relatado. A confiabilidade dos documentos também tem que ser colocada em análise sob diversos ângulos, a começar pela sua autenticidade, prosseguindo pela consideração do posicionamento dos seus autores (testemunhas diretas ou indiretas), a terminar pela verificação da neutralidade ou envolvimento com o relatado (são observações distantes ou relatos julgadores, por exemplo). A natureza do texto do documento, especialmente dos documentos técnicos, condiciona o seu entendimento, pois suas estruturas decorrem ou não de uma série de pré-condicionamentos. Ademais, a compreensão dos conceitos-chave, dos termos utilizados (jargões, gírias, regionalismos etc.) em qualquer documento, é condição prévia de interpretações adequadas.

Essa análise depende, portanto, do pesquisador empreender reflexão crítica externa sobre os documentos, sobre os dados ou informações coletadas.

A natureza linguística ou numérica, logicamente, abre universos muito diferenciados de análise crítica e interna dos documentos.

As informações e dados numéricos necessitam de análises que sigam os parâmetros rigorosos da matemática ou as abalizadas pautas da "análise estatística".

As informações não mensuráveis dessa forma, as informações qualitativas precisam seguir os parâmetros de análise linguísticos que são multivariados. No universo linguístico, as análises gramaticais, semânticas, argumentativas e retóricas são essenciais. Ademais, há técnicas conhecidas de análise que podem ser muito preciosas para a análise de documentos compostos por textos (não por números). Referimo-nos às técnicas de "análise de conteúdo" e de "análise do discurso" (individual ou coletivo), instrumentais que buscam interpretar as mensagens e atingir a compreensão de seus significados ou sentidos que estão além do próprio texto (por categorias temáticas, por cargas valorativas, por associações de significantes etc.) ou do próprio discurso (verificando os posicionamentos ideológicos ou recursos de relacionamento social que o sustentam).

Essas três formas de análise (estatística, de conteúdo e de discurso) são aplicáveis não somente a pesquisas documentais, mas em diversas das formas de pesquisa por documentação direta e, inclusive, de pesquisas experimentais.

5.2.2 Documentação direta

Diante da carência de informações em fontes de terceiros, o pesquisador pode ter de percorrer o caminho de construir a informação, o método da Documentação Direta, cujas técnicas os instrumentos podem ser os de Levantamento Intensivo ou Extensivo.

5.2.2.1 Levantamento intensivo

Diante da ausência ou insuficiência de dados brutos ou de dados que sofreram algum tratamento analítico (hipóteses da coleta documental), diante da ausência ou insuficiência de estudos prévios (hipótese da pesquisa bibliográfica), ou, independente disso, por opção, é possível que o investigador produza os próprios dados para a investigação. A esse tipo de labor investigativo se refere a coleta por levantamento, às investigações ancoradas em dados criados, levantados pelo próprio investigador.

5.2.2.1.1 Observação

Observação, logicamente, é um mecanismo intelectual de todo e qualquer pensador. Nas primeiras partes dessa obra, inclusive, ressaltamos diversas formas de despertar ou potencializar as virtualidades de ser um observador desperto. Nesse contexto, ganha sentido a afirmação de alguns, como é o caso de Antonio Carlos Gil (1995, p. 104), de que a observação é "sempre" utilizada em toda e qualquer investigação.

De qualquer forma, o procedimento científico observação é necessário para recolher diretamente (sem intermediações) informações sobre a problemática que constitui o objeto da pesquisa. Se os caminhos da documentação direta são insuficientes para a pesquisa, é necessário socorrer-se dos métodos de levantamento, de estudo de caso ou experimentais, dos métodos que o pesquisador se torna produtor ou criador da própria informação. Dentro do universo do levantamento, a observação constitui forma rica e prática.

Pode-se fazer observação de diversas formas. As mais usuais, são melhor explicadas em duplas, em classificações binárias:

- **Observação Assistemática** (ou não-estruturada, ou livre, ou observação-reportagem; que depende mais das habilidades do pesquisador do que de técnicas, pois não se determina, de antemão – em função do perfil exploratório e aberto da investigação –, aspectos a observar e meios técnicos de observação); **Observação Sistemática** (ou estruturada; dotada de prévio planejamento sobre os aspectos relevantes a notar e sobre os instrumentais precisos de observação que serão utilizados – perfil imprescindível para suprir objetivos descritivos ou explicativos de investigações).

- **Observação Não-participante** (que o pesquisador mantém distância do objeto investigado, atua como espectador ou estrangeiro, não influi); **Observação Participante** (integração do pesquisador com o próprio objeto observado que pode ser necessária para desvelar o olhar interior, de quem vive a situação).

- **Observação Individual** (feita apenas pelo pesquisador ou por alguém designado por ele); **Observação em Equipe** (que permite agregar ao processo de levantamento mais de um ângulo simultâneo de observação).

- **Observação da Vida Real** (sua vantagem é que o objeto não corre o risco de ver-se deturpado por circunstâncias artificiais); **Observação de Laboratório** (que tenta reproduzir exatamente o que ocorre no mundo real, sem alterações).

A diferenciação entre o olhar do Observador externo e o do Participante interno, desde que levantada por Herbert Hart, trouxe muitas consequências para várias teorias do Direito

O pesquisador que desenvolve observação de laboratório há de estar atento para não atuar ativamente, alterando deliberada ou inadvertidamente as circunstâncias da observação. Se as circunstâncias em laboratório são réplicas da circunstância real e o pesquisador apenas controla essa fidelidade, ainda está no universo observacional. Se o pesquisador altera as circunstâncias porque quer verificar as consequências dessa alteração (procedimento absolutamente legítimo), há que ter consciência de que passou para o universo da pesquisa experimental.

5.2.2.1.1.1 Investigações etnográficas

No âmbito das pesquisas com abordagem antropológica (que visa apreender o ponto de vista do outro), Malinowski desenvolveu um método de pesquisa (observacional sistemática, participante e da vida real) que auferiu relevo universal e exige algumas linhas específicas: a investigação etnográfica.

Trata-se de um tipo de investigação que pode se valer de todos os caminhos de levantamento intensivo (observação, entrevista, grupo focal) e até mesmo de levantamento extensivo documental. É um tipo de investigação, portanto, ancorado em levantamento sincrético. No entanto, tendo em vista que os estudiosos desse método se referem ordinariamente a ele como um tipo de observação participante (talvez porque a observação seja o pivô central, o eixo desse tipo de investigação), preferimos homenageá-los e situar esse assunto aqui.

Como se trata de uma investigação em que o pesquisador almeja uma profunda imersão em um grupo social particular, em que o pesquisado quer estar envolvido completamente na visão do outro, tornar-se "um dentre eles", tudo o que o cercar será fonte de informações. Por isso, invariavelmente torna-se uma coleta sincrética.

Apesar dessa abertura natural a todas as fontes, os antropólogos ressaltam a importância de se observar alguns pontos peculiares. Pontos que necessitam ser destacados, visto que os que nunca pensaram ou vivenciaram o percurso antropológico podem nem mesmo pensar nesses pontos, ou ter dificuldade em perceber que esses pontos seriam efetivamente observáveis.

Primeiramente, destacamos que a participação do pesquisador no cotidiano da sociedade que estuda, permite que ele conheça o próprio **cotidiano**. O conhecimento sobre essa realidade, o cotidiano, é de fato inefável, pois parece desacompanhada de evidência, parece refratária a questionamentos racionais. Somente a experimentação participante, o viver como um deles, permite compreender (sem palavras, sem discursos) todos os significados que possuem as sutilezas das saudações de cada povo, os ínfimos detalhes associados às vestimentas de cada grupamento ou aos modos de falar, ou de rir etc.

Essa via investigativa proporciona também conhecer, ou melhor, vivenciar **experiências estéticas**. A estética tem um quê de inconsciente, de tácito, de não traduzível em palavras ou não verbalizável. Sua apreensão parece depender, de fato, da imersão em ambientações construídas. A estética apreendida quando dominamos e admiramos um objeto parece muito distante de outra natureza do que a estética experimentada quando nós (e não os objetos) somos tomados pela ambientação.

A pesquisa etnográfica permite repensar o **espaço** e o **tempo**, dimensão constituídas e construídas socialmente que está ligada intrinsecamente aos fundamentos de cada modo de vida. Os posicionamentos, distanciamentos e proximidades observados entre as pessoas, assim como o deslocamento das pessoas dentro desses cenários revelam tanto da realidade... Os ritmos de vida cotidiano, por exemplo, marcam verdadeiras fronteiras culturais (Quanto difere o ritmo de vida de Sileno e de Hefesto! Quanto isso marca as fronteiras entre eles!).

Destaque-se que a investigação etnográfica, além da observação, ancora-se também em (1) conversações, (2) em entrevistas realizadas em profundidade ou que permitam o relato de histórias de vida, em entrevistas grupais, (3) em documentos produzidos pelos membros do grupo (sejam correspondências pessoais ou documentos comerciais, ou organizacionais) – que geralmente passam pela análise de conteúdo e de discurso.

METODOLOGIA DA PESQUISA | Marcelo Lamy

Por fim, convém dizer que na aventura dessa modalidade de pesquisa não é possível desenvolver a análise posterior à coleta, pois elas acontecem de maneira concomitante. Ao mesmo tempo que se observa, registram-se os acontecimentos, estudam-se os documentos, o pesquisador está vivenciando as situações e inexoravelmente fazendo avaliações.

5.2.2.1.1.2 Investigações epidemiológicas observacionais

No âmbito das pesquisas médicas ou de saúde, a pesquisa observacional também tem relevância singular. Pertinente se torna, em razão disso, algumas linhas dedicadas a compreender as suas formas usuais:

1. **Estudos Descritivos** são investigações voltadas a explicitar QUANDO, ONDE e QUEM adoece, sem preocupar-se em explicar o porquê ou em interferir na própria realidade. São estudos que analisam como a INCIDÊNCIA – aparecimento de casos novos – ou a PREVALÊNCIA – presença nos casos existentes – de uma doença ou de uma condição relacionada à saúde varia de acordo com o tempo (quando), com o local (onde) ou com características dos indivíduos (quem) – sexo, idade, escolaridade, renda entre outras.

Como o objetivo desse tipo de estudo é conhecer e descrever com maior profundidade a realidade, o estudo descritivo não está amparado em qualquer hipótese. Nada obstante a isso, é fonte rica de hipóteses para novas investigações.

A) **Estudo de Caso**: observação clínica individual que – voltada a um caso individual raro ou a uma evolução individual incomum – desvela novos entendimentos sobre a variação ou sobre os fatores de variação da incidência ou da prevalência.

B) **Série de Casos**: conjunto de observações clínicas individuais de casos semelhantes (igualmente raros ou igualmente incomuns em sua evolução) que permite identificar novos entendimentos sobre a variação ou sobre os fatores de variação da incidência ou da prevalência.

C) **Estudos de Incidência**: observações voltadas a identificar alterações na incidência, a identificar alteração no percentual de surgimento de novos casos de doença (ou de condições relacionadas à saúde) em determinada região, em dado período.

5.2 | Métodos de Coleta e de Análise

2. **Estudos Analíticos**, voltados a explicar, sem interferir na própria realidade, a ASSOCIAÇÃO entre a exposição e a ocorrência de doença ou condição relacionada à saúde. Os fatores de risco a que os sujeitos são expostos constituem as variáveis exploratórias. Os efeitos – doenças ou condições adversas relacionadas à saúde – constituem as variáveis de desfecho (morte, internações hospitalares, declínio físico, declínio cognitivo, acidentes, episódios depressivos, uso de medicamentos, uso de serviços de saúde etc.).

Quando estão voltados para o estudo de associações em grupos determinados ou categorizados de indivíduos (países, regiões, municípios, com determinada renda etc.) recebem a rotulação extra de **Estudos Ecológicos**. De qualquer forma, o estudo de associações pode revestir-se das seguintes modalidades:

A) **Estudos Seccionais** (viés transversal): faz-se um retrato, uma fotografia instantânea da PREVALÊNCIA em determinado conjunto de indivíduos (população especificada), que permite identificar – especialmente quando a prevalência puder ser associada a outros fatores, como sexo, idade, renda per capita, classe social etc – grupamentos de pessoas e/ou de características a serem consideradas como relevantes para um problema de saúde. Seu perfil de "instantâneo da realidade" não permite situar a exposição como anterior ou como posterior à doença. Razão pela qual não é o melhor modelo para se pensar a relação causa-efeito (para verificar hipóteses). Embora possa, em função da estratificação da informação sobre a prevalência, ser um estudo apto a gerar, com indícios seguros, hipóteses causais ou correlacionais para futuras investigações (por exemplo quando a prevalência em determinada faixa etária se vê diferenciada). O estudo seccional não é meramente descritivo, nem vem a ser totalmente explicativo. É um tipo de estudo que se situa entre a descrição e a explicação. No entanto, por seu potencial gerador de hipóteses correlacionais e causais, é mais adequado considerar esse tipo de estudo como um estudo analítico. Dos estudos descritivos puros não é possível inferir nada. Dos estudos seccionais sempre é possível inferir algo, esboça-se pelo menos alguma hipótese correlacional.

B) **Estudos Caso-Controle** (viés longitudinal retrospectivo): voltado a investigar a etiologia, a causa das doenças ou das condições relacionadas à saúde, para avaliar ações e serviços de saúde, PARTE DO EFEITO para investigar a causa (vetorialmente: ←). O seu perfil determina que a seleção dos participantes seja feita após o surgimento da doença. O que traz algumas vantagens: é o modelo que permite estudar doenças raras, investigar simultaneamente mais hipóteses etiológicas, que não agrega riscos para os participantes. Em termos práticos, a partir da mesma população fonte, forma dois grupos de pessoas (um de doentes/casos e outro de não-doentes/controle) e estuda, dentro de cada grupo, a exposição ou a não-exposição "no passado" a um fator que potencialmente explicaria o desfecho de doença.

C) **Estudos Coorte** (viés longitudinal prospectivo): voltado a investigar a etiologia, a causa das doenças ou das condições relacionadas à saúde, para avaliar ações e serviços de saúde, PARTE DA CAUSA para investigar os efeitos (vetorialmente: →). Por isso, pode ser utilizado para investigar a história natural das doenças. O seu perfil determina que a seleção dos participantes seja feita antes do surgimento da doença. Seleciona-se um grupo de pessoas que estarão expostas e um grupo de pessoas que não estarão expostas a um ou mais fatores de interesse, sendo que em ambos os grupos de pessoas selecionadas não pode haver quaisquer manifestações das doenças ou das condições relacionadas à saúde estudadas. Depois, os grupos são "acompanhados" (não há intervenção, somente monitoramento) para se verificar a INCIDÊNCIA da doença ou de condição relacionada à saúde. A mensuração da exposição tem de anteceder ao eventual desenvolvimento da doença.

5.2.2.1.2 Entrevistas

Forma de levantamento de informações que utiliza a interrogação direta das pessoas cujo comportamento ou pensamento relacionado à problemática da pesquisa se deseja conhecer.

Quando realizada com todos os integrantes da população estudada, são intitulados **censos**. Quando realizada com apenas parte da população (amostra significativa), são intitulados levantamento **por amostragem**. Quando repetidas, de tempos em tempos, às mesmas pessoas, a fim de estudar a evolução das opiniões em determinados períodos, são intituladas **painel**.

Com esse tipo de investigação é possível conhecer de outra forma a realidade, pois se vai diretamente aos que a vivenciam, sem intermediários. Deixando de ser um observador externo (observação não-participante) e sem tornar-se um participante (observação-participante), busca-se a investigação de uma realidade (fatos, opiniões, sentimentos, motivos, planos etc.), desde dentro, escutando quem as vive ou viveu.

Mas há que se tomar cuidado para que o instrumental ou o próprio entrevistador não desvirtuem as vantagens desse método de levantamento. Se a formulação das perguntas não for cuidadosa (evitando que sejam tendenciosas), nem a postura do entrevistador for controlada, pode ser que o instrumental entrevista se torne verdadeira falsificação da realidade, ou simplesmente uma projeção da mente do pesquisador sobre o mundo... Por outro lado, é uma forma de pesquisa apta a romper com pré-interpretações equivocadas, preconceituosas.

Forma estratégica de se estabelecer um diálogo livre (sem filtros) e ao mesmo tempo controlado, pois almeja conhecer pontos previamente definidos e não qualquer coisa. Questões pré-elaboradas, sequencialmente dispostas, podem esclarecer muitos pontos relevantes para o tema de pesquisa.

Geralmente, os questionários são moldados com perguntas fechadas (respostas são alternativas previamente fixadas) e as entrevistas com perguntas abertas ou simplesmente tópicos (as respostas são pequenos discursos). O fato de o entrevistador se encontrar junto ao entrevistado, permite que a preparação prévia da entrevista seja moldada por indicações mais amplas; o pesquisador pode fazer, no momento oportuno, as adaptações e complementações que forem necessárias.

Há um tipo de entrevista, no entanto, que a marca indelével é a quase inexistência de perguntas. O entrevistador introduz o assunto e usa ganchos para o entrevistado voltar ao assunto, só isso. Mais incentiva do que pergunta. É a entrevista que se faz com pessoas que são autoridades sobre alguma questão ou porque são os únicos que a vivenciaram ou porque estão entre os maiores entendidos sobre algo. Essas entrevistas costumam ser intituladas de **Entrevistas em Profundidade**.

5.2.2.1.3 Grupo focal

A coleta de dados por Grupo Focal é uma técnica que permite coletar depoimentos que expressem experiências, percepções, sentimentos, valores e ideias de um pequeno grupo (em geral, até oito participantes selecionados intencionalmente e que apresentem certa homogeneidade), depois de o pesquisador provocar a interação de seus membros – em geral, pelo instrumental de debates ou discussões provocadas por perguntas abertas e estimulantes. Logicamente, é forma de encontrar um tipo de informação (pensamentos coletivos mais amadurecidos ou mais profundos) que seria de difícil acesso no ambiente natural. Mas não pode ser confundido com qualquer instrumental de produção de consensos ou de decisões.

Não costuma ser o método de coleta inicial das investigações. Ordinariamente, é antecedido de coletas e análises bibliográficas e, algumas vezes, de entrevistas com pessoas relevantes.

De outra parte, a excelência de investigações por esse método costuma depender de muitos fatores. Exemplificamos: (a) possibilidade de contar com equipe de auxiliares, para que se possa compartir a função de moderador e a de observadores, (b) de contar com ambiente agradável para as reuniões e tecnologicamente preparado, especialmente para realizar observações externas; (c) habilidade do moderador para dirimir os conflitos e para conduzir os participantes a um único foco, evitando fissuras, subgrupamentos, domínios individuais, assim como dispersões ou conversas paralelas; (d) habilidade dos observadores para ouvir tudo, formar ideias de conjunto, reparar nas informações não-verbais, comparar o antes e o depois das discussões.

5.2.2.1.4 Estudo de caso

Estudo aprofundado e exaustivo de um ou de poucos objetos.

Muito útil como fase inicial (fase exploratória) de projetos complexos, pois seus resultados podem servir para a construção mais precisa de hipóteses ou mesmo para a reformulação do problema.

Nesse tipo de estudo é preocupante, no entanto, saber se realmente o que é estudado de maneira tão singular pode efetivamente ser generalizado (a ciência exige sempre esse juízo ao final). Por isso que esse tipo de estudo convém ser utilizado "apenas" quando o objeto do estudo já foi de alguma forma dominado pela ciência ou como pesquisa inicial.

5.2 | Métodos de Coleta e de Análise

Quando uma categoria é bem conhecida pela ciência, o estudo de caso pode ser uma forma de realizar um aprofundamento relevante (mas que antes já demonstrou ser generalizável). O caso, falando de outro modo, há que ser uma expressão de uma categoria geral conhecida.

Por exemplo: um investigador pode estudar em apenas um caso singular a realidade ou a falsidade dos efeitos ressocializadores de uma sanção jurídica, pois de alguma forma a ciência jurídica já dominou os diversos efeitos sancionatórios (vingança, retribuição, ressocialização).

Para superar as limitações de generalização dessa forma de estudo, pesquisadores costumam estudar um conjunto pequenos de casos. O que nos parece uma boa estratégia, especialmente se a escolha dos casos de estudo recair sobre casos representativos de três universos: daquilo que se considera típico, daquilo que se vê como extremo e daquilo que considera marginal ou anormal.

Fizemos referência, anteriormente, às investigações epidemiológicas observacionais, indicando a espécie "Estudo de Caso" e a espécie "Série de Casos". Estas espécies poderiam ter sido elencadas nesse tópico e não naquele subtópico das coletas observacionais. Optamos por deixar lá porque revestem-se ordinariamente da feição puramente observacional. O Estudo de Caso que aqui (nesse tópico) nos referimos em separado pode ser mais amplo, pois, além da observação, pode utilizar-se de documentos, entrevistas ou de questionários. Ou seja, pelo sincretismo de caminhos de coleta, pareceu-nos conveniente deixá-lo em destaque.

5.2.2.2 Coleta por levantamento extensivo

A trilha do levantamento extensivo é naturalmente percorrida por investigadores que querem obter dados quantitativos, confirmações estatísticas para as suas hipóteses. Nada impede, no entanto, que constitua trilha de investigação inicial, espécie de sondagem para possíveis investigações intensivas.

5.2.2.2.1 Questionários

Essa modalidade de coleta de dados nada mais é do que uma série ordenada de perguntas a serem respondidas por muitas pessoas, sem a presença do investigador.

Em geral, o informante recebe textos explicativos da pesquisa (relevantes especialmente para despertar o interesse em participar e fazer isso em prazo razoável) e esclarecedores das indagações que compõe o questionário, responde às perguntas (em regra de alternativas – dicotômicas ou múltiplas) sozinho e encaminha para o pesquisador.

No passado, era preciso investir e não pouco em estruturas para desenvolver esse tipo de levantamento extensivo. O avanço tecnológico, no entanto, permite elaborar vários desses questionários sem investimentos diretos. Há inclusive recursos online gratuitos para esse instrumental, como é o caso da plataforma *SurveyMonkey*®.

Do ponto de vista estrutural, há duas partes relevantes: A primeira é voltada a registrar o perfil do informante (composto de todos os filtros que a pesquisa concreta quer analisar, tais como: idade, escolaridade, estado civil, atividade laboral, perfil de seu local de trabalho etc.); a segunda é voltada às perguntas propriamente ditas.

A eficácia desse percurso investigativo e a consequente qualidade final dos dados obtidos depende de diversos fatores. Vejamos alguns: (a) bons questionários são feitos por quem conhece previamente o assunto; (b) dependem, mesmo assim, de pré-testes, de ensaios que permitam ajustes finos; (c) essa linha investigativa depende de um número significativo de devolutivas e, para que isso ocorra, deve-se evitar construir questionamentos em que o informante tenha que dedicar muito tempo (hoje, diria mais de 15 minutos); (d) depende também de que as respostas sejam reveladoras do que se quer efetivamente descobrir ou comprovar, por isso há que se ter muito cuidado com a formulação das perguntas e das alternativas de respostas, as perguntas não podem ser tendenciosas, nem imprecisas, convém fazer mais de uma pergunta sobre cada ponto que se quer saber e não colocá-las em sequência, e as respostas tem de ser facilmente tabuláveis.

Esse instrumental é muito versátil, pois admite muitos objetos: – fatos sobre o informante que presencialmente poderiam ser escondidos (relações amorosas, opções religiosas ou ideológicas etc.), – ações que faria ou atitudes que tomaria (em determinadas circunstâncias), – intenções momentâneas diante de determinado quadro (social, político etc.), – preconceitos, – vícios etc.

Dependem, no entanto, de muita habilidade e treinamento em redação. Há que se conquistar a habilidade de fazer indagações como quem cria histórias, situações fictícias para que os informantes respondam com veracidade aquilo que realmente pensam e são levados a socialmente esconder. Aparentemente (o discurso bem feito constrói essa aparência) estão julgando situações externas e, na prática, revelando a si mesmos.

5.2.2.2.2 Formulários

O instrumental de pesquisa formulário não é muito diverso, do ponto de vista formal ou externo, do instrumental questionário. Mas possui uma diferença que pode e costuma modificar em muitos aspectos os dados recolhidos: o informante e o investigador (diretamente ou por sua equipe) estabelecem contato, e quem escreve as respostas não é o próprio informante, mas o investigador ou sua equipe.

O contato direto tem suas vantagens e desvantagens: pode ser empecilho para o revelar-se do informante (naturalmente armado de suas máscaras sociais), mas pode ser necessário para questões mais complexas, que dependam do prévio conhecimento do pesquisador (o informante não tem dimensão perceptiva sobre a questão) ou para observações que extravasam o discurso (pode interessar, por exemplo, mais a expressão facial de um informante diante de uma pergunta do que o seu discurso consequente).

5.2.3 Pesquisa experimental

A pesquisa experimental é a que se volta a estudar a medida de influência que determinados fatores (variáveis) podem projetar sobre uma parcela representativa da realidade estudada (amostra), tendo o pesquisador controle sobre a incidência ou não desses fatores (nesse momento, é agente ativo) e sobre a observação da influência dessas variáveis (nesse momento, é agente passivo).

O pesquisador, nesse tipo de investigação, distribuindo aleatoriamente (em regra) os indivíduos de sua amostra em dois grupos (em regra), torna-se manipulador de um grupo (caso), fazendo incidir determinada variável sobre ele; ao mesmo tempo que exerce controle sobre o outro (controle), para que não incida sobre ele a mesma variável. Amparado em hipótese causal, em relação imaginada de causa-efeito, manipula a variável independente (causa) em um grupo (caso) e observa a variável dependente (consequência) nos dois grupos (caso e controle). Se a relação causal imaginada ocorre no grupo (caso) e não ocorre no grupo controle, a hipótese causal vê-se confirmada e torna-se tese.

A certeza dos resultados depende, ainda, de o pesquisador exercer um controle extremado sobre a não incidência sobre os dois grupos (caso e controle) de outras variáveis independentes ou intervenientes. Por outro lado, se a relação causal imaginada não é comprovada, também se faz ciência, prova-se que a relação imaginada não foi, no contexto do experimento, provada e tornou-se uma hipótese nula.

No universo da pesquisa experimental, ressalte-se, ter algo como provado significa dizer que estatisticamente ficou demonstrado sua possibilidade. O que depende de uma série de requisitos estatísticos, como, por exemplo, a significância, a variância e o desvio padrão.

Quando o pesquisador não tem controle sobre os fatores ou variáveis (que são, do ponto de vista da investigação, espontâneos), apenas as observa à distância, ou após os fatos (pesquisa *ex-post-facto*), fala-se, muitas vezes, que sua pesquisa é "quase-experimental", se avalia o mundo pelos desenhos de análise comuns à pesquisa experimental. Do ponto de vista da natureza, no entanto, estas pesquisas são do tipo pesquisa observacional.

De qualquer forma, os desenhos de análise das pesquisas experimentais costumam ser os seguintes: (a) Somente depois: observa a interferência de fatores ou variáveis na realidade estudada apenas em um indivíduo ou em um grupo de indivíduos, apenas depois da intervenção; (b) Antes-Depois: verifica a interferência de fatores ou variáveis antes e depois no indivíduo ou em grupo de indivíduos, comparando os resultados; (c) Antes-Depois com dois grupos: é o desenho ideal das pesquisas empíricas, pois permite constituir o grupo caso e grupo controle; (d) Antes-Depois com vários grupos: forma adequada para se fazer experimentos que querem comparar mais de um tipo de intervenção (por exemplo: no grupo A, faz-se a intervenção X, no grupo B a intervenção Y, no grupo C, faz-se o controle).

O desenho Antes-Depois com vários grupos é muito útil, por exemplo, quando é necessário solucionar um problema público e há várias soluções possíveis, sendo necessário testar todas. Exemplo: quer-se diminuir o número de acidentes de trânsito em determinada rodovia, em um trecho colocam-se lombadas, em outro (que tenha o mesmo índice de acidentes) colocam-se radares e avisos de radar, noutro semelhante postam-se agentes da polícia rodoviária etc. A comparação dos resultados pode ser muito esclarecedora.

5.2.3.1 Investigações epidemiológicas experimentais

Estudos que dependem de o investigador empreender uma ação interventiva na realidade. O investigador deixa o âmbito observacional, passivo, manipulando algum fator (provocando sua presença ou sua ausência) e medindo as alterações de desfecho decorrentes do manejo.

O **Ensaio Clínico** é o tipo ordinário de estudo experimental voltado para verificar se determinado tratamento ou dado procedimento altera ou não os desfechos de saúde/doença.

Um grupo de indivíduos com a mesma doença, com a mesma condição relacionada à saúde é submetido a um tratamento específico (medicamentoso, cirúrgico, ou de outra espécie) para verificar sua eficiência em comparação com outro grupo semelhante que não recebeu o tratamento ou recebeu tratamento diverso (grupo de controle).

De acordo com o procedimento utilizado para assegurar a objetividade (estatística) da investigação – evitando os desvios que poderiam advir da escolha voluntária dos sujeitos que receberão ou não-receberão o tratamento – adquire vestes especiais: Ensaio Clínico **Aleatorizado ou Randomizado** (os sujeitos que recebem tratamento são escolhidos por sistemas de sorteio); Ensaio Clínico **com Mascaramento ou Cego** (os sujeitos não sabem se pertencem ao grupo de tratamento ou de controle).

De acordo com o procedimento utilizado para assegurar a probabilidade dos resultados – evitando os desvios que poderiam advir de análises parciais ou incompletas – adquire outras vestes: Ensaio Clínico **Controlado**

Fatorial (variante do Aleatorizado, em estudos cuja intervenção não é simples, pois não há apenas um fator de intervenção, há fatores isolados e fatores associados), Ensaio Clínico **Controlado Cruzado** (o grupo de tratamento e o grupo de controle trocam de posição depois de determinado tempo de experimentos).

Considerações finais

Ao descrever a criação do Homem, Pico della Mirandolla (2005, p. 69-70) destaca o peculiar desse ser: não estar predeterminado, ser modelador e escultor da própria imagem que quiser ostentar. A liberdade é a suma e maravilhosa beatitude do homem, pois não tem um lugar ou um rosto determinado, mas os que quiser e os que possuir por si mesmo.

Ocorre que, embora pertença à natureza humana ser livre (moldar-se), "é igualmente natural a essa natureza que ela se molde de acordo com aquilo de que se nutre [...] todas as coisas das quais se nutre e com as quais se habitua acabam por lhe parecer naturais." (BOÉTIE, 2016, p.43)

Imersos em nossas coletividades, habituamo-nos e tornamos natural o não pensar com espírito crítico e inquieto; mais do que isso, o assimilar automatizado do que nos transmitem aqueles que nós mesmos revestimos com as áureas da sabedoria ou da experiência.

Nesta obra, vimos de diversas formas como o saber científico e, mais, a atitude científica, realiza essa beatitude e rompe nossos condicionamentos. A ciência nos faz livres, pois quebra os grilhões pessoais, rompe as amarras ao entorno, permite-nos voos inovadores, dantes não pensados, nem imaginados.

Imersos na fonte da juventude intelectual que é a pesquisa, sabemos que o caminho percorrido nessa obra não tem fim. Assim como não há momento derradeiro para a ciência, não há como encerrar uma obra de metodologia da pesquisa. Cabe-nos apenas refletir sobre a trilha percorrida.

Firmamos alguns fundamentos sólidos: a necessidade de sermos pesquisadores ou cientistas, mais do que fazermos pesquisa ou ciência (parte 1); a relevância de planejarmos com acurado zelo este afazer (parte 2); a imprescindibilidade de dominarmos as diversas ferramentas intelectuais da

| Considerações finais

pesquisa (parte 3). E apoiados nesses fundamentos, compreendemos como apresentar os resultados da nossa investigação em vários produtos (parte 4).

Essas primeiras quatro partes parecem-me suficientes para revolucionar a percepção e a vivência de muitos pesquisadores, sejam iniciantes ou experientes.

A quinta parte desta obra, no entanto, dedicou-se às raízes mais profundas da ciência, à argamassa do amadurecimento do pesquisador.

O domínio dos métodos é a fonte desse amadurecimento. Mas uma ressalva se faz necessária: o "domínio" e não o "dogmatismo". Se o instrumento se torna fim (deixa de ser meio) torna-se prisão.

Inquieta-me transmitir a atitude científica (que extravasa o saber científico), que me parece hoje tão necessária: a abertura ao pensar por conta própria e com rigor, ao diálogo e à compreensão do outro, à inovação.

Apresentei, com grande esforço de síntese, o que ainda me parece essencial para você leitor e leitora ser uma pessoa melhor e mais realizada nesse afazer quase divino da pesquisa (pois é criação). Espero que as sementes lançadas frutifiquem em muitas e grandes obras que tornarão você, o seu entorno e nosso mundo melhor.

Referências

ADLER, Mortimer J. & DOREN, Charles Van. **Como Ler Livros**. O guia clássico para a leitura inteligente. Trad. Edward Horst Wolff, Pedro Sette-Câmara. São Paulo: É Realizações, 2010.

ALEXY, Robert. **Teoria da Argumentação Jurídica**. A Teoria do Discurso Racional como Teoria da Justificação Jurídica. Trad. Zilda Hutchinson Schild Silva. São Paulo: Landy, 2001.

ALVES, Rubem. **Aprendiz de mim**: um bairro que virou escola. Campinas: Papirus, 2004.

_____. **Lições de Feitiçaria**. Meditações sobre a poesia. São Paulo: Loyola, 2003.

BACHELARD, Gaston. **O novo espírito científico**. Lisboa: Edições 70, 2008.

BINENBOJM, Gustavo. **Uma teoria do direito Administrativo**. Rio de Janeiro: Renovar, 2006.

BOÉTIE, Éttiene de La. **Discurso da servidão voluntária**. Trad. Gabriel Perissé. São Paulo: Editora Nós, 2016.

BOOTH, Wayne C.; COLOMB, Gregory G; WILLIAMS, Joseph M. **A Arte da Pesquisa**. Trad. Henrique A. Rego Monteiro. São Paulo: Martins Fontes, 2000.

CASTILHO, Alzira (org.). **Como atirar vacas no precipício**. Parábolas para ler, pensar, refletir, motivar e emocionar. São Paulo: Panda, 2000.

CHALITA, Gabriel. **O Poder**. 2ª ed. São Paulo: Saraiva, 1999.

CONSTANT, Benjamin. **Sobre la libertad en los antiguos y en los modernos**. Trad. Marcial Antonio Lopez y M. Magdalena Truyol Wintrich. 2. ed. Madrid: Tecnos, 1992.

COPI, Irving M. **Introdução à Lógica**. Trad. Álvaro Cabral. 3. ed. São Paulo: Mestre Jou,1981.

CORREIA, José Manuel Sérvulo. **Legalidade e Autonomia Contratual nos Contratos Administrativos**. Coimbra: Almedina, 1987.

CRUZ E SOUZA, João da. **Poesia** (organizado por Tasso da Silveira). 5. ed. Coleção Nossos Clássicos. Rio de Janeiro: Livraria Agir Editora, 1975.

CUNHA, Paulo Ferreira da. **Res Pública**: ensaios constitucionais. Coimbra: Almedina, 1998.

DEMO, Pedro. **Introdução à Metodologia da Ciência**. São Paulo: Atlas, 1985.

DEMO, Pedro. **Metodologia científica em ciências sociais**. 3. ed. rev. e amp. São Paulo: Atlas, 2009.

DESCARTES, René. **O Discurso do Método**. Trad. Enrico Corvisieri. Coleção Os Pensadores. São Paulo: Nova Cultural, 2000.

DEWEY, John. **Liberdade e Cultura**. Trad. Eustáquio Duarte. Rio de Janeiro: Revista Branca, 1953.

ECO, Humberto. **Como se faz uma tese**. 15. ed. Trad. Gilson Cesar Cardoso de Souza. São Paulo: Perspectiva, 1999.

FEYERABEND, Paul. **Contra o Método**. Trad. Cezar Augusto Mortari. São Paulo: Unesp, 2007.

FIELDING, Henri. **Tom Jones**. Trad. Octavio Mendes Cajado. Rio de Janeiro: Globo, 1987.

FIORIN, José Luiz & PLATÃO SAVIOLI, Francisco. **Para entender o texto**: leitura e redação. São Paulo: Ática, 2007.

GIL, Antônio Carlos. **Métodos e técnicas de pesquisa social**. 4. ed. São Paulo: Atlas, 1995.

GROS, Frédéric (org.) **Foucault:** A Coragem da Verdade. Trad. Marcus Marcionilo. São Paulo: Parábola, 2004.

GRÜN, Anselm. **Caminhos para a liberdade**. São Paulo: Vozes, 2005.

GRÜN, Anselm. **Perdoa a ti mesmo**. São Paulo: Vozes, 2005.

GUIMARÃES ROSA, João. **Tutaméia**. Rio de Janeiro: Nova Fronteira, 1985.

GUNTHER, Klaus. **Teoria da Argumentação no direito e na moral**: justificação e aplicação. Trad. Claudio Molz. São Paulo: Landy, 2004.

JOSEPH, Irmã Miriam. **O Trivium**. As artes liberais da Lógica, da Gramática e da Retórica. Trad. Henrique Paul Dmyterko. São Paulo: É Realizações, 2014.

HUXLEY, Aldous. **Regresso ao Admirável Mundo Novo**. Trad. Rogério Fernandes. Lisboa: Livros do Brasil, 2004.

_____. **Sobre a democracia e outros estudos**. Trad. Luís Vianna de Sousa Ribeiro. Lisboa: Livros do Brasil, 1927.

INTERNATIONAL COMMITTEE OF MEDICAL JOURNAL EDITORS. **Recommen-dations for the Conduct, Reporting, Editing, and Publication of Scholarly Work in Medical Journals.** Updated December 2018. Disponível em: <http://www.icmje.org/recommendations/>. Acesso em: 20 abr. 2020.

JUNGER, Ernst. **Heliópolis**. Visión retrospectiva de una ciudad. Traducción del alemán por Marciano Villanueva. Barcelona: Editorial Seix Barral, 1998.

KIRSTEN, José Tiacci. Apresentação dos resultados e relatório – II. In: PERDIGÃO, Dulce Mantella; HERLINGER, Maximiliano; WHITE, Oriana Monarca (orgs.). **Teoria e prática da pesquisa aplicada**. Rio de Janeiro: Elsevier, 2011.

KUHN, Thomas S. **A Estrutura das Revoluções Científicas**. Trad. Beatriz Vianna Boeira e Nelson Boeira. 6. ed. São Paulo: Perspectiva, 2001.

LAKATOS, Eva Maria; MARCONI, Marina de Andrade. **Fundamentos da metodologia científica**. 8. ed. São Paulo: Atlas, 2017.

LAMY, Marcelo. **Metodologia da Pesquisa Jurídica**. Técnicas de Investigação, Argumentação e Redação. Rio de Janeiro: Elsevier, 2011.

LAUAND, Luis Jean. **Filosofia, Linguagem, Arte e Educação**. 20 conferências sobre Tomás de Aquino. São Paulo: Factash Editora, 2007.

_____. **O que é uma Universidade?**: Introdução à filosofia da educação de Josef Pieper. Vol. 205 da Coleção Debates. São Paulo: Perspectiva, 1987.

LÓPEZ QUINTÁS, Alfonso. **A formação adequada à configuração de um novo humanismo.** Conferência proferida na Faculdade de Educação da Universidade de São Paulo, em 26/11/1999. Trad. Ana Lúcia Carvalho Fujikura. Disponível em: <http://www.alfredo-braga.pro.br/discussoes/humanismo.html>. Acesso em: 30 jan. 2020.

_____. **Descobrir a Grandeza da Vida.** Introdução à Pedagogia do Encontro. Trad. Gabriel Perissé. São Paulo: ESDC, 2005.

_____. **El conocimiento de los valores.** Pamplona: Editorial Verbo Divino, 1999.

_____. **El espíritu de Europa.** Madrid: Unión Editorial, 2000.

_____. **Inteligencia creativa.** El descubrimiento personal de los valores. Madrid: BAC, 1999.

_____. **Inteligência criativa**: descoberta pessoal dos valores. São Paulo: Paulinas, 2004.

_____. **La tolerancia y la manipulación.** Madrid: Rialp, 2001.

_____. **O Livro dos Grandes Valores.** Espanha: 2004.

MACHADO DE ASSIS. **Crônicas Escolhidas.** São Paulo: Ática, 1994.

MARAÑON, Gregório. **Tibério**: Historia de un resentimiento. Madrid: Espasa-Calpe, 1963.

MARCONI, Marina de Andrade; LAKATOS, Eva Maria. **Fundamentos de metodologia científica.** 8 ed. São Paulo: Atlas, 2017.

MATTAR, Fauze Najib; OLIVEIRA, Braulio; MOTTA, Sérgio Luís Stirbolov. **Pesquisa de marketing.** Metodologia, planejamento, execução e análise. 7. ed. Rio de Janeiro: Elsevier, 2014.

MEYER, Barnard. **A Arte de Argumentar.** São Paulo: Martins Fontes, 2008.

MILL, John Stuart. **Da Liberdade.** Trad. Jacy Monteiro. São Paulo: Ibrasa, 1963.

MIRANDOLLA, Pico della. **Discurso sobre a dignidade do homem**. Trad. Maria Isabel Aguiar. Porto: Areal Editores, 2005.

MOYSÉS, Carlos Alberto. **Metodologia do Trabalho Científico.** São Paulo: ESDC, 2004.

OLIVEIRA, Sheila Elias de. **Cidadania**: história e política de uma palavra. Campinas: Pontes editores, RG editores, 2006.

PERELMAN, Chaim & OLBRECHTS-TYTECA, Lucie. **Tratado da Argumentação**. A Nova Retórica. Trad. Maria Ermantina Galvão G. Pereira. São Paulo: Martins Fontes, 1996.

PERELMAN, Chaim. **Lógica Jurídica**. Nova Retórica. Trad. Vergínia K. Pupi. São Paulo: Martins Fontes, 2000.

PERELMAN, Chaim. **Retóricas**. Trad. Maria Ermantina Galvão G. Pereira. São Paulo: Martins Fontes, 1999.

PERISSÉ, Gabriel. **Método Lúdico-Ambital**: a leitura das entrelinhas. São Paulo: ESDC, 2006.

PERISSÉ, Gabriel. **O professor do futuro**. Rio de Janeiro: Thex Editora, 2002.

PLATÃO. **A República**. Trad. Enrico Corvisieri. São Paulo: Nova Cultural, 2004.

POPPER, Karl R. **A vida é aprendizagem**. Trad. Paula Taipas. Lisboa: Edições 70, 1999.

POPPER, Karl. **A Lógica da Pesquisa Científica**. Trad. Leonidas Hegenberg e Octanny Silveira da Mota. São Paulo: Cultrix, 1972.

REBOUL, Oliver. **Introdução à Retórica**. Trad. Ivone Castilho Benedetti. São Paulo: Martins Fontes, 2000.

RODRIGUES, Antonio Medina. **As utopias gregas**. São Paulo: Brasiliense, 1988.

ROUSSEAU, J. J. **Discurso sobre a origem e os fundamentos da desigualdade dos homens**. Trad. Maria Ermantina Galvão. São Paulo: Martins Fontes, 1999.

RUSSEL, Bertrand. **Da Educação**. Trad. Monteiro Lobato. São Paulo: Companhia Editora Nacional, 1977.

SANTOS, Boaventura de Sousa. **Um discurso sobre as ciências**. 13. ed. Porto: Afrontamento, 2002.

SERTILLANGES, A. D. **A vida intelectual**. Seu espírito, suas condições, seus métodos. Trad. Lilia Ledon da Silva. São Paulo: É Realizações, 2014.

SÃO JOÃO DA CRUZ. **Subida ao Monte Carmelo**. Obras completas. São Paulo: Vozes, 2002.

SEVERINO, Antônio Joaquim. **Metodologia do trabalho científico**. 23. ed. rev. e atual. São Paulo: Cortez, 2007.

SEVERINO, Antônio Joaquim. **Metodologia do trabalho científico**. 23 ed. São Paulo: Cortez, 2010.

TOGNOLLI, Dora. Apresentação dos resultados e relatório – I. In: PERDIGÃO, Dulce Mantella; HERLINGER, Maximiliano; WHITE, Oriana Monarca (orgs.). **Teoria e prática da pesquisa aplicada**. Rio de Janeiro: Elsevier, 2011.

TOLSTÓI, Lev Nikoláievich. **Ana Karênina**. Trad. Mirtes Ugeda. São Paulo: Nova Cultural, 2002.

VASCONCELOS, Maria José Esteves. **Pensamento Sistêmico**. O novo paradigma da ciência. 2. ed. rev. Campinas: Papirus, 2002.

VOLPATO, Gilson Luiz. **Dicas para redação científica**. 3. ed. São Paulo: Cultura Acadêmica, 2010.

WEBER, Max. **Ciência e Política**: duas vocações. Trad. Leonidas Hegenberg e Octany Silveira da Mota. 17. ed. São Paulo: Cultrix, 2008.

WESTON, Anthony. **A construção do argumento.** Trad. Alexandre Feitosa Rosas. São Paulo: Martins Fontes, 2009.

Impressão e Acabamento:

EXPRESSÃO & ARTE
EDITORA E GRÁFICA

Fones: (11) 3951-5240 | 3951-5188
E-mail: atendimento@expressaoearte.com
www.graficaexpressaoearte.com.br